高等院校化学实验教学改革规划教材

江苏省高等学校精品教材

中国大学出版社第二届优秀教材一等奖

U0309643

有机化学实验

第三版·立体化教材

总主编　孙尔康　张剑荣

主　编　曹　健　郭玲香

副主编　赵　蓓　周建峰　蒋金龙　薛蒙伟

编　委　（按姓氏笔画排序）

　　　　支三军　王庆东　王志辉　王金权

　　　　史达清　杨锦明　杨育兵　贺敏强

　　　　徐海青

南京大学出版社

图书在版编目(CIP)数据

有机化学实验 / 曹健，郭玲香主编. -- 3 版.
— 南京：南京大学出版社，2018.8(2023.12 重印)
ISBN 978 - 7 - 305 - 20376 - 3

Ⅰ. ①有… Ⅱ. ①曹… ②郭… Ⅲ. ①有机化学－化
学实验－高等学校－教材 Ⅳ. ①O62 - 33

中国版本图书馆 CIP 数据核字(2018)第 123178 号

出版发行　南京大学出版社
社　　址　南京市汉口路 22 号　　　　邮　编　210093
书　　名　有机化学实验(第三版)
总 主 编　孙尔康　张剑荣
主　　编　曹　健　郭玲香
责任编辑　刘　飞　蔡文彬　　　　编辑热线　025 - 83592146

照　　排　南京南琳图文制作有限公司
印　　刷　南京人文印务有限公司
开　　本　787×1092　1/16　印张 15.75　字数 393 千
版　　次　2018 年 8 月第 3 版　　2023 年 12 月第 7 次印刷
ISBN　978 - 7 - 305 - 20376 - 3
定　　价　39.00 元

网址：http://www.njupco.com
官方微博：http://weibo.com/njupco
官方微信号：njupress
销售咨询热线：(025) 83594756

高等院校化学实验教学改革规划教材

编　委　会

总　主　编　　孙尔康（南京大学）　　　　　张剑荣（南京大学）

副总主编　　（按姓氏笔画排序）

朱秀林（苏州大学）　　　　　朱红军（南京工业大学）

孙岳明（东南大学）　　　　　董延茂（苏州科技大学）

何建平（南京航空航天大学）　金叶玲（淮阴工学院）

周亚红（江苏警官学院）　　　柳闽生（南京晓庄学院）

倪　良（江苏大学）　　　　　徐继明（淮阴师范学院）

徐建强（南京信息工程大学）　袁容鑫（常熟理工学院）

曹　健（盐城师范学院）

编　　　委　　（按姓氏笔画排序）

马全红	卞国庆	王　玲	王松君
王秀玲	白同春	史达清	汤莉莉
庄　虹	李巧云	李健秀	何娉婷
陈国松	陈昌云	沈　彬	杨冬亚
邱凤仙	张强华	张文莉	吴　莹
郎建平	周建峰	周少红	赵宜江
赵登山	徐培珍	陶建清	郭玲香
钱运华	黄志斌	彭秉成	程振平
程晓春	路建美	鲜　华	薛蒙伟

第三版序

化学是一门实验性很强的科学,在高等学校化学专业和应用化学专业的教学中,实验教学占有十分重要的地位。就学时而言,教育部化学专业指导委员会提出的参考学时数为每门实验课的学时与相对应的理论课学时之比为(1.1~1.2):1,并要求化学实验课独立设课。已故著名化学教育家戴安邦教授生前曾指出:"全面的化学教育要求化学教学不仅传授化学知识和技术,更训练科学方法和思维,还培养科学品德和精神。"化学实验室是实施全面化学教育最有效的场所,因为化学实验教学不仅可以培养学生的动手能力,而且也是培养学生严谨的科学态度、严密科学的逻辑思维方法和实事求是的优良品德的最有效形式;同时也是培养学生创新意识、创新精神和创新能力的重要环节。

为推动高等学校加强学生实践能力和创新能力的培养,加快实验教学改革和实验室建设,促进优质资源整合和共享,提升办学水平和教育质量,教育部已于2005年在高等学校实验教学中心建设的基础上启动建设一批国家实验教学示范中心。通过建设实验教学示范中心,达到的建设目标是:树立以学生为本,知识、能力、素质全面协调发展的教育理念和以能力培养为核心的实验教学观念,建立有利于培养学生实践能力和创新能力的实验教学体系,建设满足现代实验教学需要的高素质实验教学队伍,建设仪器设备先进、资源共享、开放服务的实验教学环境,建立现代化的高效运行的管理机制,全面提高实验教学水平。为全国高等学校实验教学改革提供示范经验,带动高等学校实验室的建设和发展。

在国家级实验教学示范中心建设的带动下,江苏省于2006年成立了"江苏省高等院校化学实验教学示范中心主任联席会",成员单位达三十多个,并在2006~2008年三年时间内,召开了三次示范中心建设研讨会。通过这三次会议的交流,大家一致认为要提高江苏省高校的实验教学质量,关键之一是要有一个符合江苏省高校特点的实验教学体系以及与之相适应的一套先进的教材。在南京大学出版社的大力支持下,在第三次江苏省高等院校化学实验教学示范中心主任联席会上,经过充分酝酿和协商,决定由南京大学牵头,成立江苏省高等院校化学实验教学改革系列教材编委会,组织东南大学、南京航空航天大学、苏州大学、南京师范大学、南京工业大学、江苏大学、南京信息工程大学、盐城师范学院、淮阴师范学院、淮阴工学院、苏州科技学院、常熟理工学院、江苏警官学院、南京晓庄学院、南京大学金陵学院等十五所高校实验教学的一线教师,编写《无机化学实验》《有机化学实验》《物理化学实验》《分析化学实验》《仪器分析实验》《无机及分析化学实验》《化工原理实验》《大学化学实验》《普通化学实验》和至少跨两门二级学科(或一级学科)实验内容或实验方法的《综合化学实验》系列教材。

  该套教材在教学体系和各门课程内容结构上按照"基础—综合—研究"三层次进行建设。体现出夯实基础、加强综合、引入研究和经典实验与学科前沿实验内容相结合、常规实验技术与现代实验技术相结合等编写特点。在实验内容选择上,尽量反映贴近生活、贴近社会,与健康、环境密切相关,能够激发学生兴趣,并且具有恰当的难易梯度供选取;在实验内容的安排上符合本科生的认知规律,由浅入深、由简单到综合,每门实验教材均有本门实验内容或实验方法的小综合,并且在实验的最后增加了该实验的背景知识讨论和相关延展实验,让学有余力的学生可以充分发挥其潜力和兴趣,在课后进行学习或研究;在教学方法上,希望以启发式、互动式为主,实现以学生为主体,教师为主导的转变,加强学生的个性化培养;在实验设计上,力争做到使用无毒或少毒的药品或试剂,体现绿色化学的教学理念。这套化学实验系列教材充分体现了各参编学校近年来化学实验改革的成果,同时也是江苏省省级化学示范中心创建的成果。

  本套化学实验系列教材的编写和出版是我们工作的一项尝试,省内外相关院校使用后,深受广大师生的好评,并于2011年被评为"江苏省高等学校精品教材"。

  本套系列教材的出版至今已近10年,随着科学技术日新月异地发展,实验教学改革也随之不断地深入,尽管高等学校实验的基本内容变化不大,但某些实验内容、实验方法和实验技术有了新的变化。本套教材的再版也就是为了适应新形势下的教学需要,在第二版的基础上删除了部分繁琐、陈旧的实验,增加了部分新的实验内容,并尽可能引入新的实验方法和实验技术。在第三版教材的编写过程中,难免会出现一些疏漏或者错误,敬请读者和专家提出批评意见,以便我们今后修改和订正。

编委会

第三版前言

根据 21 世纪我国高等教育的发展和培养目标的要求,按照教育部对普通高等教育"十三五"国家级规划教材的编写指导思想,结合各高校使用的反馈意见,本教材在第二版的基础上,本着"求新、求实、求精、求细"的精神,对第二版内容做了一定的修订。

1. 进一步强调基本知识、基本技能、基本方法的掌握,在保持第二版教材编写的优点和特色的原则下,对原教材的部分内容进行了删减,更加切合学生实际。

2. 为了强化实验项目的适用性和可操作性,同时考虑实验试剂的经济性与环境友好性,删除了 1 个制备实验并对部分实验的内容做了进一步的改进和提炼。

3. 为了体现知识点安排的合理性,以及合成技术的先进性,本教材新增了 2 个制备实验并对部分章节的内容进行了更新。

此外,本书还是新形态的立体化教材,书中以嵌入二维码的形式提供了丰富的电子资源,如实验装置实体图、视频、知识点延伸阅读等,既彰显了信息化教学改革的追求,也提高了学生自主学习的效果和积极性。

参加本次修订工作的人员有:盐城师范学院曹健、杨锦明、王庆东;东南大学郭玲香;苏州大学赵蓓、史达清;淮阴工学院蒋金龙、王志辉、王金权、徐海青;南京晓庄学院薛蒙伟;淮阴师范学院周建峰、支三军;江苏大学贺敏强;广西科技大学鹿山学院杨育兵。本次修订由主编曹健、郭玲香统稿。

在第一版教材面世不到三年的时间内,本教材被评为"江苏省高等学校精品教材",并荣获"中国大学出版社第二届优秀教材一等奖"。这是对我们工作的肯定,更是鼓舞和鞭策。在 2012 年对教材进行了修订和优化,深受省内外多所学校的好评。感谢江苏省高校实验研究会、江苏省高校化学实验教学示范中心联席会和南京大学出版社的大力支持。同时感谢为本书第一版和第二版做出过贡献的同仁以及在使用本书时提出过中肯意见的同行。

实验教学的改革是一项任重而道远的任务,我们将努力在今后的教学实践中继续探索、勤于总结,使有机化学实验教学逐步臻于完善。限于编者水平有限,书中难免还有疏漏和不妥之处,恳请同行和读者继续批评指正。

编　者

2018 年 8 月

目　　录

特配数字资源

第一章 有机化学实验的基础知识

有机化学实验是化学学科的一门重要基础课程,其教学目的是培养学生熟悉有机化学的基本知识、基本操作及基本技能,掌握一般有机化合物的合成方法、常用物理常数的测定,掌握有机化合物的化学定性分析和光谱鉴定方法等。通过实验操作,加深学生对有机化学基本理论、有机化合物的性质与反应的理解,培养学生严谨的科学态度和良好的实验习惯,使学生具备扎实的实验基本操作能力和初步的实验设计能力。

§1.1 实验室规则

为了保证有机化学实验正常进行,培养良好的实验习惯,并保证实验室的安全,学生必须严格遵守有机化学实验室的规则:

(1) 熟悉实验室水、电、燃气的阀门、消防器材、洗眼器与紧急淋浴器的位置和使用方法。熟悉实验室安全出口和紧急情况时的逃生路线。

(2) 掌握实验室安全与急救常识,进入实验室应穿实验服并根据需要佩戴防护眼镜。实验服要长袖和过膝,严禁穿短裤、拖鞋或凉鞋进行实验。书包、衣物以及与实验无关的物品应放在远离实验台的衣物柜中。要保持实验室的良好秩序,禁止在实验室戴耳机、打电话、吸烟或进食。

(3) 实验前认真预习,了解实验目的、原理、合成路线以及实验过程中可能出现的问题,查阅有关文献,明确各化合物的物理、化学性质,并写出预习报告。

(4) 实验开始前先检查仪器是否完好无损(如玻璃器皿是否破裂,接口是否紧密结合,电器线路、接地是否完好等),装置是否正确。

(5) 严格按照实验步骤进行实验,注意观察实验现象并如实记录。

(6) 严防水银等有毒物质流失而污染实验室,破损温度计及发生意外事故要及时向教师报告并采取必要的措施;重做实验必须经实验指导教师批准;损坏仪器、设备应如实说明情况并按规定予以赔偿。

(7) 保持实验室桌面、地面、水池的清洁,废纸、火柴杆等杂物不要扔进水槽以免堵塞,废弃有机溶剂要倒入指定的回收瓶,废液及废渣禁止倒进水池,必须倒在指定的废液缸中,实验开始前和结束后要清洁自己的实验台,离开时要将公用仪器摆放整齐。

(8) 保持实验台整洁,取用试剂要小心,防止试剂撒在实验台上,撒落的试剂要及时处理;称量纸要预先准备好,称量后要将自己的称量纸带走,天平(或台秤)归零;避免皮肤直接接触实验试剂,否则应及时清洗。

(9) 节约水、电、燃气及其他消耗品,严格控制试剂用量;公用仪器和试剂用完要放回原处,不得将实验所用仪器、试剂带出实验室。

(10) 实验结束后,应将自己的实验台整理好,关闭水、电、燃气,认真洗手,实验记录交教师审阅、签字后方可离开实验室;值日生要做好清洁卫生工作,检查水、电、燃气阀门,待教师检查同意后方可离开实验室。

§1.2 实验室安全知识

1.2.1 防火常识

有机实验中所用的溶剂大多是易燃的,故着火是最可能发生的事故之一。引起着火的原因很多,如用敞口容器加热低沸点的溶剂,加热方法不正确等。为了防止着火,实验中必须注意以下几点:

(1)不能用敞口容器加热和放置易燃、易挥发的化学试剂。应根据实验要求和物质的特性选择正确的加热方法。如蒸馏沸点低于80℃的液体时,应采用间接加热法,如水浴、油浴,而不能直接加热。

(2)尽量防止或减少易燃物气体的外逸。处理和使用易燃物时,应远离明火,注意室内应通风,及时将蒸气排出。

(3)易燃、易挥发的废物禁止倒入废液缸和垃圾桶中。如金属钠应专门回收处理。

(4)实验室不得存放大量易燃、易挥发性物质。

1.2.2 灭火常识

一旦发生着火,应及时采取正确的措施,控制事故的扩大。首先应立即切断电源,移走易燃物。然后根据易燃物的性质和火势,采取适当的方法扑救。

火情及灭火方法有以下几种:

(1)烧瓶内反应物着火时,用石棉布盖住瓶口,火即熄灭。

(2)地面或桌面着火时,若火势不大,可用淋湿的抹布或砂子灭火。

(3)衣服着火,应就近卧倒,用石棉布把着火部位包起来,或在地上滚动以灭火焰,切忌在实验室内乱跑。

(4)火势较大,应采用灭火器灭火。二氧化碳灭火器是有机实验室最常用的灭火器。灭火器内存放着压缩的二氧化碳气体,使用时,一手提灭火器,另一手应握在喷二氧化碳喇叭筒的把手上(不能手握喇叭筒! 以免冻伤),打开开关,二氧化碳即可喷出。这种灭火器,灭火后的危害小,特别适用于油脂、电器及其他较贵重的仪器着火时灭火。常用灭火器的性能及特点列于表1-1。

需要注意的是,任何一种灭火方式都是从火的周围向中心扑灭。水在大多数场合下不能用来扑灭有机物的着火。因为一般有机物都比水轻,泼水后,火不但不熄灭,反而漂浮在水面燃烧,火随水流迅速蔓延,将会造成更大的火灾事故。

(5)如火势不易控制,应立即拨打火警电话119!

表 1 - 1　常用灭火器的性能及特点

灭火器类型	药液成分	适用范围及特点
二氧化碳灭火器	液态 CO_2	适用于扑灭电器设备、小范围的油类及忌水的化学药品的着火
泡沫灭火器	$Al_2(SO_4)_3$ 和 $NaHCO_3$	适用于油类着火,但污染严重,后处理麻烦
四氯化碳灭火器	液态 CCl_4	适用于扑灭电器设备,小范围的汽油、丙酮等着火。不能用于扑灭活泼金属钾、钠的着火,因 CCl_4 高温下会分解,产生剧毒的光气,甚至爆炸
干粉灭火器	主要成分是碳酸氢钠等盐类物质与适量的润滑剂和防潮剂	适用于扑灭油类、可燃性气体、电器设备、精密仪器、图书文件等物品的初期火灾
酸碱灭火器	H_2SO_4 和 $NaHCO_3$	适用于扑灭非油类和电器着火的初期火灾

1.2.3　防爆

灭火器的使用

1. 实验室爆炸事故种类

在有机化学实验室中,发生爆炸事故一般有以下三种情况:

(1) 空气中混杂易燃气体或易燃有机溶剂的蒸气压达到某一极限时,遇到明火即发生燃烧爆炸。而且,有机溶剂蒸气都比空气的相对密度大,会沿着桌面或地面漂移至较远处,或沉积在低洼处。因此,切勿将易燃溶剂倒入废物缸内,更不能用敞口容器盛放易燃溶剂。倾倒易燃溶剂应远离火源,最好在通风橱中进行。

(2) 某些化合物容易发生爆炸,如过氧化物、多硝基化合物等,在受热或受到碰撞时均会发生爆炸。含过氧化物的乙醚在蒸馏时也有爆炸的危险。乙醇和浓硝酸混合在一起,会引起极强烈的爆炸。金属钠、钾遇水也易爆炸。

(3) 仪器安装不正确或操作不当时,也可引起爆炸。如蒸馏或反应时实验装置被堵塞,减压蒸馏时使用不耐压的仪器等。

2. 防止爆炸事故发生的注意事项

为了防止爆炸事故的发生,应注意以下几点:

(1) 使用易燃易爆物品时,应严格按照操作规程操作,要特别小心。

(2) 反应过于剧烈时,应适当控制加料速度和反应温度,必要时采取冷却措施。

(3) 在用玻璃仪器组装实验装置之前,要先检查玻璃仪器是否有破损。

(4) 常压操作时,不能在密闭体系内进行加热或反应,要经常检查实验装置是否被堵塞,如发现堵塞应停止加热或反应,将堵塞排除后再继续加热或反应。

(5) 减压蒸馏时,不能用平底烧瓶、锥形瓶等不耐压容器作为接收瓶或反应瓶。

(6) 无论是常压蒸馏还是减压蒸馏均不能将液体蒸干,以免局部过热或产生过氧化物而发生爆炸。

1.2.4　中毒的预防及处理

1. 预防中毒注意要点

大多数化学药品都具有一定的毒性。中毒主要是通过呼吸道和皮肤接触有毒物品而对

人体造成危害。因此,预防中毒应做到以下几点:

(1) 实验前要了解药品性能,称量时应使用工具、戴乳胶手套,尽量在通风橱中进行。特别注意的是勿使有毒药品触及五官和伤口处。

(2) 反应过程中可能生成有毒气体的实验应加气体吸收装置,并将尾气导出室外。

(3) 用完有毒药品或实验完毕要用肥皂将手洗净。

(4) 使用装盛汞的仪器如温度计、气压计等要防止仪器的破裂及汞的流失,溅洒汞的地方应迅速撒上硫磺石灰糊。

2. 发生中毒的处理方法

假如已发生中毒,应按如下方法处理:

(1) 溅入口中尚未咽下者　应立即吐出,用大量水冲洗口腔;如已吞下,应根据毒物的性质给以解毒剂,并立即送医院救治。

(2) 腐蚀性毒物中毒　对于强酸,先饮大量水,然后服用氢氧化铝膏、鸡蛋清;对于强碱,也应先饮大量水,然后服用醋、酸果汁、鸡蛋清。不论酸或碱中毒皆应再给以牛奶灌注,不要吃呕吐剂。

(3) 刺激剂及神经性毒物中毒　先服牛奶或鸡蛋清使之立即冲淡和缓和,再用一大匙硫酸镁(约30 g)溶于一杯水中口服催吐。有时也可用手指伸入喉部促使呕吐,然后立即送医院救治。

(4) 吸入气体中毒者　将中毒者移至室外,解开衣领及纽扣。吸入少量氯气或溴蒸气者,可用碳酸氢钠溶液漱口。

1.2.5　灼伤的预防及处理

皮肤接触了高温、低温或腐蚀性物质后均可能被灼伤。为避免灼伤,在接触这些物质时,应戴好防护手套和眼镜。发生灼伤时应按下列要求处理:

(1) 被碱灼伤时　先用大量水冲洗,再用1%～2%的乙酸或硼酸溶液冲洗,然后再用水冲洗,最后涂上烫伤膏。

(2) 被酸灼伤时　先用大量水冲洗,然后用1%～2%的碳酸氢钠溶液冲洗,最后涂上烫伤膏。

(3) 被溴灼伤时　应立即用大量水冲洗,再用酒精擦洗或用2%的硫代硫酸钠溶液洗至灼伤处呈白色,然后涂上甘油或鱼肝油软膏加以按摩。

(4) 被热水烫伤时　一般在患处涂上红花油,然后擦烫伤膏。

(5) 被金属钠灼伤时　可见的小块钠用镊子移走,再用乙醇擦洗,然后用水冲洗,最后涂上烫伤膏。

(6) 以上这些物质一旦溅入眼睛中(金属钠除外),应立即用大量水冲洗,并及时去医院治疗。

1.2.6　割伤的预防及处理

有机实验中主要使用玻璃仪器。使用时,最基本的原则是不能对玻璃仪器的任何部位施加过度的压力。具体操作要注意以下两点:

(1) 需要用玻璃管和塞子连接装置时,用力处不要离塞子太远,如图1-1(a)和图1-1(c)

所示。图 1-1(b)和图 1-1(d)的操作是错误的。尤其是插入温度计时,要特别小心。

(a)　　　　　　　(b)　　　　　　　(c)　　　　　　　(d)

图 1-1　玻璃管与塞子连接时的操作方法

(2) 新割断的玻璃管断口处特别锋利,使用时,要将断口处用火烧至熔化,或用小锉刀使其成圆滑状。

发生割伤后,应先将伤口处的玻璃碎片取出,再用生理盐水将伤口洗净,轻伤可用"创可贴",伤口较大时,用纱布包好伤口送医院。若割破静(动)脉血管,流血不止时,应先止血。具体方法是:在伤口上方 5~10 cm 处用绷带扎紧或用双手捏住,尽快送医院救治。

1.2.7　水电安全

学生进入实验室后,应首先了解灭火器、石棉布、水电开关及总闸的位置在何处,而且要掌握它们的使用方法。绝不能用湿手或手握湿物去插(或拔)插头。使用电器前,应检查线路连接是否正确,电器内外要保持干燥,不能有水或其他溶剂。实验结束后,应先关掉电源,再去拔插头,最后关冷凝水。

值日生在做完值日后,要关掉所有的水闸及总电闸。

1.2.8　废物的处理

(1) 废液的处理:废液要回收到指定的回收瓶或废液缸中集中处理。

(2) 废弃固体物的处理:对于任何废弃固体物(如沸石、棉花、镁屑等)禁止倒入水池中,必须倒入老师指定的固体垃圾盒中,最后由值日生在老师的指导下统一处理。

(3) 易燃、易爆的废弃物(如金属钠):应由教师处理,学生切不可自主处理。

1.2.9　实验室常备急救器具

(1) 消防器材:干粉灭火器、四氯化碳灭火器、二氧化碳灭火器、砂、石棉布、毛毡、喷淋设备。

(2) 急救药箱:碘酒、3％双氧水、饱和硼酸溶液、1％醋酸溶液、5％碳酸氢钠溶液、70％酒精、玉树油、烫伤油膏、万花油、药用蓖麻油、硼酸膏或凡士林、磺胺药粉、洗眼杯、消毒棉花、创可贴、纱布、胶布、绷带、剪刀、镊子等。

§1.3　实验室试剂知识

1.3.1　化学试剂的规格

根据国家和有关部门颁布的标准,化学试剂按其纯度和杂质含量的高低分为四个等级(表 1-2)。

表 1－2　化学试剂的级别

项　目	一级	二级	三级	四级
中文名	优级纯	分析纯	化学纯	实验试剂
英文标志	GR	AR	CP	LR
标签颜色	绿色	红色	蓝色	棕色或黄色

优级纯(一级)试剂又称保证试剂,杂质含量最低,纯度最高,适用于精密的分析及研究工作。分析纯(二级)及化学纯(三级)试剂适用于一般的分析研究及教学实验工作。实验试剂(四级)只能用于一般性的化学实验及教学工作。

除了上述四个级别外,目前市场上尚有一些作为特殊用途的试剂,如:基准试剂(JZ,绿标签),作为基准物质,标定标准溶液;光谱纯试剂(SP),为光谱分析中的标准物质表示光谱纯净;高纯试剂(EP,绿标签),包括超纯、特纯、高纯、光谱纯,用于配制标准溶液;色谱纯(GC),用于色谱分析的标准物质;指示剂(ID),配制指示溶液用;生化试剂(BR),配制生物化学检验试液;生物染色剂(BS),配制微生物标本染色液;其他特殊专用级别的试剂,如电子纯(MOS)、指定级(ZD)等等。

此外,还有工业生产中大量使用的化学工业品(也分为一级品、二级品)以及可供食用的食用级产品。

各种级别的试剂及工业品因纯度不同,价格相差很大。工业品和优级纯试剂之间的价格可相差数十倍。所以,在满足实验要求的前提下,应考虑节约原则,选用适当规格的试剂。例如配制大量洗液使用的 $K_2Cr_2O_7$、浓 H_2SO_4,发生气体大量使用的以及冷却浴所使用的各种盐类等都可以选用工业品。

1.3.2　化学试剂的存放

化学试剂在储存过程中,会受到温度、光照、空气和水分等外在因素的影响,容易发生潮解、霉变、聚合、氧化、分解、变色、挥发和升华等物理、化学变化,以至失效而无法使用,因此要采取适当的储存方式。有些化学试剂有一定的保质期,使用时一定要注意。化学试剂中有一些属于易燃、易爆、有腐蚀性、有毒或有放射性的化学品。总之,在使用化学试剂之前一定要对所用的化学试剂的性质、危害性及应急措施有所了解。实验室保存化学试剂时,一般应遵循以下原则:

(1)光照或受热易分解的试剂应该放置在阴凉处,避光保存。例如,硝酸、硝酸银等,一般应存放在棕色试剂瓶中,置于黑暗而且温度低的地方。

易燃有机物要远离火源。强氧化剂要与还原性的物质隔开存放。钾、钙、钠在空气中极易氧化,遇水发生剧烈反应,应放在盛有煤油的广口瓶中以隔绝空气。

(2)存放试剂的柜、库房要经常通风。室温下易发生反应的试剂要低温保存。苯乙烯和丙烯酸甲酯等不饱和烃及衍生物在室温下易发生聚合,过氧化氢易发生分解,因此要在 $10\,^{\circ}\mathrm{C}$ 以下的环境中保存。

(3)化学试剂都要密封,如易挥发的试剂(浓盐酸、浓硝酸、溴等);易被氧化的试剂(亚硫酸氢钠、氢硫酸、硫酸亚铁等);易与水蒸气、二氧化碳作用的试剂(无水氯化钙、苛性钠等）。汞（水银）要存放在陶瓷瓶中，并用水覆盖封存，以防挥发。

（4）有腐蚀性的试剂，如氢氟酸不能存放在玻璃瓶中；强氧化剂、有机溶剂不能用带橡胶塞的试剂瓶存放；碱液、水玻璃等不能用带玻璃塞的试剂瓶存放。

1.3.3　化学药品的危险性

危险性化学药品包括易燃、易爆、强氧化性、腐蚀性、毒性、致癌物质等，有的药品可能会有几种危险性。这些药品都有国际通用的标志，如图 1 - 2。常见易燃、易爆、有毒化学药品见附录 6。

腐蚀的　　　　易爆炸的　　　　有毒害的　　　　剧毒的　　　　易燃的　　　　有氧化性的

图 1 - 2　化学药品常见危险性标志

§1.4　实验室常用仪器、设备知识

1.4.1　有机化学实验常用的玻璃仪器

玻璃仪器可分为普通玻璃仪器和磨口玻璃仪器。图 1 - 3 是有机化学实验室常用的普通玻璃仪器。

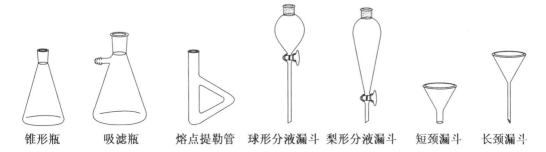

锥形瓶　　　吸滤瓶　　　熔点提勒管　球形分液漏斗　梨形分液漏斗　短颈漏斗　长颈漏斗

图 1 - 3　常用的普通玻璃仪器

有机化学实验室广泛使用标准磨口玻璃仪器（标准化磨口或磨塞的玻璃仪器）。由于仪器口塞尺寸的标准化、系统化、磨砂密合，凡属于同类规格的接口，均可任意连接，各部件能组装成各种配套仪器。与不同规格的部件无法直接组装时，可使用转换接头连接。使用标准磨口玻璃仪器，既可免去配塞子的麻烦，又能避免因使用塞子而污染体系的弊病。因磨口塞磨砂性能良好，有利于蒸馏尤其是减压蒸馏，对于毒物或挥发性液体的实验较为安全。图1 - 4 是有机化学实验室常用的标准磨口玻璃仪器。

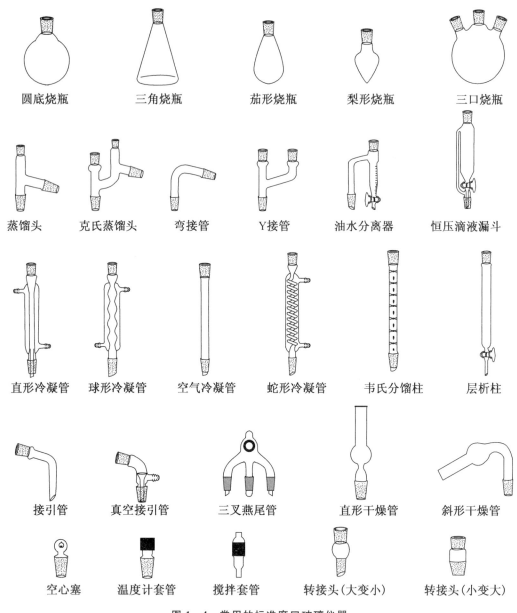

图 1 - 4　常用的标准磨口玻璃仪器

标准磨口玻璃仪器均按国际通用的技术标准制造,每个部件在其口塞的上或下显著部位均具有烤印的白色标志表明规格。常用的规格编号有 10,12,14,16,19,24,29,34,40 等。有的标准磨口玻璃仪器有两个数字,如 10/30,10 表示磨口大端的直径为 10 mm,30 表示磨口的高度为 30 mm。表 1 - 3 是标准磨口玻璃仪器的编号与大端直径。

表 1 - 3　标准磨口玻璃仪器的编号与大端直径

编号	10	12	14	16	19	24	29	34	40
大端直径(mm)	10	12.5	14.5	16	18.8	24	29.2	34.5	40

使用标准接口玻璃仪器应注意以下几点：

（1）标准口塞应保持清洁，使用前宜用软布擦拭干净，但不能附上棉絮。

（2）一般使用时，磨口处无须涂润滑剂，以免造成污染，并防止润滑剂粘有反应物或产物。但是反应中使用强碱时，则要涂润滑剂，以免磨口连接处因碱腐蚀而黏结在一起，无法拆开。当减压蒸馏时，应在磨口连接处涂真空润滑脂，保证装置的密封性。

（3）装配时，把磨口和磨塞轻微地对旋连接，不宜用力过猛，不能装得太紧，只要润滑密闭即可。

（4）用后应立即拆卸洗净，否则，对接处常会粘牢，以致拆卸困难。标准磨口仪器放置时间太久，容易黏结在一起，很难拆开。如果发生此情况，可用热水煮黏结处或用热风吹磨口处，使其膨胀而脱落，还可用木槌轻轻敲打黏结处。

（5）装拆时应注意相对的角度，不能在角度偏差时进行硬性装拆，否则，极易造成破损。

1.4.2　有机化学实验常用的实验装置

1. 回流及带尾气吸收的反应装置

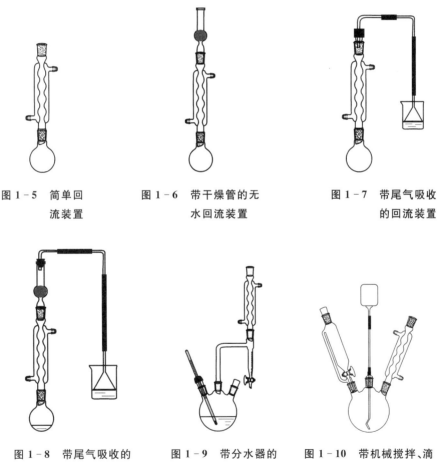

图 1-5　简单回　　　　图 1-6　带干燥管的无　　　　图 1-7　带尾气吸收
　　　流装置　　　　　　　水回流装置　　　　　　　的回流装置

图 1-8　带尾气吸收的　　　图 1-9　带分水器的　　　图 1-10　带机械搅拌、滴
　　　无水回流装置　　　　　　回流装置　　　　　　　加的回流装置

图 1 - 11　带测温、磁力搅
拌的回流装置

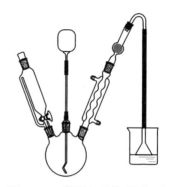

图 1 - 12　带尾气吸收、搅拌、滴
加的无水回流装置

(a)

(b)

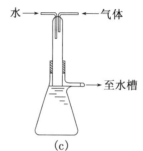

(c)

图 1 - 13　常见的气体吸收装置

2. 液体有机化合物的分离提纯装置

图 1 - 14　简单蒸馏装置

图 1 - 15　简易蒸馏装置

图 1 - 16　带滴加的连续蒸馏装置

图 1 - 17　带滴加的连续蒸馏反应装置

图 1 - 18　简单分馏装置

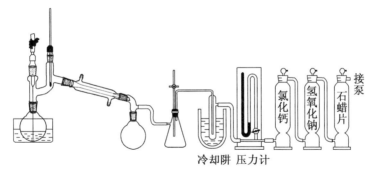

图 1-19　减压蒸馏装置

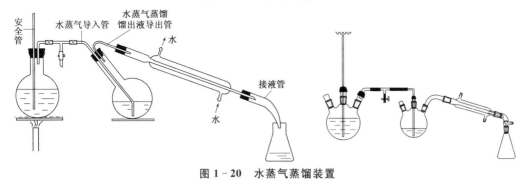

图 1-20　水蒸气蒸馏装置

3. 固体有机化合物的分离提纯装置

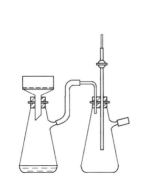

图 1-21　减压过滤装置

图 1-22　固液萃取装置

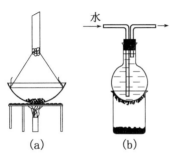

图 1-23　常压升华装置

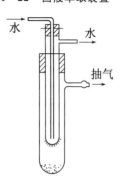

图 1-24　减压升华装置

4. 仪器的选用与搭配技术

有机化学实验的各种反应装置常常是由一件件玻璃仪器组装而成的,实验中应根据要求选择合适的仪器。一般选择仪器的原则如下:

(1) 烧瓶的选择　根据液体的体积而定,一般液体的体积应占容器体积的 1/3～1/2 为宜,最多不能超过 2/3。进行水蒸气蒸馏时,液体体积不应超过烧瓶容积的 1/3。

(2) 冷凝管的选择　一般情况下回流用球形冷凝管,蒸馏用直形冷凝管。但是当蒸馏或回流温度超过 130℃时,应改用空气冷凝管,以防温差较大时,由于仪器受热不均匀而造成冷凝管破裂。

(3) 温度计的选择　实验室一般备有 100℃、200℃、250℃、300℃、360℃等不同规格的温度计,根据所测温度进行选择。一般选用的温度计要高于被测温度 10～20℃。

仪器装配应首先选好主要仪器的位置,往往根据热源的高低来确定反应瓶的位置,然后按一定的顺序逐个装配起来,先下后上,从左到右。拆卸时,一般先停止加热,移走加热源,待稍微冷却后,按与安装时相反的顺序,逐个拆除。拆冷凝管时注意不要将水洒到电热套上。仪器装配要求做到严密、正确、整齐和稳妥。在常压下进行反应的装置,必须与大气相通,不能密闭。

1.4.3　有机化学实验常用的仪器设备

有机化学实验中,除用到玻璃仪器外,还经常要用到各种各样的辅助仪器和设备。

1. 托盘天平和电子天平

托盘天平(图 1-25(a))用于精度不高的称量。一般托盘天平的最大称量质量为 1 000 g(也有 500 g 的),能称准到 1 g。称量前若发现两边不平衡,应调节两端的平衡螺丝使之平衡。称量时,被称量物质放在左边秤盘上,在右边秤盘上加砝码,最后移动游码,至两边平衡为止。被称量的化学药品必须放在称量纸上或烧杯、烧瓶内,切不可直接放在秤盘上,以保持天平的清洁。称量后应将砝码放回盒中。

(a) 托盘天平　　　　　(b) 普通电子天平　　　　(c) 电子分析天平

图 1-25　称量仪器

电子天平也是实验室常用的称量设备,尤其在微量、半微量实验中经常使用。普通电子天平(图 1-25(b))的最小分度为 0.01 g,即称量时可以精确到 0.01 g。与普通托盘天平相比,它具有称量简单、方便快捷的优点,能满足一般化学实验的要求。

电子分析天平(图 1-25(c))是一种比较精密的仪器,称量时可以精确到 0.000 1 g。因此,使用时应注意维护和保养:① 天平应放在清洁、干燥、稳定的环境中,以保证测量的准确性。勿放在通风、有磁场或产生磁场的设备附近,勿在温度变化大、有震动或存在腐蚀性气体的环境中使用;② 保持机壳和称量台的清洁,以保证天平的准确性,可用蘸有柔性洗涤剂的湿布擦洗;③ 天平在不使用时应拔掉交流适配器;④ 使用时,不要超过天平的最大量程。

2. 电吹风、气流烘干器和红外快速干燥箱

电吹风用于吹干一两件急用的玻璃仪器,先以热风将仪器吹干后再调至冷风挡吹冷。玻璃仪器先用低沸点溶剂如丙酮、乙醇等荡洗一下再吹可更快些干。但这时则要先吹冷风,而后再用热风、冷风吹。不用时应放在干燥处,注意防潮、防腐蚀。

气流烘干器是一种用于快速烘干的仪器设备,如图 1-26 所示,亦有冷风挡和热风挡。使用时将洗净沥干的仪器挂在它的多孔金属管上,开启热风挡,可在数分钟内烘干,再以冷风吹冷,干燥的玻璃仪器不留水迹。气流烘干器的电热丝较细,当仪器烘干取下时应随手关掉,不可使其持续数小时吹热风,否则会烧断电热丝。若仪器壁上的水没有沥干,会顺着多孔金属管滴落在电热丝上造成短路而损坏烘干器。

红外线快速干燥箱是实验室常备的小型快速烘干设备,箱内装有产生热量的红外灯泡,如图 1-27 所示,常用于烘干固体样品。可与变压器联用以调节温度,若温度过高,会将样品烘熔或烤焦。使用时切忌将水溅到热灯泡上,这样会引起灯泡炸裂。

图 1-26　气流烘干器　　　图 1-27　红外线快速干燥箱　　　图 1-28　真空干燥箱

3. 烘箱和真空干燥箱

实验室一般使用恒温鼓风干燥箱,其工作温度为50~300℃,主要用于干燥玻璃仪器或烘干无腐蚀性、无挥发性、热稳定性好的药品,切忌将挥发、易燃、易爆物放在烘箱内烘烤。烘干玻璃仪器时,一般将温度控制在 100~120℃ 左右,鼓风可以加速仪器的干燥。刚洗好的玻璃仪器应尽量倒净仪器中的水,然后把玻璃器皿依次从上层往下层放入烘箱烘干。器皿口向上,若器皿口朝下,烘干的仪器虽可无水渍,但由于从仪器内流出来的水珠滴到其他已烘干的仪器上,往往易引起后者炸裂。带有活塞或具塞的仪器,如分液漏斗和滴液漏斗,必须拔去盖子,取出活塞并擦去油脂后才能放入烘箱内干燥。厚壁仪器、橡皮塞、塑料制品等,不宜在烘箱中干燥。用完烘箱,要切断电源,确保安全。

实验室还经常使用真空干燥箱,如图 1-28 所示,主要用来干燥实验药品。由于在真空下加热,对一些熔点较低或在高温下容易分解的药品比较适合,干燥的速度也大大加快。

4. 调压变压器、电热套和恒温水浴锅

调压变压器(图 1-29)是调节电源电压的一种装置,常用来调节电炉、电热套、红外干燥箱的温度,调整电动搅拌器的转速等。使用时应注意以下几点:① 使用时注意接好地线,注意输入端与输出端切勿接错,不许超负荷使用;② 使用时,先将调压器调至零点,再接通电源,然后根据加热温度或搅拌速度调节旋钮到所需的位置,调节变换时应缓慢均匀;③ 用完后应将旋钮调至零点,并切断电源。注意仪器清洁,存放在干燥、无腐蚀的地方。

电热套是用玻璃纤维丝与电热丝编织成半圆形的内套,外边加上金属或塑料外壳,中间填上保温材料,如图 1 - 30 所示。根据内套直径的大小分为 50 mL、100 mL、150 mL、200 mL、250 mL 等规格,最大可到 3 000 mL。此设备不用明火加热,使用较安全。由于它的结构是半圆形的,在加热时,烧瓶处于热气流中,因此,加热效率较高。使用电热套时应注意,不要将药品洒在电热套中,以免加热时药品挥发污染环境,同时避免电热丝被腐蚀而断开,加热时烧瓶不要贴在内套壁上。用完后放在干燥处,否则内部吸潮后会降低绝缘性能。

图 1 - 29　调压变压器　　　　图 1 - 30　电热套　　　　图 1 - 31　恒温水浴锅

恒温水浴锅(图 1 - 31)常用来加热或保温含有低沸点有机化合物的仪器,可控制温度在 50～100℃之间。由于无明火,所以可防易燃、易爆事故的发生。使用时应注意:加水后方可通电加热;工作完毕,应将温控旋钮置于最小值并切断电源;长时间不用,应将锅体中的水排尽擦干。

5. 磁力搅拌器

磁力搅拌器能在完全密封的装置中进行搅拌。它由电机带动磁体旋转,磁体又带动反应器中的磁子旋转,从而达到搅拌的目的。磁力搅拌器一般都带有温度和速度控制旋钮,使用后应将旋钮回零,使用时应注意防潮防腐。图 1 - 32 是几种常见的磁力搅拌器。

(a)电热套加热磁力搅拌器　　(b)底盘加热磁力搅拌器　　(c)水浴或油浴加热磁力搅拌器

图 1 - 32　磁力搅拌器

6. 电动(机械)搅拌器

电动(机械)搅拌器由机座、小型电动马达和调速变压器几部分组成,如图 1 - 33 所示,一般在常量有机化学实验的搅拌操作中使用,用于非均相反应。在开动搅拌器前,应用手先空试搅拌器转动是否灵活,若不灵活应找出摩擦点。如是电机问题,应向电机的加油孔中加一些机油,以保证电机转动灵活或更换新电机。

7. 旋转蒸发仪和低温冷却液循环泵

旋转蒸发仪用来回收、蒸发有机溶剂,主要由一台电机带动可旋转的蒸发器(一般用茄形瓶或圆底烧瓶)、冷凝

图 1 - 33　电动(机械)搅拌器

管、接收瓶等组成,如图 1-34 所示。由于蒸发器在不断旋转,可免加沸石而不会暴沸,同时,液体附于壁上形成了一层液膜,加大了蒸发面积,使蒸发速度加快。它可在常压或减压下使用,一般是在循环水泵(图 1-35)减压下旋转蒸发,有机溶剂经循环水冷凝后进入接收瓶,以回收利用。低沸点有机溶剂不易冷凝,可使用低温冷却液循环泵(见图 1-36)来增强冷凝效果。

图 1-34　旋转蒸发仪　　　图 1-35　循环水真空泵　　　图 1-36　低温冷却液循环泵

旋转蒸发仪的运行操作如下:

(1) 在烧瓶中加入待蒸液体,体积不要超过 2/3。将烧瓶装在转动轴磨口上,用标准口卡子卡牢。

(2) 开通冷凝水,打开循环水真空泵开关抽真空,待达到稳定的真空度后调节转速旋钮,使转速稳定。

(3) 用升降控制开关将烧瓶慢慢放入水浴内。

(4) 加热水浴,根据烧瓶内液体的沸点设定加热温度。减压蒸发时,当温度、真空度高时,瓶内液体可能会暴沸。此时应立即提高烧瓶的高度,离开水浴,待水浴温度降至合适的温度后再继续蒸馏。

(5) 在设定温度下旋转蒸发。

(6) 蒸完后用升降控制开关将烧瓶离开水浴,关闭转速旋钮,停止旋转,再打开真空活塞,使通大气,然后取下烧瓶。

低温冷却液体恒温循环槽是一种新型的实验设备,可代替干冰和液氮做低温反应,底部带有强磁力搅拌,具有二级搅拌及内循环系统,使槽内温度更为均匀,可单独做低温、恒温循环泵使用及提供恒温冷源。

8. 真空泵

实验室常用水泵或油泵来获得真空。水泵因其结构、水压和水温等因素,不易得到较高的真空度,一般用于对真空度要求不高的减压体系中。循环水多用真空泵(图 1-35)是以循环水作为流体,利用射流产生负压的原理而设计的一种新型多用真空泵,广泛用于蒸馏、结晶、过滤、减压、升华等操作中。由于水可以循环使用,避免了直接排水的浪费现象,节水效果明显。因此,是实验室理想的减压设备。使用真空水泵时应注意:

(1) 真空泵抽气口应接有一个缓冲瓶,以免停泵时,发生倒吸现象,使体系污染。

(2) 开泵前,应检查是否与体系连接好,然后,打开缓冲瓶上的旋塞。开泵后,关闭旋塞,调至所需要的真空度。关泵前,先打开缓冲瓶上的旋塞,拆掉与体系的接口,再关泵。

(3) 应经常补充和更换水泵中的水,以保持水泵的清洁和真空度。水温较高时,可在水箱中加入一些冰块,降低水的饱和蒸汽压,以提高泵的抽气效果。

真空油泵(图1-37)也是实验室常用的减压设备。油泵常在对真空度要求较高的场合下使用。油泵的效能取决于泵的结构及油的好坏(油的蒸气压越低越好),好的真空油泵能抽到10～100 Pa以上的真空度。油泵的结构越精密,对工作条件要求就越高。

图1-37　真空油泵

图1-38　油泵的保护装置

在用油泵进行减压蒸馏时,溶剂、水和酸性气体会造成对油的污染。使油的蒸气压增加,真空度降低,同时这些气体可以引起泵体的腐蚀。为了保护泵和油,使用时应注意:

(1) 定期检查,定期换油,防潮防腐蚀。

(2) 如蒸馏物质中含有挥发性物质,可先用水泵减压抽除,然后改用油泵。

(3) 在泵的进口处安装气体吸收塔(图1-38),放置保护材料,如石蜡片(吸收有机物)、氢氧化钠(吸收酸性气体)、氯化钙(吸收水汽)和冷阱(冷凝杂质)。

9. 超声波清洗器

近年来,超声波作为一种新的能量形式用于有机化学反应,不仅使很多以往不能进行或难以进行的反应得以顺利进行,而且作为一种方便、迅速、有效和安全的合成技术大大优于传统的搅拌、外加热方法,是一种新兴的绿色化学技术。超声波清洗器(图1-39)可用于小批量的清洗、脱气、混匀、提取、有机合成、细胞粉碎等。

图1-39　超声波清洗器

图1-40　微波反应器

10. 微波反应器

微波辐射技术在有机合成上的应用日益广泛,通过微波辐射,反应物从分子内迅速升温,反应速率可提高几倍、几十倍甚至上千倍,同时由于微波为强电磁波,产生的微波等离子中常存在热力学得不到的高能态原子、分子和离子,因而可使一些热力学上不可能或难以发生的反应得以顺利进行。图1-40是典型的微波合成反应器。

11. 有机合成仪

Vantage全自动有机合成仪(图1-41)可同时合成96种化合物,反应条件多样,可温控(-70～150℃)、调压(0～6 atm),惰性气体环境可自动分布到各个操作体系。

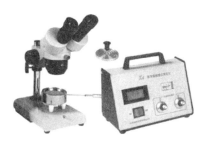

图 1-41　Vantage 全自动有机合成仪　　　　　图 1-42　数字(显微)熔点仪

12. 数字(显微)熔点测定仪

熔点的测定广泛用于药物、染料、香料等晶体有机化合物的初步鉴定或纯度检验。图1-42为常用的数字显微熔点测定仪。

13. 气体钢瓶与减压阀

有机化学实验中,有时会用到气体原料(氢气、氧气)、气体保护气(氮气、氩气)、气体燃料(煤气、液化气)等。钢瓶是储存或运送气体的容器,若使用不当,将会引发重大事故。为了防止各种钢瓶在充装气体时混用,统一规定了瓶身、横条以及标字的颜色。常用钢瓶的标色见表1-4。

气体钢瓶

表 1-4　常用钢瓶的标色

气体类别	瓶身颜色	横条颜色	标字颜色	气体类别	瓶身颜色	横条颜色	标字颜色
氮	黑	棕	黄	氩	草绿	白	白
空气	黑	—	白	氨	黄	—	黑
二氧化碳	黑	—	黄	其他一切可燃气体	红		
氧	天蓝	—	黑	其他一切不可燃气体	黑		
氢	深绿	红	红				

使用钢瓶时要注意:① 认准标色,不可混用;② 储放时要避免日晒、雨淋、烘烤、水浸和药品腐蚀;③ 搬运时要轻拿轻放并戴上瓶帽;④ 使用时要安放稳妥并装上减压阀,瓶中气体不可用完,应至少留下瓶压 0.5% 的气体不用;⑤ 在使用可燃气体时需装有防回火的装置;⑥ 定期检查钢瓶。

使用钢瓶时要用到减压阀、减压表。先将减压阀旋到最松位置(即关闭状态),然后打开钢瓶的气阀门,瓶内的气压即在总压力表上显示。慢慢旋紧减压阀,使分压力表达到所需压力。用毕,应先关紧钢瓶的气阀门,待总压力表和分压力表的指针复原到零时,再关闭减压阀。

§1.5 有机化学实验预习、记录与报告

1.5.1 实验预习

每次实验前,必须充分预习。明白本次实验的原理,懂得每步操作的目的,了解实验中仪器药品的特性,熟悉实验。准备一个预习报告,内容包括:

(1) 原料、产品的主要理化特性(如熔点、沸点、密度、腐蚀性、毒性等)。

(2) 本次实验所用的仪器、设备及需要搭建的装置,能画出实验装置图。

(3) 整个实验的步骤,每步操作的目的及注意点。

(4) 实验中可能存在的危险及预防措施。

1.5.2 实验记录

实验过程中,必须养成边做实验边在记录本上进行记录的习惯,绝不可以在事后凭记忆补写或用零星纸条记录,然后再转抄到记录本上。当发现记录有错误时,为了方便以后对这些内容的检查,不要擦除或用涂改液抹掉,应用笔轻轻画几横,并在旁边写上正确的信息和数据。记录的内容包括以下几个方面:

(1) 实验中加入试剂的颜色和加入的量。

(2) 每步操作的时间、内容和所观察到的现象,如反应液颜色的变化,有无沉淀及气体的出现,固体的溶解情况,加热温度和加热后反应的变化等,都应认真记录。

(3) 最后得到产品的颜色和产品的量、产品的熔点或沸点等物理化学数据。

1.5.3 实验报告

在实验完成后,要求同学写出实验报告,总结已进行过的实验工作,分析遇到的问题,把结果进行归纳总结。这样既有助于把直接的感性认识提高到理性认识,巩固已取得的收获,同时也是撰写科研论文的基本训练。实验报告格式一般可采用以下两种格式:

(一) 有机化合物性质实验的实验报告格式

实验名称:＿＿＿＿＿＿＿＿＿＿＿＿＿＿＿＿＿＿＿

1. 实验现象和解释

序号	内容	现象	解释(反应式)

2. 实验讨论

(二) 有机合成及操作实验的实验报告格式

实验名称:＿＿＿＿＿＿＿＿＿＿＿＿＿＿＿＿＿＿＿

1. 实验目的

2. 实验原理

3. 所用试剂和产物的物理常数

名称	相对分子量	性状	熔点	沸点	相对密度	折射率	溶解度		
							水中	乙醇中	乙醚中

4. 实验装置

5. 实验步骤(用流程图表示)

6. 实验结果(产品的性状如颜色、晶形等;熔点或沸点范围;产量及产率)

7. 实验讨论(① 通过实验结果得出的结论或规律;② 回答实验中值得注意的思考题;③ 总结实验成功或失败的因素;④ 提出可能的改进建议等)

§1.6　有机化学实验文献知识

查阅文献资料是化学工作者的基本功,特别是在科研工作中,通过文献可以了解相关科研方向的研究现状与最新进展。目前与有机化学相关的文献资料已经相当丰富,许多文献如化学辞典、手册、理化数据和光谱资料等,其数据来源可靠,查阅简便,并不断进行补充更新,是有机化学的知识宝库,也是化学工作者学习和研究的有力工具。随着计算机技术与互联网技术的发展,网上文献资源将发挥越来越重要的作用,了解一些与有机化学有关的网上资源对于我们做好有机化学实验是非常有帮助的。文献资料和网络化学资源不仅可以帮助了解有机物的物理性质、解释实验现象、预测实验结果和选择正确的合成方法,而且还可使实验人员避免重复劳动,取得事半功倍的实验效果。

1.6.1　常用工具书

(1) 精细有机化工制备手册

章思规,辛忠主编,科学技术文献出版社出版,1994 年第 1 版。单元反应部分共十二章,每章介绍磺化、硝化、卤化、还原、胺化、烷基化、氧化、酰化、羟基化、酯化、成环缩合、重氮化与偶合,从工业实用角度介绍这些单元反应的一般规律和工业应用。实例部分收入大约 1 200 个条目,大体上按上述单元反应的顺序编排。实例条目以产品为中心,每一条目按条目标题(中文名称、英文名称)、结构式、分子式和相对分子质量、别名、性状、生产方法、产品规格、原料消耗、用途、危险性质、国内生产厂和参考文献等顺序作介绍,便于读者查阅。

(2) Handbook of Chemistry and Physics

这是美国化学橡胶公司出版的一本(英文)化学与物理手册。它初版于 1913 年,每隔 1～2 年再版一次。过去都是分上、下两册,从 51 版开始变为一册。该书内容分六个方面:数学用表、元素和无机化合物、有机化合物、普通化学、普通物理常数和其他。

在"有机化合物"部分中,按照 1979 年国际纯粹与应用化学联合会对化合物命名的原则,列出了 15 031 条常见有机化合物的物理常数,并按照有机化合物英文名称的字母顺序排列。查阅时首先要知道化合物的英文名称,便可迅速查出所需要的化合物分子式及其物理常数。如果不知道该化合物的英文名称,也可在分子式索引(Formula Index)中查取(61

版无分子式索引）。分子式索引是按碳、氢、氧的数目顺序排列的。例如,乙醇的分子式为 C_2H_6O,则在 C_2 部分即可找到 C_2H_6O。如果化合物分子式中碳、氢、氧的数目相同的较多,在该分子式后面附有不同结构的化合物的编号,再根据编号则可以找出要查的化合物。由于有机化合物有同分异构现象,因此在一个分子式下面常有许多编号,需要逐条去查。

（3）Aldrich

美国 Aldrich 化学试剂公司出版。这是一本化学试剂目录,它收集了 1.8 万余个化合物。一个化合物作为一个条目,内含相对分子质量、分子式、沸点、折光率、熔点等数据,较复杂的化合物还附了结构式,并给出了部分化合物核磁共振和红外光谱谱图的出处。每个化合物都给出了不同包装的价格,这对有机合成、订购试剂和比较各类化合物的价格很有好处。书后附有分子式索引,便于查找,并列出了化学实验中常用仪器的名称、图形和规格。每年出一本新书,免费赠阅。

（4）Acros Catalogue of Fine Chemicals

Acros 公司的化学试剂手册与 Aldrich 类似,也是化学试剂目录,包含熔点、沸点等常用物理常数,2005 年版新增了以人民币计算的试剂价格,每年出一册,国内可向百灵威公司索取。

（5）The Merck Index,11th Ed

这是一本非常详尽的化工工具书,主要是有机化合物和药物。它收集了近一万种化合物的性质、制法和用途,4 500 多个结构式及 4.2 万条化学产品和药物的命名。化合物按名称字母的顺序排列,冠有流水号,依次列出 1972 年～1976 年汇集的化学文摘名称以及可供选用的化学名称、药物编码、商品名、化学式、相对分子质量、文献、结构式、物理数据、标题化合物和衍生物的普通名称与商品名。在 Organic Name Reactions 部分中,对在国外文献资料中以人名来称呼的反应作了简单的介绍。一般是用方程式来表明反应的原料、产物及主要反应条件,并指出最初发表论文的作者和出处,同时将有关这个反应的综述性文献资料的出处一并列出,便于进一步查阅。

（6）Dictionary of Organic Compounds,6th Ed

本书收集常见的有机化合物近 3 万条,连同衍生物在内共约 6 万余条。内容为有机化合物的组成、分子式、结构式、来源、性状、物理常数、化合物性质及其衍生物等,并给出了制备化合物的主要文献资料,各化合物按名称的英文字母顺序排列。本书自第 6 版以后,每年出一补编,到 1988 年已出了第 6 补编。该书已有中文译本名为《汉译海氏有机化合物辞典》,中文译本仍按化合物英文名称的字母顺序排列,在英文名称后面附有中文名称。因此,在使用中文译本时,仍然需要知道化合物的英文名称。

（7）Beilstein Handbuch der Organiscben Chemie（贝尔斯坦有机化学大全）

贝尔斯坦有机化学大全从性质上讲是一个手册,它是从期刊、会议论文集和专利等方面收集有确定结构的有机化合物的最新资料汇编而成的,对于有机化学工作者是一套重要的工具书,对物理化学及其他化学工作者也是非常有用的。贝尔斯坦有机化学大全是由留学德国的俄国人贝尔斯坦（Beilstein F K）所编,由此得名。创刊于 1881 年,后几次再版,现在使用的是 1918 年开始发行的第四版共 31 卷,称为正篇（Hauptwerk,简称 H）,收集内容到 1909 年为止,第 1～27 卷为正篇的主要内容,第 28～29 卷为索引,第 30 卷为异戊二烯,第 31 卷为糖（以后此两卷内容并入其他各卷,取消此两卷）。收集 1910 年～1919 年间资料补充正篇的内容为第一补篇(Erganzun9-swerk,简称 E。El 表示第一补篇)。

（8）Organic Synthesis

本书最初由 Adams R 和 Gilman H 主编,后由 Blatt A H 担任主编。于 1921 年开始出版,每年一卷,1988 年为第 66 卷。本书主要介绍各种有机化合物的制备方法,也介绍了一些有用的无机试剂制备方法。书中对一些特殊的仪器、装置往往是同时用文字和图形来说明。书中所选实验步骤叙述得非常详细,并有附注介绍作者的经验及注意点。书中每个实验步骤都经过其他人的核对,因此内容成熟可靠,是有机制备的优秀参考书。

另外,本书每十卷有合订本(Collective Volume),卷末附有分子式、反应类型、化合物类型、主题等索引。在 1976 年还出版了合订本 1～5 集(即 1～49 卷)的累积索引,可供阅读时查考。54 卷、59 卷、64 卷的卷末附有包括本卷在内的前 5 卷的作者和主题累积索引;每卷末也有本卷的作者和主题索引。另外,该书合订本的第 1～3 集已分别译成中文。

（9）Organic Reactions

本书由 Adams R 主编,自 1951 年开始出版,刊期不固定,约为一年半出一卷,1988 年已出 35 卷。本书主要是介绍有机化学中具有理论价值和实际意义的反应。每个反应都分别由在该方面有一定经验的人来撰写。书中对有机反应的机理、应用范围、反应条件等都做了详尽的讨论。并用图表指出在这个反应的研究工作中做过哪些工作。卷末有以前各卷的作者索引、章节和题目索引。

（10）Text Book of Practical Organic Chemistry,5th Ed

Furniss B S,Hannaford A J,Smith P W G,Tachell A R 编写,由 Longman Scientific & Technical 于 1989 年出版,内容包括有机化学实验的安全常识、有机化学基本知识、常用仪器、常用试剂的制备方法、常用的合成技术,以及各类典型有机化合物的制备方法。所列出的典型反应数据可靠,是一本较好的实验参考书。

1.6.2 常用期刊文献

（1）中国科学,于 1950 年创刊。原为英文版,自 1973 年开始出中文和英文两种文字版本。目前《中国科学》(中文版)有 A～E,G 辑,共 6 辑。B 辑(双月刊)为化学,主要报道化学基础研究及应用研究方面具重要意义的创新性研究成果。涉及的学科主要包括理论化学、物理化学、无机化学、有机化学、高分子化学、生物化学、环境化学、化学工程等。中、英文版是两个相对独立的刊物。

（2）科学通报,旬刊(1950 年创刊),是自然科学综合性学术刊物,报道自然科学各学科基础理论和应用研究方面具有创新性和高水平的、具有重要意义的最新研究成果,它有中、外文两种版本。

（3）化学学报,创刊于 1933 年,原名《中国化学会会志》,1952 年更名为《化学学报》,主要刊载化学各学科领域基础研究和应用基础研究的原始性、首创性成果,涉及物理化学、无机化学、有机化学、分析化学和高分子化学等。2004 年在国内化学学术期刊中率先改为半月刊。

（4）高等学校化学学报,月刊,前身为《高等学校自然科学学报》(化学化工版),1964 年创刊,1966 年停刊,1980 年复刊并更名为《高等学校化学学报》,是化学学科综合性学术期刊。除重点报道我国高校师生创造性的研究成果外,还反映我国化学学科其他各方面研究人员的最新研究成果。

（5）有机化学，月刊（1980 年创刊）。主要刊登有机化学领域基础研究和应用基础研究的原始性研究成果。

（6）化学通报，月刊（1934 年创刊）。以大专以上化学化工工作者为主要读者对象，以反映国内外化学及交叉学科的进展，介绍新的知识和技术，报道最新科技成果为宗旨，为我国现代化建设服务。

（7）Journal of the American Chemical Society（简称 J. Am. Chem. Soc.），美国化学会会志，是自 1879 年开始的综合性双周期刊。主要刊载研究工作的论文，内容涉及无机化学、有机化学、生物化学、物理化学、高分子化学等领域，并有书刊介绍。每卷末有作者索引和主题索引。

（8）Chemical Reviews（简称 Chem. Rev.），创刊于 1924 年。主要刊载化学领域中的专题及发展近况的评论。内容涉及无机化学、有机化学、物理化学等各方面的研究成果与发展概况。

（9）the Journal of Organic Chemistry（简称 J. Org. Chem.），创刊于 1936 年，双周刊。主要刊载有机化学方面的研究工作论文。

（10）Organic Letters（简称 Org. Lett.），有机快报，1999 年创刊，双周刊。

（11）ACS Combinatorial Science（Journal of Combinatorial Chemistry 简称 J. Comb. Chem.），1999 年创刊，涉及有机化学、分析化学、药物学、生物技术、计算化学、材料学和农业化学。

（12）Angewandte Chemie International Edition（简称 Angew. Chem. Int. Ed.），国际著名的顶级化学杂志《德国应用化学》。

（13）Chemical Communication（简称 Chem. Commun.），英国皇家化学会的旗舰杂志，其内容主题以化学理论及提供新的研究方法信息为主要核心，适用于所有与化学领域相关的研究者。

（14）Organic and Biomolecular Chemistry（简称 Org. Biomol. Chem.），有机与生物分子化学，2003 年由原英国皇家化学会的两大有机化学权威刊物"Perkin Transactions 1"和"Perkin Transaction 2"合并而成，半月刊。涵盖领域包含了合成、物理及生物有机化学。适用于生物有机化学、化学合成、药物合成、物理化学、生物科技等相关领域。

（15）Tetrahedron，创刊于 1957 年，它主要是为了迅速发表有机化学方面的研究工作和评论性综述文章。大部分论文是用英文写的，也有用德文或法文写的论文。原为月刊，自1968 年起改为半月刊。

（16）Tetrahedron Letters（简称 Tetrahedron Lett.），主要是为了迅速发表有机化学方面的初步研究工作。大部分论文是用英文写的，也有用德文或法文写的论文。

（17）Journal of Organmetallic Chemistry（简称 J. Organomet. Chem.），1963 年创刊。主要报道金属有机化学方面的最新进展。

（18）Synlett，合成有机化学快报（德），刊载合成有机化学，包括方法论、天然产物和结构上有重要意义的分子的合成、有机组分化学、与生物学有关的分子组合的形成以及聚合物等新材料方面的最新研究快报和进展报告。

（19）Synthesis，合成（德），这本国际性的合成杂志创刊于 1973 年，主要刊载有机化学

（包括自然物质化学）、生物合成和有机物质方面的研究论文、评论和简讯。

（20）Green Chemistry（简称 Green Chem.），绿色化学，由皇家化学会于 1999 年创刊，主要报道可持续发展技术领域的前沿进展，是化学、环境及能源领域的权威期刊。

（21）European Journal of Organic Chemistry（简称 Eur. J. Org. Chem.），欧洲有机化学（德），1832 创创，半月刊。

1.6.3 常用网络资源

（1）中国期刊全文数据库（http://www.cnki.net）

《中国期刊全文数据库（CJFD）》是目前世界上最大的连续动态更新的中国期刊全文数据库。收录 1994 年至今的 5300 余种核心与专业特色期刊全文，累积全文 800 多万篇，题录 1 500 多万条。分为理工 A（数理科学）、理工 B（化学化工能源与材料）、理工 C（工业技术）、农业、医药卫生、文史哲、经济政治与法律、教育与社会科学综合、电子技术与信息科学 9 大专辑，126 个专题数据库，网上数据每日更新。

（2）美国化学学会（ACS）数据库（http://pubs.acs.org）

美国化学学会 ACS（American Chemical Society）成立于 1876 年，现已成为世界上最大的科技协会之一，其会员数超过 16 万。多年以来，ACS 一直致力于为全球化学研究机构、企业及个人提供高品质的文献资讯及服务，在科学、教育、政策等领域提供了多方位的专业支持，成为享誉全球的科技出版机构。ACS 的期刊被 ISI 的 Journal Citation Report（JCR）评为：化学领域中被引用次数最多的化学期刊。

ACS 出版 34 种期刊，内容涵盖以下领域：生化研究方法、药物化学、有机化学、普通化学、环境科学、材料学、植物学、毒物学、食品科学、物理化学、环境工程学、工程化学、应用化学、分子生物化学、分析化学、无机与原子能化学、资料系统计算机科学、学科应用、科学训练、燃料与能源、药理与制药学、微生物应用生物科技、聚合物、农业学。

网站除具有索引与全文浏览功能外，还具有强大的搜索功能，查阅文献非常方便。

（3）英国皇家化学学会（RSC）期刊及数据库（http://www.rsc.org）

英国皇家化学学会（Royal Society of Chemistry，简称 RSC）是一个国际权威的学术机构，是化学信息的一个主要传播机构和出版商。出版的期刊及数据库一向是化学领域的核心期刊和权威性的数据库，与有机化学有关的期刊有：

Annual Reports on the Progress of Chemistry,B《化学进展年报,B 辑：有机化学》

Chemical Communications《化学通讯》

Chemical Society Reviews《化学会评论》

Green Chemistry《绿色化学》

Journal of Chemical Research《化学研究杂志》

New Journal of Chemistry《化学新志》

Organic & Biomolecular Chemistry《有机与生物分子化学》

Methods in Organic Synthesis（有机合成方法）

（4）Springer 期刊数据库（http://www.springer.com）

《Springer 期刊数据库》收录了 1840 年以来 Springerlink 平台上的所有期刊资源，每篇期刊文章包含期刊名称、出版社、ISSN、期刊分类、卷、期、文章名称、关键词、摘要、作者、作者单位、作者联系方式、单位地址等基本信息。Springer 期刊库的内容来源于德国施普林格出版集团。德国施普林格(Springer-Verlag)是世界上著名的科技出版公司,通过 Springer Link 系统提供学术期刊及电子图书的在线服务,可在线阅读 400 多种电子期刊。包含学科:化学、计算机科学、经济学、工程学、环境科学、地球科学、法律、生命科学、数学、医学、物理与天文学等 11 个学科,其中许多为核心期刊。

(5) J. Wiley & Sons 期刊数据库(http://onlinelibrary.wiley.com)

Wiley 期刊数据库(知网版)收录了 John Wiley & Sons, Inc 1998 年以来的超过 90 万篇文献。Wiley 期刊数据库的内容来源于 John Wiley & Sons, Inc,相关文献信息来源于 CNKI 各大数据库,可以通过期刊名称、ISSN、篇名、作者姓名、关键词、摘要、DOI 等检索项进行检索。目前 John Wiley 出版的电子期刊近 400 种,其学科范围以科学、技术与医学为主。该出版社期刊的学术质量很高,是相关学科的核心资料,其中被 SCI 收录的核心期刊近 200 种。学科范围包括:生命科学与医学、数学统计学、物理、化学、地球科学、计算机科学、工程学等,其中化学类期刊 100 多种。

(6) Elsevier Science 电子期刊全文库(http://www.sciencedirect.com)

Elsevier 是荷兰一家全球著名的学术期刊出版商,每年出版大量的农业和生物科学、化学和化工、临床医学、生命科学、计算机科学、地球科学、工程、能源和技术、环境科学、材料科学、航空航天、天文学、物理、数学、经济、商业、管理、社会科学、艺术和人文科学类的学术图书和期刊,大部分期刊被 SCI,SSCI,EI 收录的核心期刊,是世界上公认的高品位学术期刊。Elsevier 电子期刊(全文)的学科覆盖有:农业和生物科学、数学、化学、化学工程学、物理学和天文学、生物化学、遗传学和分子生物学、土木工程、计算机科学、决策科学、地球科学、能源和动力、工程和技术、环境科学、免疫学和微生物学、材料科学、医学、神经系统科学、药理学、毒理学和药物学、经济学、计量经济学和金融、商业、管理和财会、心理学、人文科学、社会科学等学科 1 800 多种高品质全文学术期刊,涵盖 21 个学科领域。

(7) Taylor and Francis 期刊数据库(http://www.taylorandfrancisgroup.com)

Taylor & Francis 期刊数据库(知网版)的内容来自英国泰勒·弗朗西斯(Taylor & Francis)出版集团,该出版集团成立于 1789 年,位列全球学术出版前五,旗下的期刊、图书等学术出版物的电子版都发布在 informaworld 平台上。Taylor & Francis ST 期刊数据库提供超过 300 种经专家评审的高质量科学与技术类期刊,其中超过 78% 的期刊被汤姆森路透科学引文索引收录,内容最早至 1997 年。该科技期刊数据库包含 5 个学科:环境与农业科学、化学、工程、计算和技术、物理学和数学。

(8) Belstein/Gmelin Crossfire 数据库(http://www.mdli.com/products/products.html)

数据库包括贝尔斯坦有机化学资料库及盖莫林(Gmelin)无机化学资料库,含有七百多万个有机化合物的结构资料和一千多万个化学反应资料以及两千万有机物性质和相关文献,内容相当丰富。CrossFire Beilstein 数据来源为 1779 年至 1959 年 Beilstein Handbook 从正编到第四补编的全部内容和 1960 年以来的原始文献数据。原始文献数据包括熔点、沸点、密度、折射率、旋光性、天然产物或衍生物分离方法。该数据库包含八百万种有机化合物和五百多万个反应。用户可以用反应物或产物的结构或亚结构进行检索,也可以用相关的化学、物理、生态、毒物学、药理学特性,以及书目信息进行检索。在反应式、文献和引用化合物之间有超级链接,使用十分方便。

CrossFire Gmelin 是一个无机和金属有机化合物的结构及相关化学、物理信息的数据库。现在由 MDL Information Systems 发行维护。该数据库的信息来源有两个:其一是 1817 年至 1975 年 Gmelin Handbook 主要卷册和补编的全部内容;另一个是 1975 年至今的 111 种涉及无机、金属有机和物理化学的科学期刊。记录内容为事实、结构、理化数据(包括各种参数)、书目数据等信息。

(9) 美国专利商标局网站数据库(http://www.uspto.gov)

该数据库用于检索美国授权专利和专利申请,免费提供 1790 年至今的图像格式的美国专利说明书全文,1976 年以来的专利还可以看到 HTML 格式的说明书全文。专利类型包括:发明专利、外观设计专利、再公告专利、植物专利等。该系统检索功能强大,可以免费获得美国专利全文。

(10) CA 网络版(SciFinder Scholar)

网络版化学文摘 SciFinder Scholar,整合了 Medline 医学数据库、欧洲和美国等 30 几家专利机构的全文专利资料,以及化学文摘从 1907 年至今的所有内容。它涵盖的学科包括应用化学、化学工程学、普通化学、物理学、生物学、生命科学、医学、材料学、地质学、食品科学和农学等诸多领域。可以通过网络直接查看"化学文摘"1907 年以来所有期刊文献和专利摘要,以及 4 000 多万个化学物质记录和 CAS 注册号。

(11) http://www.chempensoftware.com/organicreactions.htm

可查阅有机化学人名反应。收集了数百个常见的有机化学人名反应以及相应的文献。

(12) http://chemfinder.cambridgesoft.com

化合物性质检索,剑桥软件公司的免费数据库服务。可以通过系统名、俗名、CAS 登录号查询物质的物理化学常数,包括相对分子量、熔点、沸点、溶解性以及热力学、动力学部分数据。

(13) http://www.orgsyn.org/

有机合成检索,是 Organic Synthesis 的网络电子版,为剑桥公司数据库支持的免费检索。收录了 Organic Synthesis 80 年来的经典合成路线和具体操作,所有反应步骤均经过校验核对和重复,权威有机化学反应网上资源,可以通过 CAS 登录号、结构式、名称等查询反应。

(14) http://www.aist.go.jp/RIODB/SDBS/sdbs/owa/sdbs_sea.cre_frame_sea

可查询有机化合物谱图,通过 CAS 登录号、名称以及相应谱图的化学位移、质谱解离质量数等可以查询得到相关化合物的红外、^{1}H NMR 谱、^{13}C NMR 谱、质谱、ESR 谱和 Raman 光谱的标准谱图。

(15) http://sioc-journal.cn/index.htm

中国化学、有机化学、化学学报联合网站,提供中国化学(Chinese Journal Of Chemistry)、有机化学、化学学报 2000 年至今发表的论文全文和相关检索服务,例如结构、反应、谱图、天然产物以及毒性等 10 个专业数据库检索服务。目前,中国化学已并入 J. Wiley & Sons 期刊数据库(http://onlinelibrary.wiley.com/journal/10.1002/(ISSN)1614-7065/)。

第二章 有机化学实验的基本技术

§2.1 有机化合物的制备技术

2.1.1 玻璃仪器的洗涤、干燥、保养

1. 常用的洗液

(1) 铬酸洗液

配制:将 100 mL 工业浓硫酸置于烧杯内,小心加热,然后慢慢加入 5 g 重铬酸钾粉末,边加边搅拌,待其完全溶解并缓慢冷却后,贮存在带有磨口玻璃塞的细口瓶内。或称 5 g 重铬酸钾粉末,置于 250 mL 烧杯中,加 5 mL 水使其溶解,然后慢慢加入 100 mL 浓硫酸,使溶液温度升高到 80℃,待其冷却后,贮存于磨口玻璃瓶内。铬酸洗液氧化性很强,常用于洗涤一些沾有油污或有机物、不宜用刷子刷洗的、口径小而长的玻璃仪器,如滴定管、移液管、容量瓶等。先倾去器皿内的水,慢慢倒入洗液,转动器皿,使洗液充分润湿粘有污物的器壁,数分钟后把洗液倒回洗液瓶中,再用自来水清洗。如洗涤后玻璃器壁上仍粘有少量炭化残渣,需再加入少量洗液,浸泡一段时间后,在小火上加热,直至冒出气泡,炭化残渣即可除去。但是若洗液颜色变绿,说明洗液已经失效,不能再倒回洗液瓶中,应该弃去。

(2) 皂液或合成洗涤剂

一般配成浓溶液即可,用于洗涤油污或有机物。通常先用水洗去尘土和水溶性污物后,再用长柄毛刷(试管刷)蘸上去污粉或洗涤剂刷洗润湿的器壁,直至玻璃表面的污物除去为止,最后用自来水冲洗残留的洗涤剂,直至洗净为止。

(3) 有机溶剂洗液

丙酮、乙醚、乙醇、DMF 等是常用的有机溶剂洗液。当胶状或焦油状的有机污垢用上述洗液无法除去时,可选用有机溶剂浸泡,同时应加盖,避免有机溶剂挥发,且有机溶剂洗液应回收重复使用。$NaOH - C_2H_5OH$ 是有机实验玻璃仪器最有效的洗液,使用非常方便。将工业酒精 10 kg 和工业烧碱 2 kg 放在塑料桶内搅拌均匀即可。只要将脏玻璃仪器在洗液中浸泡 12 h 左右,取出后用水冲洗即可光亮如新。难洗的玻璃仪器常需浸泡 1 天左右。

2. 玻璃仪器和塑料器皿的洗涤

(1) 初用玻璃仪器的清洗

新购买的玻璃仪器表面常附着有游离的碱性物质,可先用 0.5% 的去污剂洗刷,再用自来水洗净,然后浸泡在 1%～2% 盐酸溶液中过夜(不可少于 4 h),再用自来水冲洗,在 100～120℃烘箱内烘干备用。

(2) 用过的玻璃仪器的清洗

实验用过的玻璃仪器必须立即清洗干净。一般是先用水、洗衣粉刷洗,再用合适的毛刷

沾去污剂洗刷(腐蚀性洗液不能用刷子),或浸泡在 0.5% 的清洗剂中超声清洗(比色皿决不可超声),最后用自来水彻底洗净残留的去污剂。

(3)石英和玻璃比色皿的清洗

决不可用强碱清洗,因为强碱会侵蚀抛光的比色皿。只能用洗液或 1%~2% 的去污剂浸泡,再用自来水冲洗,可用一支绸布包裹的小棒或棉花球棒刷洗,效果会更好。若用于精制或有机分析的器皿,除用上述方法处理外,还须用蒸馏水摇洗。器皿是否清洁的标志:加水倒置,水顺着器壁流下,内壁被水润湿有一层薄且均匀的水膜,不挂水珠。

(4)塑料器皿的清洗

聚乙烯、聚丙烯等塑料器皿已被广泛应用于生物化学实验中。塑料器皿第一次使用时,先用 8 mol/L 尿素(用浓盐酸调 pH=1)水溶液清洗,再依次用去离子水、1 mol/L KOH 溶液、去离子水清洗,接着用 1~3 mol/L EDTA 除去金属离子,最后用去离子水彻底清洗。以后每次使用时,只需先用 0.5% 去污剂清洗,再用自来水和去离子水洗净即可。

3. 玻璃仪器的干燥

有机化学实验需要使用干燥的玻璃仪器,干燥方法有下列几种:

(1)自然风干

自然风干是指将已洗净的玻璃仪器在干燥架上自然晾干,是一种常用而简单的玻璃仪器干燥方法,但干燥速度较慢。

(2)烘干

烘干是指将已洗净的玻璃仪器放入烘箱中烘干。应注意:放置玻璃仪器应按照从上层到下层的顺序依次摆放;一般要求玻璃仪器不带水珠,器皿口向上;带磨砂口玻璃塞的仪器必须取出旋塞;带橡胶制品的玻璃仪器,在放入烘箱前必须提前取下橡胶制品;烘箱内的温度保持 105~110℃,烘干时间约 0.5 h;待烘箱内的温度降至室温方可取出玻璃仪器,切不可将很热的玻璃仪器取出,以免骤冷而破裂;当烘箱已工作时,则不能往上层放入湿的器皿,以免水滴下落,使热的器皿骤冷而破裂;硝酸纤维素的塑料离心管加热时会爆炸,故绝对不能放入烘箱中干燥,只能用冷风吹干。

(3)吹干

急需使用的玻璃仪器可用气流干燥器、电吹风快速吹干。玻璃仪器洗涤后先将水尽量沥干,用少量丙酮或乙醇荡洗并倾出,冷风吹干 1~2 min,当大部分溶剂挥发后再吹入热风直至完全干燥(有机溶剂易燃、易爆,故不能先用热风吹)。吹干后,再吹冷风使仪器逐渐冷却。若任其自然冷却,有时会在器壁上凝结一层水汽。

应注意:定量的玻璃仪器不能加热,常采取晾干或依次用少量酒精、乙醚刷洗后,用温热的气流吹干。

4. 玻璃仪器的维护保养

玻璃仪器的种类很多,用途各异,必须掌握它们的性能、使用和保养方法,才能提高实验效率,避免不必要的损失。使用玻璃仪器应注意以下几点:

(1)玻璃仪器应存放在洁净的环境中,注意防尘。使用时应轻拿轻放,安装松紧适度。

(2)玻璃仪器(试管除外)不能用明火直接加热,应使用石棉网间接加热。

(3)不能用高温加热不耐热的玻璃仪器,如普通漏斗、量筒、吸滤瓶等。

(4)带塞的仪器清洗后,应在塞子和磨口连接处夹放纸片或涂抹凡士林,防止黏结。

（5）安装仪器时,磨口连接处不应受到歪斜的应力,以免仪器破裂。

（6）一般使用时,磨口处无须涂润滑剂,以免污染反应物或产物。减压蒸馏时,应在磨口处涂润滑剂(真空脂),确保装置密封性好。

（7）玻璃仪器使用完毕应及时拆洗,特别是标准磨口玻璃仪器放置时间太久,易粘连,很难拆开。对于磨口塞或磨口部件发生粘连而不能拆卸时,可用下述方法处理修复:① 用小木块轻轻敲打磨口连接部位使之松动而启开;② 用小火焰均匀地烘烤磨口连接部位,使其受热膨胀而松动;③ 将磨口玻璃仪器放入沸水中煮沸,使磨连接部位松动;④ 将磨口竖立,向磨口缝隙间滴几滴甘油,若甘油能慢慢地渗入磨口,最终能使磨口松开;⑤ 带有磨口连接的密闭容器可用超声波清洗器浸渗处理。常用的浸渗液有:苯、乙酸乙酯、石油醚、煤油等有机溶剂;稀薄的表面活性剂水溶液,如渗透剂 OT(琥珀酸二辛酯磺酸钠);水或稀盐酸;Bredemann 溶液(水合三氯乙醛 10 份,甘油 5 份,25%盐酸 3 份,水 5 份配制成溶液)。

（8）温度计水银球部位的玻璃很薄,易破损,使用时应注意:① 所测温度不能超过温度计的测量范围;② 不能把温度计当搅拌棒使用;③ 不能把温度计长时间放在高温溶剂中,否则会导致水银球变形,读数不准;④ 温度计使用后应慢慢冷却,特别是测量高温后,切不可立即用冷水冲洗,以免炸裂,尤其是水银球部位,应先冷却至室温,再用水冲洗并抹干,放回温度计盒内;⑤ 万一水银温度计打碎后,要把硫磺粉洒在水银球上,然后汇集在一起处理,绝对不能把水银球冲到下水道中。

2.1.2　加热、冷却、搅拌

1. 加热

实验室常用的热源有煤气灯、酒精灯、电能等。考虑到有机化合物的易燃、易爆性,一般不使用明火直接加热(特殊需要除外),而使用热浴间接加热。作为传热的介质有空气、水、液体有机化合物。根据加热温度、升温速度等需要,常用下列手段:

（1）酒精灯、电炉

这是利用热空气间接加热的方法,对于沸点在 80℃以上的液体均可采用。把容器放在石棉网上(瓶底离开石棉网 1～2 mm),用酒精灯或电炉进行加热。因受热不均匀,酒精灯、电炉不能用于回流低沸点易燃的液体或者减压蒸馏。

（2）水浴和蒸气浴

当加热温度不超过 100℃时,最好使用水浴。但是使用金属钾、钠以及无水操作时,应杜绝使用水浴加热。使用水浴时勿使容器触及水浴器壁或其底部。由于水浴中的水不断蒸发,适当时要添加热水,使水浴中的水面要保持在稍高于容器内的液面。若加热温度需要稍高于 100℃,可选用适当无机盐类的饱和水溶液作为浴液。电热多孔恒温水浴锅使用起来较方便。

（3）油浴

油浴的优点是受热均匀,适用于 100～250℃间的加热,受热容器内的温度一般低于油浴温度 20℃左右。常用的油浴有:① 甘油,可以加热到 140～150℃,温度过高时则会分解;② 植物油,如菜油、花生油等,可以加热到 220℃,常加入 1% 的对苯二酚等抗氧化剂,便于久用。若温度过高时会分解,达到闪点时可能燃烧,所以使用时要小心;③ 蜡油,可以加热到 200℃左右,温度稍高并不分解,但易燃烧;④ 硅油,在 250℃时仍较稳定、透明度好、安全,是目前实验室较为常用的油浴,但其价格较贵。

（4）砂浴

若加热温度要求达到 220℃以上,可采用砂浴。砂浴通常是将干燥的细海砂（或河砂）装在铁盘里,把反应器埋在砂中,并保持其底部有一层细砂,以防局部过热。砂浴中应插入温度计,温度计水银球要靠近加热容器。砂浴的缺点是传热慢,且不易控制。

（5）电热套

电热套是用玻璃纤维包裹着电热丝织成帽状的加热器,因不使用明火,具有不易着火和热效应高的优点。加热温度用调压变压器控制,最高温度可达 400℃左右,是有机化学实验室中一种简便、安全的加热器具。需要强调的是,当一些易燃液体（如酒精、乙醚等）洒在电热套上,仍有引起火灾的危险。

2. 冷却

根据一些实验对低温的要求,在操作中需要使用制冷剂。例如,对于一些放热反应,由于在反应过程中,温度会不断升高,为了避免反应过于剧烈,可以将反应容器浸没在冷水或冰水中;如果水对反应无影响,可将冰块直接投入到反应容器中进行冷却。如果需要更低的温度（低于 0℃）,可以采用冰 - 盐混合物作冷却剂。不同的盐和冰按一定比例可制成制冷温度范围不同的冷却剂,见表 2 - 1。

表 2 - 1 常用冷却剂组成及最低冷却温度

冷却剂组成	最低冷却温度（℃）	冷却剂组成	最低冷却温度（℃）
甲酰胺/干冰	2	六水合氯化钙（1.4 份）＋碎冰（1 份）	−55
苯/干冰	5	正辛烷/干冰	−56
环己烷/干冰	6	异丙醚/干冰	−60
1,4 - 二氧六环/干冰	12	干冰＋乙醇	−72
对二甲苯/干冰	13	乙酸丁酯/干冰	−77
冰水	0	干冰＋丙酮	−78
乙二醇/干冰	−10	丙胺/干冰	−83
环庚烷/干冰	−12	乙酸乙酯/液氮	−83
苯甲醇/干冰	−15	正丁醇/液氮	−89
氯化铵（1 份）＋碎冰（4 份）	−15	己烷/液氮	−94
氯化钠（1 份）＋碎冰（3 份）	−21	丙酮/液氮	−94
四氯乙烯/干冰	−22	甲苯/液氮	−95
四氯化碳/干冰	−23	甲醇/液氮	−98
1,3 - 二氯苯/干冰	−25	干冰＋乙醚	−100
邻二甲苯/干冰	−29	环己烷/液氮	−104
六水合氯化钙（1 份）＋碎冰（1 份）	−29	乙醇/液氮	−116

续表

冷却剂组成	最低冷却温度（℃）	冷却剂组成	最低冷却温度（℃）
间甲苯胺/干冰	−32	乙醚/液氮	−116
乙腈/干冰	−41	正戊烷/液氮	−131
吡啶/干冰	−42	异戊烷/液氮	−160
间二甲苯/干冰	−47	液氮	−196

注意：制冷温度低于−38℃时，不能使用水银温度计，而须采用有机液体低温温度计。

3. 搅拌

搅拌是有机化学实验中常用的基本操作，其目的是使反应物混合均匀，反应体系的热量容易散发和传导，体系的温度更均匀，有利于反应的进行。搅拌方法有三种：人工搅拌、磁力搅拌、机械搅拌。简单的、反应时间较短、反应体系安全的实验，一般借助于玻璃棒进行人工搅拌；较复杂的、反应时间较长、易产生挥发性气体的实验则采用后两种方法进行搅拌。

（1）磁力搅拌

磁力搅拌是以电动机带动磁体旋转，磁体又带动反应器中的磁子旋转。磁子是一根包裹着玻璃或聚四氟乙烯外壳的软铁棒，直接放在反应瓶中。磁子的大小约 10 mm、20 mm、30 mm 长，还有更长的磁子。磁子的形状有圆柱形、椭圆形等，可以根据实验规模来选用。磁子也可以自制：用一截 10# 铁丝放入细玻管或塑料管中，两端封口。

（2）机械搅拌

使用机械搅拌器时，应先用一支短玻璃棒与电动搅拌器连接，再通过一截短橡皮管将玻璃棒与搅拌棒连接，不可将搅拌棒与电动搅拌器直接连接。然后再通过搅拌器套管或塞子将搅拌棒与反应瓶连接固定，否则搅拌棒转动时灵活性不够，容易导致搅拌棒断裂或反应瓶口破裂。搅拌棒与套管的固定一般用乳胶管。乳胶管的长度不要太长也不要太短，以免由于摩擦而使搅拌棒转动不灵活或密封不严。仪器装好后，要检查短玻璃棒、搅拌棒与电动机的支杆是否在一条直线上，并保证竖直。在开动搅拌器前，应先用手空试搅拌器转动是否灵活，如不灵活应找出摩擦点，进行调整，直至转动灵活。

搅拌密封装置是搅拌棒与反应器连接的装置，防止反应器中蒸气外逸以及一些不安全事故的发生。图 2-1 是几种常见的搅拌密封装置。图 2-2 是几种常见的搅拌棒。密封时，在搅拌棒和套管上的乳胶管之间应用少量的甘油润滑（不可用凡士林，因其易使乳胶管溶胀）。

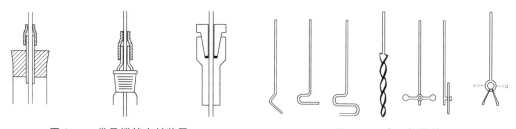

图 2-1　常见搅拌密封装置　　　　　　　　图 2-2　常见搅拌棒

2.1.3　物质的干燥、气体的吸收

1. 物质的干燥

有机化合物进行定性或定量分析、结构鉴定前,为了保证结果的准确性,样品必须经过干燥。液体有机化合物蒸馏提纯前,为了防止少量水与液体有机化合物生成共沸混合物,在蒸馏前必须干燥以除去水分。某些有机化学反应需要在"绝对无水"条件下进行,不仅所用仪器要干燥,所用原料及溶剂均应进行干燥处理。根据除水原理,干燥方法可分为物理方法和化学方法。

物理方法主要有加热、真空干燥、吸附、分馏、共沸蒸馏及冷冻等几种。近年来还常用离子交换树脂和分子筛除水。

离子交换树脂是一种不溶于水、酸、碱和有机溶剂的高分子聚合物。如苯磺酸钠型阳离子交换树脂有很多孔隙,可以吸附水分子。使用后将其加热至150℃以上,被吸附的水又将释放出来,可重新使用。

分子筛是具有均一微孔结构、能够分离大小不同分子的固体吸附剂。分子筛可由沸石(又称沸泡石,是含水的钙、钠、钡、锶或钾的硅酸盐矿物的总称)除去结晶水制得,微孔大小可在沸石加工时调节。分子筛在使用前,应先加热到150～300℃活化脱水 2 h,趁热取出,存放在干燥器内备用。已吸过水的分子筛若再加热到200℃左右,使水解吸后,可重新使用。4A 型分子筛是一种硅铝酸钠[$NaAl(SiO_3)_2$],微孔的表观直径约为 4.5Å,能吸附直径约为 4Å 的分子。5A 型分子筛是一种硅铝酸钙钠[$Na_2SiO_3 \cdot CaSiO_3 \cdot Al_2(SiO_3)_3$],微孔的表观直径大约为 5.5Å,能吸附直径约为 5Å 的分子。水分子的直径为 3Å,一般选用 4A、5A 型分子筛除去有机化合物中所含的微量水分。若化合物中所含水分过多,应先除去大部分水,剩下微量的水分再用分子筛来干燥。

化学干燥方法主要是利用干燥剂与水分子发生反应来除水的。根据除水机制,干燥剂可分为两种:一种是能与水发生可逆反应,生成水合物的干燥剂,如无水氯化钙、无水硫酸镁等。由于这种干燥剂与水的结合是可逆的,形成水合物达到平衡需要一个过程,故干燥剂加入后,至少要放置 2 h 以上,最好是放置过夜。当温度升高时,平衡向脱水方向移动,所以在进行蒸馏等加热操作前,必须将干燥剂滤去。另一种是能与水发生化学反应生成新化合物的干燥剂,如金属钠、五氧化二磷等。由于这种干燥剂与水的结合是不可逆的,在进行加热操作前,干燥剂不必滤去。

(1) 固体有机化合物的干燥

① 晾干　若固体不吸水,可先抽滤,除净大部分水分或溶剂,然后将固体放在纸片(不能用滤纸)上薄薄地摊开,用另一张纸片覆盖在上面,在空气中慢慢晾干。这是最简便的干燥方法,特别适用于一些熔点较低的化合物。

② 加热干燥　若固体化合物热稳定性好且熔点较高,可将其置于电热真空干燥箱(烘箱)内或红外灯照射下干燥。

③ 真空干燥器干燥　某些易分解、易吸湿或有刺激性气味的物质,需在真空干燥器中干燥。与普通干燥器(图 2-3)相比,真空干燥器(图 2-4)底部放置干燥剂,中间隔一个多孔瓷板,把盛放待干燥物质的容器放在瓷板上,顶部装有带旋塞的玻璃导气管,由此处连接抽气泵,使干燥器内压力降低,从而提高干燥效率。干燥时,根据样品中要除去的溶剂选择

适宜的干燥剂,放在干燥器的底部。例如,要除去水可选用五氧化二磷;要除去水或酸可选用生石灰;要除去水和醇可选用无水氯化钙;要除去乙醚、氯仿、四氯化碳、苯等可选用石蜡片。使用真空干燥器前必须试压,试压时用网罩或防爆布盖住干燥器,然后抽真空,关上旋塞放置过夜。解除真空时,开动旋塞放入空气的速度宜慢不宜快,以免吹散被干燥的物质。真空恒温干燥器(图2-5),简称干燥枪,适用于少量分析样品的干燥,尤其是除去结晶水或结晶醇。使用真空恒温干燥器时,将装有样品的小舟放入夹层内,连接盛有五氧化二磷干燥剂的曲颈瓶,开启旋塞,用水泵抽气。当抽到一定真空度时,关闭旋塞,停止抽气。

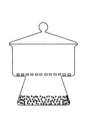 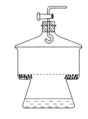 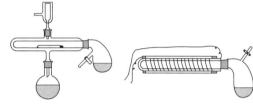

图 2-3　普通干燥器　　图 2-4　真空干燥器　　　　图 2-5　真空恒温干燥器

④ 微波加热干燥　当有机物极性增大时,用微波加热干燥的速度更快。方法是:将盛有固体有机化合物的烧杯置于中温微波炉中,启动开关,加热几分钟后,让其自然冷却或放入干燥器中冷却后即可。

⑤ 冷冻干燥　使有机物的水溶液或混悬液在高真空的容器中,先冷冻成固体状态,然后利用冰的蒸气压力较高的性质,使水分从冰冻的体系中升华,有机物即成固体或粉末。该方法特别适用于受热时不稳定物质的干燥。

(2) 液体有机物的干燥

如果液体有机物能与水形成二元、三元共沸混合物,共沸混合物的沸点均低于该液体有机物的沸点,即可采用共沸蒸馏(或分馏)的方法去除少量的水分。例如:无水苯的沸点为80.3℃。由70.4%苯与29.6%水组成的共沸混合物的沸点为69.3℃。若蒸馏含少量水的苯,则具有上述组成的共沸混合物先被蒸出,后蒸出的即为无水苯。

液体有机化合物的干燥,最常用的方法是将干燥剂直接加入液体有机化合物中,用以除去水分或其他有机溶剂(如无水 $CaCl_2$ 可除去乙醇等低级醇)。

① 干燥剂的选择　选择干燥剂时,必须注意下列几点:所选干燥剂与该有机化合物不发生化学反应;干燥剂不溶于该液态有机化合物中;干燥剂的干燥速度快、吸水量大;价格便宜。常用干燥剂的性能及应用范围如表2-2所示。

② 干燥剂的用量　根据水在被干燥液体中的溶解度和所选干燥剂的吸水量,可以计算出干燥剂的理论用量。因为吸附过程是可逆的,且干燥剂要达到最大的吸水量必须有足够长的时间来保证,因此实际用量往往会远远超过计算量。但是干燥剂在吸附水分子的同时,也会吸附被干燥的液体,导致损失,所以干燥剂用量应有所控制。加入干燥剂时,可分批加入,每加一次放置十几分钟。一般干燥剂的用量首次为每 10 mL 液体加 0.5～1 g。干燥前,液体呈浑浊状,经干燥后变成澄清,且干燥剂无明显吸水现象(干燥剂不粘壁,无水氯化钙保持粒状,无水硫酸铜不变成蓝色,五氧化二磷不结块),这可简单地作为水分基本除去的标志。由于含水量不等、干燥剂质量的差异、干燥剂的颗粒大小和干燥时的温度不同等因素,较难规定所加干燥剂的具体数量,上述数量仅供参考。

表 2-2　常用干燥剂的性能与应用

干燥剂	吸水作用	吸水容量	干燥效能	干燥速度	适用范围	禁用范围
氯化钙	$CaCl_2 \cdot nH_2O$ $n=1,2,4,6$	0.97 按 n 为 6 计算	中等	较快	烃、卤代烃、醚、腈及中性气体等	醇、酚、胺、酰胺及某些醛、酮、酸等
硫酸镁	$MgSO_4 \cdot nH_2O$ $n=1,2,4,5,$ $6,7$	1.05 按 n 为 7 计算	较弱	较快	普遍适用,并可干燥酯、醛、酮、腈、酰胺等不能用 $CaCl_2$ 干燥的化合物	
硫酸钠	$Na_2SO_4 \cdot$ $10H_2O$	1.25	弱	缓慢	中性,一般用于有机液体的初步干燥	
硫酸钙	$2CaSO_4 \cdot$ H_2O	0.06	强	快	中性,常与硫酸钠(镁)配合使用,作最后干燥使用	
碳酸钾	$K_2CO_3 \cdot$ $1/2H_2O$	0.2	较弱	慢	弱碱性,用于干燥醇、酮、酯、胺、腈及杂环等碱性化合物	酸、酚及其他酸性化合物
氢氧化钾(钠)	溶于水	—	中等	快	强碱性,用于干燥醚、胺、杂环等碱性化合物	醇、酯、醛、酮、酸、酚等
金属钠		—	强	快	限于干燥醚、叔胺、烃类化合物中痕量水分,用时切成小块或压成钠丝	
氧化钙	$CaO + H_2O$ $=\!=Ca(OH)_2$	—	强	较快	干燥中性和碱性气体、胺、醇、醚	醛、酮及酸性物质
P_2O_5	$P_2O_5 + 3H_2O$ $=\!=2H_3PO_4$	—	强	快	干燥中性和酸性气体,以及烃、卤代烃及腈中痕量水	碱性物质、醇、胺、酮
浓硫酸			强	快	饱和烃、芳烃、卤代烃、中性和酸性气体	不饱和化合物、醇、酚、酮、碱性物质
分子筛	物理吸附	~0.25	强	快	可干燥各类有机物	不饱和烃

　　③ 干燥操作　选定干燥剂后,应注意被干燥的液体有机化合物中是否有明显的水分存在,若有,要尽可能的分离干净。在实验中,液态有机化合物的干燥操作一般在干燥的三角烧瓶内进行。待大量水分去除后,按照条件选择合适的适量干燥剂投入液体里,用塞子塞紧(用金属钠作干燥剂时则例外,此时塞中应插入一个无水氯化钙管,使氢气放空而水气不致进入),振摇片刻,如出现干燥剂附着器壁或相互黏结时,说明干燥剂用量不够,应再添加干燥剂。如投入干燥剂后出现水相,必须用吸水管把水吸出,然后再添加新的干燥剂。放置一定时间,直至干燥后的液体外观上是澄清透明。干燥时所用干燥剂的颗粒大小应适中,颗粒太大,表面积小,加入的干燥剂吸水量较小;如颗粒太小,呈粉状,吸水后易呈糊状,分离困难。对于低沸点液体的干燥,可采用冷却阱使水及其他可凝结的杂质凝固下来。

　　(3) 气体的干燥

　　实验中临时制备的或由储气钢瓶中导出的气体在参加反应之前往往需要干燥。进行无水反应或蒸馏无水溶剂时,为避免空气中水汽的侵入,也需要对可能进入反应系统或蒸馏系统的空气进行干燥。气体的干燥主要有以下几种方式:

① 在有机反应体系需要防止湿空气时,常在反应器连通大气的出口处,装接干燥管,管内盛氯化钙或碱石灰。

② 在洗瓶中盛放浓硫酸,化学惰性气体进入洗气瓶进行干燥。在洗气瓶的前后往往安装两只空的洗气瓶作为安全瓶。

③ 在干燥塔中放固体干燥剂,需要干燥的气体从塔底部进入干燥塔,经过干燥剂脱水后,从塔的顶部流出。

后两种方式常用于反应原料气的净化。不同性质的气体应当选择不同类型的干燥剂。常用的气体干燥剂见表 2-3。

表 2-3　干燥气体常用的干燥剂

干燥剂	可干燥的气体
CaO、碱石灰、$NaOH$、KOH	NH_3 及其衍生物
无水氯化钙	H_2、HCl、CO_2、CO、SO_2、O_2、低级烷烃、醚、烯烃、卤代烷
浓硫酸	O_2、N_2、CO_2、Cl_2、HCl、烷烃

2. 气体的吸收

在有机化学实验中,常用有刺激性甚至有毒的气体如氯、溴、氯化氢、溴化氢、三氧化硫、光气等为反应物,多数情况下这些反应物不能完全转化,会散发到空气中;在有些实验中,合成的产物是气体;更多的是生成有害气体作为副产物,如氯化氢、溴化氢、二氧化硫、氧化氮等。无论是从实验者的安全考虑还是从保护环境出发,对有害气体必须进行处理。最方便、最有效的方法是用吸收剂将其吸收后再作处理。

气体吸收主要有两种方法:一种是物理吸收法,即气体溶解于吸收剂中;另一种是化学吸收法,即气体与吸收剂反应生成新的物质。物理吸收法使用的吸收剂由气体的溶解度决定。如有机物气体常用有机溶剂作吸收剂,而无机物气体常用水作吸收剂。卤化氢可由水吸收得到稀的氢卤酸溶液,少量的氯也可用水吸收得到氯水。化学吸收法的吸收剂由被吸收的气体化学性质决定。酸性气体如卤化氢、二氧化硫、硫醇等可用 $NaOH$、Na_2CO_3 等碱性溶液吸收,氯也可用碱溶液吸收。碱性气体如有机胺可用盐酸溶液吸收。

常见的气体吸收装置见第一章图 1-13,用于吸收反应过程中生成的有刺激性和水溶性的气体(例如氯化氢等)。其中图 1-13(a)和图 1-13(b)可用作少量气体的吸收装置。烧杯中的玻璃漏斗应略微倾斜使漏斗口一半在水中,一半在水面上,避免造成密闭装置,这样,既能防止气体逸出,又可防止水被倒吸至反应瓶中。若反应过程中有大量气体生成或气体逸出很快时,可使用图 1-13(c)的装置,水从上端流入(可利用冷凝管流出的水)抽滤瓶中,在恒定的平面上溢出,粗的玻璃管恰好伸入水面,被水封住,防止气体逸入大气中。

2.1.4　无水无氧实验操作技术

许多有机化合物,如某些有机金属化合物、硼氢化物、自由基等对空气敏感,特别是对空气中的氧气和水汽敏感。化学家们通过长期的理论与实践对无水无氧实验操作技术已积累了丰富的经验,发明了一些特殊的仪器设备,总结出一套较为完善的实验操作技巧,可以解决敏感化合物的反应、分离、纯化、转移、分析及储藏等一系列问题。

无水无氧实验操作技术目前采用以下三种方法,这些方法各有优缺点,可根据实验目的选择或组合使用。

① 高真空线技术　该方法在全部真空系统中操作。真空系统一般采用玻璃仪器装配,所使用的试剂量较少(从毫克级到克级),不适合氟化氢及其他一些活泼的氟化物的操作。该操作所需的真空度可以由机械真空泵或扩散泵提供,并配合使用液氮冷阱。本方法的特点是真空度高,可以很好地排除空气,适用于液体的转移、样品的储存等操作,没有污染。

② 手套箱操作技术　手套箱是一种进行化学操作的密封箱,带有视窗,具有传递物料孔和伸入双手的橡皮手套,内有电源和抽气口,相当于一个小型实验室,常用来操作带有毒性或放射性的物质,以确保工作环境气氛不受污染。箱体常用不锈钢、有机玻璃等作材料,并装有有机玻璃面板和照明设备。

手套箱中的空气用惰性气体反复置换,在惰性气体中进行操作,这为空气敏感的物质提供了更直接地进行精密称量、物料转移、小型反应、分离纯化等实验操作的方法,其操作量可以从几百毫克至几千克。但是,使用手套箱操作技术,其装置价格贵,占地多,用橡皮手套操作也不灵便。该方法可以用高真空线技术和 Schlenk 管法代替。

③ Schlenk 操作技术　Schlenk 管是以研究 Grignard 试剂平衡反应著称的 Schlenk 设计的,实际上是将有机合成中各类玻璃仪器上加侧管、接活塞而制成的,基本样式如图 2-6 所示,从侧管导入惰性气体,并将体系反复抽真空-充惰性气体,在气流中操作。

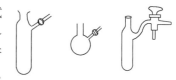

图 2-6　Schlenk 管基本样式

该方法比手套箱操作更安全、更有效、更便捷,一般操作量从几克到几百克。大多数实验操作,如称量、加料、搅拌、回流、重结晶、升华等,以及样品的储存皆可在其中进行,同时也用于溶液及少量固体的转移。Schlenk 操作技术是最常用的无水无氧操作技术,已被化学工作者广泛采用。

1. 惰性气体的纯化

常用的惰性气体主要是氮气、氩气和氦气。由于氮气价廉易得,大多数有机金属化合物在其中均能保持稳定,因此最为常用。但是,鉴于有机金属化合物特别是有机稀土金属化合物在氮气中的不稳定性,研究中高纯氩(含量 99.99%)更常用。当操作特别敏感的化合物,例如含 f 电子的有机金属化合物,要求惰性气体中氧的含量小于 5×10^{-5},这时所用的惰性气体必须再进行纯化处理——脱水脱氧方可达到实验要求。

脱水的三种基本方法是:① 低温凝结;② 将气体压缩使水的分压增加而冷凝;③ 使用干燥剂。较为方便的是使惰性气体通过干燥剂,如 4A 分子筛或 5A 分子筛进行干燥,必要时可将其中两种方法结合使用以求高效。

惰性气体脱氧主要采用干法脱氧,有的脱氧剂需要加热,以保证与氧反应的速度合适,有的脱氧剂则在常温即可脱氧。常用的脱氧剂有以下几种:活性铜、氧化锰、镍催化剂、银分子筛、钯 A 分子筛、钾-钠合金等。

2. 溶剂处理

凡是无水无氧实验过程中使用的试剂和溶剂都要经过脱水脱氧的预处理。处理的溶剂量较大时,可以使用成套既可回流又可蒸馏的装置,即无水无氧溶剂蒸馏器,如图2-7所示。

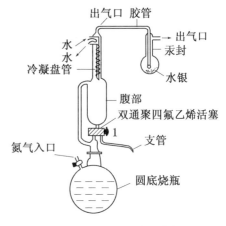

　　把待处理的溶剂置于圆底烧瓶中,加入合适的脱水剂。用电热套加热回流,双斜三通活塞接通回流腔及圆底烧瓶,加热温度控制在溶剂能平稳回流为宜;停止加热冷却时必须由惰性气体饱和。所处理的溶剂达到无水无氧的要求后,将双斜三通活塞接通回流腔及支管,即刻蒸出使用,或者蒸出来用预先脱水脱氧的储液瓶接收,在惰性气体的保护下封管备用。严格地讲,应该每天进行回流,随用随蒸,效果最佳。

图2-7　无水无氧溶剂蒸馏器

　　这套装置结构简单、操作方便、效率高、安全可靠,所处理的溶剂可多可少,干燥剂的利用率较高,溶剂和干燥剂可以不断补充,因此,是目前处理溶剂最常用的装置。

3. 试剂的取用和转移

　　液体试剂可以用注射器定量转移。注射器应保存在干燥器中,使用前先通过反复吸入和挤出惰性气体将针筒冲洗10次以上,可以除去空气和吸附在内壁上的水汽。使用注射器移取液体时,先吸入干燥的高纯惰性气体,然后将其压入密封的储液瓶中,再利用瓶中压力缓慢地将溶液压入注射器到所需的体积。注射器中已准确量好的试剂溶液要迅速地转移到反应装置中,转移时只要把注射针头刺入反应瓶或加料漏斗上的反口胶塞即可。有的液体试剂需在反应过程中缓慢滴加,则应该将试剂注入恒压滴液漏斗。

　　"双尖针技术"也是实验中常用的,如图2-8所示。具体操作是通过隔膜橡胶塞将不锈钢管从A瓶的上口插入,惰性气体从侧管导入并从钢管放出。钢管中的惰性气体置换后,将管子的另一端插入B瓶内,气体从B瓶侧管导出。将A瓶中的钢管一端插入液面下,A瓶内的液体被惰性气体压入管子而流入B瓶中。

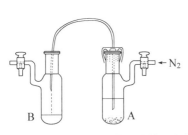

图2-8　利用"双尖针技术"转移液体物料的装置

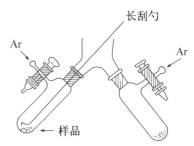

图2-9　固体物料转移装置

　　对空气敏感的固体试剂经无水无氧处理后,于惰性气体下保存在样品瓶中,在连续通惰性气体下通过三通管倒入反应瓶中,用减量法计量。对空气不敏感的固体试剂,如需反应之前先加入,可先将其放在反应瓶中与体系一起抽真空、充惰性气体。如需在反应过程中加入,可在连续通惰性气体的情况下,直接从加料口将固体加入,如图2-9所示。在惰性气体环境下处理固体试剂较为困难,最稳妥的解决办法是利用手套箱;或者将固体物质溶解成溶液,这样就可以凭借液体的转移技术进行操作。

实验室中定量转移气体常用小钢瓶。使用时,可将一根一端装有针头的软管通过鼓泡器和针形阀接到钢瓶的减压阀上。这个鼓泡器作为安全装置,其中放有数量足够的汞或石蜡油,以使气体在正常情况下能流过针管,一旦针尖被堵塞,气体即由鼓泡器旁路而进入通风橱。管路和鼓泡器均用惰性气体冲洗。不用时可将针头别入硬橡皮塞以免被玷污。若钢瓶较轻,使用前须称量;倘若钢瓶过重而不便称量,可用气体计量管计量气流的速度,同时计取时间,直至通入的气体达到所需数量为止。对于少量气体,可用气体注射器。

4. 惰性气体下进行反应的技术

对于无水无氧要求不高的反应,可以直接将反应体系中的空气用惰性气体置换,然后采用"气球法"装置进行反应,如图2-10所示。常用橡胶制成气球,充入惰性气体以保护反应体系。由于气球可以承受一定的压力,所以当容器内产生气体时也较安全。

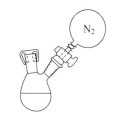

图 2-10 "气球法"反应装置

对于无水无氧要求严格的化学反应,一般采用标准的Schlenk操作,即在惰性气流下,使用 Schlenk 型容器和注射器进行。没有 Schlenk 型容器时,也可以用普通仪器和三通管、三通活塞等替代。反应仪器安装后,先抽真空,同时烘烤仪器,去除仪器内的空气及内壁吸附的水汽,然后通惰性气体,如此反复三四次,即可保证无水无氧条件。因此,Schlenk 操作是较为理想的实验方法。

5. 惰性气体下进行分离纯化的技术

Schlenk 法除了用于物料转移、化学反应以外,还可用于过滤、蒸馏、重结晶、升华、浓缩、柱层析等分离纯化操作以及红外及核磁分析等的制样。

(1) 过滤

从对空气敏感溶液中除去悬浮杂质或从中分离出对空气敏感的固体产物时,可以在真空线上用砂芯漏球进行过滤。过滤时先将漏球与滤液接收瓶装好,抽真空,充惰性气体,反复三四次。然后在连续通入惰性气流的情况下,将反应瓶与漏球上口对接。将反应混合物慢慢转移至漏球。利用惰性气体压滤或对滤液接收瓶抽真空进行减压抽滤。过滤完毕,加大惰性气体流,将漏球与滤液接收瓶分开,再分别处理。该方法关键是要选择砂芯粗细合适的漏斗。若选的砂芯太细,有时固体会堵塞孔道,液体不易滤出。若砂芯太粗,则固体与液体一起穿过,达不到分离的目的。也可以使用 Schlenk 容器进行过滤,如图2-11所示。

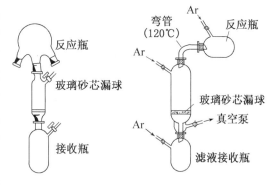

图 2-11 Schlenk 容器过滤装置

(2) 离心分离

除了用玻璃砂芯漏球分离固液混合物以外,也常采用离心分离的方法,使用可离心的Schlenk 反应瓶或在其他反应瓶中反应后,在惰性气体下转移到离心瓶中,再在大型沉淀离心机中离心。离心后,在惰性气体下倾出或用注射器吸出上层清液。

（3）重结晶

重结晶常用于产物的分离和纯化。对空气敏感的化合物,特别是有机金属化合物一般热稳定性较差。而且,化合物在热溶液中对氧的敏感性提高,必须严格防止氧化。因此,对于此类化合物,更多的是将固体物质在室温下溶于溶剂,然后将滤液冷至室温以下结晶(冰浴或更低温度中)。很多情况下,仅仅通过单一溶剂重结晶难以获得理想的结果。更常用的方法是混合溶剂重结晶,即采用改变溶剂的成分来降低溶质溶解度的办法进行重结晶。将待结晶物质在室温下溶于一种易溶的溶剂中,然后逐渐加入另一种与前一种溶剂相混溶且比前一种溶剂挥发性小、溶解度低的溶剂,加入的量以恰好不析出沉淀为宜,然后置于室温或冷藏结晶。

（4）升华

除重结晶外,升华是另一种有用的提纯技术。升华是将固体变为蒸气,随后又使蒸气冷凝为固体的联合操作。如果产物具有升华性能,即可采用高真空升华技术进行纯化,但缺点是不易分开蒸气压彼此相近的化合物。普通的升华装置完全可以用于空气敏感化合物。将粗产品在惰性气体下加入升华仪后,上面必须覆盖一层玻璃棉,以便取出升华物。将升华仪抽空后,样品加热到所需的升华温度,蒸气在收集部位(可以用空气、水或冰等冷却)凝结成固体。

（5）蒸馏

液体产品通常采取蒸馏进行纯化,把常压或减压蒸馏装置接在真空线上操作即可。

（6）柱层析

色层分离法是分离纯化产物的一项重要技术,但对空气敏感的物质此法用得较少。所有的操作,包括样品溶液上柱、展开、洗脱都要在惰性气体保护下进行。

无水无氧实验技术虽说操作稍难,但只要与研究目的相符合的器具能够配套,操作耐心细致,则采用与通常有机合成类似的方法便可合成出具有有趣特性的化合物。

2.1.5　绿色有机合成知识

1. 绿色化学

绿色化学(Green Chemistry)又称环境无害化学(Environmentally Benign Chemistry)、环境友好化学(Environmentally Friendly Chemistry)、清洁化学(Clean Chemistry),是指化学反应中充分利用参与反应的每个原料原子,实现"零排放"。其核心是要利用化学原理从源头上消除污染。不仅充分利用资源,而且不生产污染,并采用无毒无害的溶剂、助剂和催化剂,生产有利于环境保护、社区安全和人身健康的环境友好产品。绿色化学化工的目标是寻找充分利用原料和能源,且在各个环节都洁净和无污染的反应途径和工艺。绿色化学不仅将为传统化学工业带来革命性的变化,而且必将推进绿色能源工业及绿色农业的建立与发展。因此,绿色化学是更高层次的化学,化学家不仅要研究化学品生产的可行性和现实用途,还要考虑和设计符合绿色化学要求、不产生或减少污染的化学过程。这是一个难题,也是化学家面临的一项新挑战。

绿色化学的内容之一是"原子经济性",即充分利用反应物中的各个原子,因而既能充分利用资源,又能防止污染。原子经济性的概念是1991年美国著名有机化学家 Trost(为此他曾获得了1998年度的总统绿色化学挑战奖的学术奖)提出的,用原子利用率衡量反应的原子经济性,认为高效的有机合成应最大限度地利用原料分子中的每一个原子,使之转化到目标分子中,达到零排放。绿色有机合成应该是原子经济性的。原子利用率越高,反应产生的废弃物越少,对环境造成的污染也越少。

绿色化学的内容之二,其内涵主要体现在五个"R"上:第一是 Reduction——"减量",即减少"三废"排放;第二是 Reuse——"重复使用",诸如化学工业过程中的催化剂、载体等,这是降低成本和减废的需要;第三是 Recycling——"回收",可以有效实现"省资源、少污染、减成本"的要求;第四是 Regeneration——"再生",即变废为宝,节省资源、能源,减少污染的有效途径;第五是 Rejection——"拒用",指对一些无法替代,又无法回收、再生和重复使用的,有毒副作用及污染作用明显的原料,拒绝在化学过程中使用,这是杜绝污染的最根本方法。

2. 绿色化学的十二条原理

研究绿色化学的先驱者们总结出了这门新型学科的基本原理,为绿色化学今后的研究指明了方向。

① 从源头制止污染,而不是在末端治理污染;

② 合成方法应具备"原子经济性"原则,即尽量使参加反应过程的原子都进入最终产物;

③ 在合成方法中尽量不使用和不产生对人类健康和环境有毒有害的物质;

④ 设计具有高使用效益、低环境毒性的化学产品;

⑤ 尽量不用溶剂等辅助物质,不得已使用时它们必须是无害的;

⑥ 生产过程应该在温度和压力温和的条件下进行,而且能耗最低;

⑦ 尽量采用可再生的原料;

⑧ 尽量减少副产品;

⑨ 使用高选择性的催化剂;

⑩ 化学产品在使用完后能降解成无害的物质并且能进入自然生态循环;

⑪ 发展实时分析技术以便监控有害物质的形成;

⑫ 选择参加化学过程的物质,尽量减少发生意外事故的风险。

3. 有机合成实现绿色合成的途径

提高原子利用率,实现反应的原子经济性是绿色合成的基础。然而真正的原子经济性反应非常少。因此,不断寻找新的方法来提高合成反应的原子利用率是十分重要的。对一个有机合成来说,从原料到产品,要使之绿色化,涉及诸多方面。首先要看是否有更加绿色的原料,能否设计更绿色的新产品来代替原来的产品。还要看反应设计流程是否合理,是否有更加绿色的流程。从反应速度和效率看,还涉及催化剂、溶剂、反应方法、反应手段等多方面的绿色化。

(1) 开发新型高效、高选择性的催化剂

催化剂不仅可以加速化学反应速率,而且采用催化剂可以高选择性地生成目标产物,避免和减少副产物的生成。据统计,在化学工业中 80% 以上的化学反应只有在催化剂作用下才能获得具有经济价值的反应速率和选择性。老工艺的改造需要新型催化剂,新的反应原料、新的反应过程也需要新催化剂,因此,设计和使用高效催化剂已成为绿色合成的重要内容之一。例如,在抗感染药奈普生(Naproxen)的不对称合成中,利用含有 $2,2'$-二(二苯基磷)-$1,1'$-二萘(BINAP)的过渡金属配合物,该配合物中由于单键的旋转受到限制,可获得

97% 的目标产物 S-奈普生。

S-奈普生,97%

（2）开发"原子经济"反应

开发新的"原子经济"反应已成为绿色化学研究的热点之一。基本有机化工原料生产的绿色化对于解决化学工业的污染问题起着举足轻重的作用。目前,在基本有机原料的生产中,有的已采用了原子经济反应,如丙烯氢甲酰化制丁醛、甲醇羰基化制醋酸、乙烯或丙烯的聚合、丁二烯和氢氰酸合成己二腈等。现以丙烯环氧化合成环氧丙烷为例来讨论原子经济反应的开发。

环氧丙烷是一种重要的有机化工原料,在丙烯衍生物中产量仅次于聚丙烯和丙烯腈。它主要应用于制备聚氨酯所需要的多元醇和丙二醇。国内外现有的生产工艺是氯醇法,它是 Dow 化学、BASF 和 Bayer 公司开发的工艺过程：

$$2CH_3—CH =CH_2+2HClO \longrightarrow CH_3CHOHCH_2Cl+CH_3CHClCH_2OH$$

$$CH_3CHOHCH_2Cl+CH_3CHClCH_2OH+Ca(OH)_2 \longrightarrow 2CH_3—CH \overset{O}{\underset{\diagdown}{—}} CH_2 +CaCl_2+2H_2O$$

此法需要消耗大量氯气和石灰,生成大量用处不大的氯化钙,生产过程中设备腐蚀和环境污染严重,其原子利用率仅为 31%。

近年来,Ugine 和 Enichem 公司开发了以钛硅分子筛 TS-1 为催化剂（简称 TS-1）,过氧化氢氧化丙烯直接生产环氧丙烷的新工艺,其反应过程如下：

$$H_3C—CH =CH_2+H_2O_2 \xrightarrow{TS-1} H_3C—CH \overset{}{\underset{\diagup O \diagdown}{—}} CH_2 +H_2O$$

新工艺使用的 TS-1 分子筛催化剂无腐蚀、无污染,反应条件温和,反应温度 $40\sim50℃$,压力低于 0.1 MPa,氧化剂采用 30% H_2O_2 水溶液,安全易得,反应几乎按化学计量关系进行。以 H_2O_2 计算的转化率为 93%,生成环氧丙烷的选择性在 97% 以上,因此是一个低能耗过程。此反应的原子利用率虽然只有 76.3%,但生成的副产物仅是水,因此具有很好的工业应用前景。此工艺的不足之处是过氧化氢成本较高,在经济上暂时还缺乏竞争力。

（3）使用环境友好介质,改善合成条件

对于传统的有机合成反应,溶剂是必不可少的,需要大量使用有机溶剂,而大多数有机溶剂具有毒性。所以,这容易造成对环境的污染。因此,限制这类溶剂的使用,采用无毒、无害的溶剂代替有机溶剂已成为绿色化学的重要研究方向。目前水、离子液体、超临界流体作为反应介质,甚至采用无溶剂的有机合成反应在不同程度上已取得了一定的进展,它们将成为发展绿色合成的重要途径和有效方法。

以水为反应介质的有机反应是一种环境友好的反应,这类反应很早就有文献报道。但由于大多数有机物在水中的溶解性差,而且许多试剂在水中不稳定,因此水作为溶剂的有机反应没有引起人们的足够重视。直到 1980 年 Breslow 发现环戊二烯与甲基乙烯酮的环加成反应在水中的反应较之以异辛烷为溶剂的反应快 700 倍,水介质中进行的有机反应才引起人们的极大兴趣。与有机溶剂相比,水溶剂具有独特的优点,如操作简便、使用安全以及水资源丰富,成本低廉,不污染环境等。此外,水溶剂的一些特性对某些重要有机转化是十分有益的,有时甚至可以提高反应速率和选择性。科学家预测,水相反应的研究将会在有机合成化学中开辟出一个新的研究领域。

离子液体是由有机阳离子和无机或有机阴离子构成的,在室温或室温附近温度下呈液体状态的盐,它在室温附近很宽的温度范围内均为液态。离子液体具有许多独特的性质,如:① 液态温度范围宽,从低于或接近室温到 300℃ 以上,具有良好的物理和化学稳定性;② 蒸气压低,不易挥发,通常无色无嗅;③ 对很多无机和有机物都表现出良好的溶解能力,且有些具有介质和催化双重功能;④ 具有较大的极性可调性,可以形成两相或多相体系,适合作分离溶剂或构成反应-分离耦合体系;⑤ 电化学稳定性高,具有较高的电导率和较宽的电化学窗口,可以用作电化学反应介质或电池溶液。因此,对许多有机反应来说,如烷基化反应、酰基化反应、聚合反应,离子液体是良好的溶剂。

超临界流体是指当物质处于其临界温度及超临界压力下所形成的一种特殊状态的流体,它是一种介于气态与液态之间的流体状态,其密度接近于液体,而黏度接近于气态。由于这些特殊性质,超临界流体可以代替有机溶剂应用于有机合成反应介质。在超临界流体中,超临界 CO_2 流体以其临界压力和温度适中、来源广泛、价廉无毒等优点而得到广泛应用。CO_2 的临界温度和压力分别是31.1℃ 和 7.38 MPa,在此临界点之上,就是超临界流体。由于此流体内在的可压缩性、流体的密度、溶剂黏度等性能均可通过压力和温度的变化来调节,因此在这种流体中进行的反应可得到有效控制。除超临界 CO_2 外,超临界水和近临界水的研究也引起了人们的重视,尤其是近临界水。因为近临界水相对超临界水而言,温度和压力都较低,此外,有机物和盐都能溶解在其中。因此,近年来近临界水中的有机反应研究备受关注。

（4）改变反应方式和反应条件

随着绿色合成研究的不断深入,一些新的合成技术不断涌现,主要通过改变反应方式和反应条件,来达到提高产率、缩短反应时间、提高反应选择性的目的。其中微波技术、超声波技术均已应用于有机合成,另外有机电化学合成、有机光化学合成等也已成为绿色合成的重要组成部分。

（5）选用更"绿色化"的起始原料和试剂

选用对人类和环境危害小的"绿色化"的起始原料和试剂是实现绿色合成的重要途径。在进行有机合成设计时,应该避免使用有毒原料和试剂,尤其是一些剧毒品、强致癌物等都应避免使用。

苯乙酸是合成医药、农药的重要中间体,传统的工艺中常用剧毒氰化物,而现在可以用苄氯直接羰基化来制备,使其合成更加"绿色化"。

$$\underset{\text{Cl}}{\overset{\text{}}{\bigcirc\!\!\!\!\!\!}}\!\!\!\!CH_2\!-\!Cl +CO \xrightarrow[\text{H}_2O]{\text{OH}^-} \underset{\text{COOH}}{\overset{\text{}}{\bigcirc\!\!\!\!\!\!}}\!\!\!\!CH_2\!-\!COOH$$

（6）高效合成方法

设计高效多步合成反应，使反应有序、高效地进行。如一瓶多步串联反应、多反应中心多向反应、一瓶多组分反应等，无须分离中间体，不产生相应的废弃物，可免去各步后处理和分离带来的消耗和污染，无疑是洁净技术的重要组成部分。

（7）其他途径

近年来提出的合成与分子构件概念应用于合成化学领域，极大地丰富了绿色合成的思路，利用分子组装可以高效率地合成目标分子。如计算机辅助绿色化学设计与模拟、反应原料的绿色化以及发展可替代绿色产品等。

§2.2　有机化合物谱学知识简介

近年来，有机化学实验中已广泛使用现代分析仪器来鉴定有机化合物结构和测定有机化合物的含量。鉴定有机化合物结构利用的是各种有机化合物在波谱学性质上的差异，常用的仪器有：红外光谱（Infrared Spectroscopy，IR）仪、核磁共振（Nuclear Magnetic Resonance，NMR）波谱仪、紫外光谱（UV）、质谱（MS）和 X 衍射仪（X-ray）等。色谱法（Chromatography）是分离、提纯和测定有机化合物含量的重要方法，根据操作条件的不同，色谱法可分为柱色谱、薄层色谱、纸色谱、气相色谱及高效液相色谱等类型。本节简单介绍红外光谱、核磁共振波谱、气相色谱和高效液相色谱仪器的工作原理及使用方法。

2.2.1　红外光谱

红外光谱仪

红外吸收光谱是分子振动光谱，简称红外光谱（Infrared Spectrometry，IR），通过谱图解析可以获取分子结构的信息，是解析有机化合物结构的重要手段之一。任何气态、液态、固态样品均可进行红外光谱测定，这是其他仪器分析方法难以做到的。

1. 基本原理

红外光谱是确定有机化合物结构最常用的方法之一。中红外区（波长为 2.5~25 μm）吸收光谱应用最广，它是由分子振动能级（伴随有转动能级）跃迁产生的，故又叫分子振动转动光谱。分子中原子间的振动有伸缩振动和弯曲振动。分子振动能级是量子化的，分子中的每一种振动都有一定的频率，叫作基频。当用一定频率的红外光照射有机物样品时，若该样品的某一振动频率与红外光的频率相同，则该样品就吸收这种红外光，使样品的振动由基态跃迁到激发态。因此，当使用红外分光光度计发出的红外光（波长为 2.5~25 μm，波数为 4 000~400 cm^{-1}）依次通过有机物样品时，就会出现强弱不同的吸收现象。如果以透射百分数（T）为纵坐标，波长（λ）或波数（σ）为横坐标作图，就得到该样品的红外光谱，如图 2-12 所示。

波数（σ）与波长（λ）及频率（v）的关系（式中 c 为光速）：

$$\sigma = \frac{1}{\lambda} = \frac{v}{c}$$

透射百分数（T）与透射光强度（I）及入射光强度（I_0）的关系为：

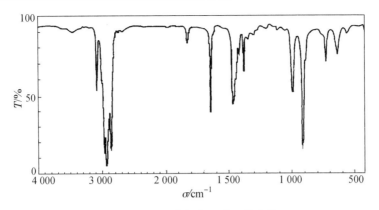

图 2 - 12　1 -辛烯的红外吸收光谱

$$T = \frac{I}{I_0} \times 100\%$$

从上式可以看出,透射百分数越小,透射光强度越弱,吸收越强,曲线则越向下,倒峰越强。峰强度也可用吸光度(A)表示,A是透光率倒数的对数:

$$A = \lg(1/T)$$

实际上,峰强度并不定量表示,而是用强峰(s)、中强峰(m)、弱峰(w)等简单描述。

化学键振动的频率与振动键的强度(力常数)及原子质量有关,它们之间的关系是:

$$v = \frac{1}{2\pi} \sqrt{\kappa \left(\frac{1}{m_1} + \frac{1}{m_2} \right)}$$

式中:m_1、m_2为两个原子的相对原子质量;κ为键的力常数。由上式可知,原子质量越小,振动越快,频率越高。例如,C—H 的伸缩振动频率约为 3 000 cm^{-1},比 C—D 的振动频率(约为 2 600 cm^{-1})高。

2. 红外光谱仪简介

目前使用较多的有双光束色散型红外分光光度计和傅立叶变换红外光谱仪(FT - IR)。双光束红外分光光度计的构造原理如图 2 - 13 所示。从光源发出的红外辐射分成两束:一束通过试样池,另一束通过参比池,然后进入单色器。在单色器内先通过一定频率转动的扇

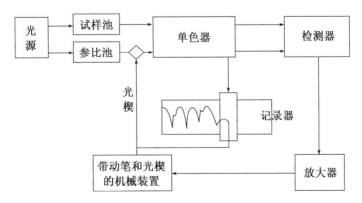

图 2 - 13　双光束红外分光光度计的构造原理图

形镜(斩光器),其作用是使试样光束和参比光束交替进入单色器中的色散棱镜或光栅,最后进入检测器。检测器随扇形镜的转动交替接受这两束光。由检测器出来的信号通过交流放大器放大,然后通过伺服系统驱动光楔进行补偿,使两束光强度相等。若试样对某一波数的红外吸收越多,光楔就越多地遮住参比光路,以达到参比光强同样减弱,使两束光重新处于平衡。记录笔与光楔相连,使光楔的变化转化为透光率的改变。

　　傅立叶变换光谱方法利用干涉图和光谱图之间的对应关系,通过测量干涉图和对干涉图进行傅立叶积分变换的方法来测定和研究光谱图。与传统的光谱仪相比较,傅立叶光谱仪可以理解为以某种数学方式对光谱信息进行编码的摄谱仪,它能同时测量、记录所有谱元的信号,并以更高的效率采集来自光源的辐射能量,具有比传统光谱仪高得多的信噪比和分辨率;同时它的数字化光谱数据也便于计算机处理。

　　3. 红外光谱试样的制备

　　(1)气体样品

　　气体样品的红外测试可采用气体池进行。在样品导入前先抽真空,样品池的窗口多用抛光的 NaCl 或 KBr 晶片。常用的样品池长 5 cm 或 10 cm,容积为 50～150 mL。吸收峰强度可通过调整气体池内样品的压力来达到。对于红外吸收强的气体,只需要注入 666.6 Pa 的气体样品;对弱吸收气体,需注入 66.66 kPa 的样品。因为水蒸气在中红外区有吸收峰,所以气体池一定要干燥。样品测完后,用干燥的氮气流冲洗。

　　(2)液体样品

　　低沸点样品可采用固定池(封闭式液体池)。封闭式液体池的清洗方法是向池内灌注一些能溶解样品的溶剂来浸泡。最后,用干燥空气或氮气吹干溶剂。

　　一般常用的是可拆卸液体池,如图 2 - 14 所示。将样品滴在窗片(用 KBr、NaCl 等盐制成,又称盐片)上。再垫上橡皮垫片,将池壁对角用螺丝拧紧,夹紧窗片即可。注意:窗片内不能有气泡。

　　纯液样可直接放入池中,对某些吸收很强的液体,可配成溶液后,再注入样品池。选用的溶剂应合适:一般要求溶剂对溶质的溶解度要大,红外透光性好,不腐蚀窗片,分子结构简单,极性小,对溶质没有强的溶剂化效应。例如,CS_2、CCl_4 及 $CHCl_3$ 等,它们本身的吸收峰可以通过溶剂参比进行校正。

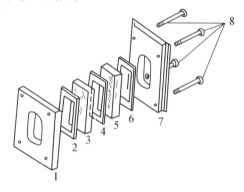

图 2 - 14　可拆卸液体池

1. 池架前板　2,6. 橡皮垫片
3,5. KBr 窗片　4. 控制光程长度的
铅垫片,有 0.025～1 mm 各种规格
7. 池架后板　8. 固定螺杆

　　(3)固体样品

　　固体样品的制备,除了采用合适的溶剂将固体配成溶液后,按液体样品处理之外,还可采用以下几种常用方法。

　　① 压片法:这是红外光谱分析固体样品的常用方法。将 1～3 mg 固体样品与分析纯的 KBr 混合研磨(样品占混合物的 1%～5%)成粒度小于 2 μm 的细粉,用不锈钢铲勺取 70～90 mg 磨细的混合物装在模具中,放于压片机上(压片机的纵剖面如图 2 - 15 所示),加压至 15 MPa,5 min 后取出。将透明的薄片样品装在固体样品架上进行测定。

压片法制得的样品薄片厚度容易控制，样品易于保存，图谱清晰，无干涉条纹，再现性良好，凡可粉碎的固体都适用，因而广为采用。

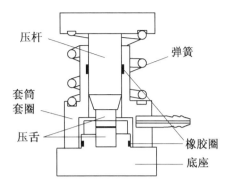

图 2 - 15　压片机的纵剖面

② 糊状法：大多数的固体试样在研磨中若不发生分解，则可把 1～3 mg 研细的样品粉末悬浮分散在几滴石蜡油、全氟丁二烯等糊剂中，继续研磨成均匀的糊状，再将糊状物刮出夹在两窗片之间，然后固定好两块窗片即可测试。本法要求糊剂自身红外吸收光谱简单，折射率和样品相近，且不与样品发生化学反应。糊状物在窗片上应分布均匀。测完后，窗片应用无水乙醇冲洗，软纸擦净，抛光。

此法适用于大多数固体，操作迅速、方便。缺点是石蜡油本身在 2 900 cm^{-1}、1 465 cm^{-1}、1 380 cm^{-1} 处有吸收峰，解析图谱时须将这几个峰划去。

③ 薄膜法：就是将固体样品制成透明薄膜进行测定。制备方法有如下两种：

（a）直接压膜：将样品直接加热到熔融，然后再涂制或压制成膜。此法适用于熔点较低、熔融时又不分解、不升华和不发生其他化学变化的物质。

（b）间接制膜：将样品溶于挥发性溶剂中，然后将溶液滴在平滑的玻璃或金属板上，使溶剂慢慢挥发，成膜后再用红外灯或干燥箱烘干。也可将溶液直接滴在窗片上成膜。

薄膜法在高分子化合物的红外光谱分析中应用广泛。

一般要求在制备试样时应做到：① 选择适当的试样浓度和厚度。使最高谱峰的透射百分数在 1％～5％、基线在 90％～95％、大多数的吸收峰透射百分数在 20％～60％范围；② 试样中不含游离水；③ 多组分试样的红外光谱测绘前应预先分离。

近年来，一次性的红外样品测试卡已经应用于红外光谱的样品分析。这种方便的红外样品测试卡的载样区为直径 19 mm 含聚乙烯（PE）或聚四氟乙烯（PTFE）的微孔膜圆片。PE 和 PTFE 膜都是化学稳定性的，可用于 4 000～400 cm^{-1} 的红外分析，但对样品 3 200～2 800 cm^{-1} 之间的脂肪族 C—H 伸缩振动有影响。所用的样品一般为含有 0.5 mg 固体样品或 5 μL 液体样品的有机溶液。用滴管将溶解的样品滴在薄膜上，几分钟后待溶剂在室温下挥发后即可测定。非挥发性的液体也可用该方法进行测定。

目前比较先进的 Nicolet - Avator 360 全新智能型 FT - IR 仪配有标准取样附件和样品池。针对不同类型的样品，插入相应的智能软件即可测定。

实验测试完毕后，应将玛瑙研钵、不锈钢勺和模具接触样品部件用丙酮擦洗，红外灯烘干，冷却后放入干燥器中。红外光谱仪应在切断电源，光源冷却至室温后，关好光源窗。样品池或样品仓应卸除，以防止样品污染或腐蚀仪器。最后将仪器盖上罩，登记、记录操作时间和仪器状况，经指导教师允许方可离去。

4. 红外图谱的解析

有机分子结构不同，红外光谱表现出的吸收峰也不同。红外光谱比较复杂[1]，一个化合物的红外吸收光谱有时有几十个吸收峰，通常把红外光谱的吸收峰分为两大区域：

① 4 000～1 300 cm^{-1} 区域：这一区域官能团的吸收峰较多，这些峰受分子中其他结构影响较小，很少重叠，易辨别，故把此区称为官能团区，又叫特征谱带区，它们是红外光谱解

析的基础。

② 1 300~650 cm⁻¹区域:这一区域主要是一些单键的弯曲振动和伸缩振动引起的吸收峰。在此区域出现的吸收峰受分子结构的影响较大。分子结构有微小变化就会引起吸收峰的位置和强度明显不同,就像人的指纹因人而异,所以把此区域称为指纹区。不同的化合物指纹区的吸收峰不同。指纹区对鉴定两个化合物是否相同起着关键的作用。常见官能团和化学键的特征吸收波数见表 2-4。

表 2-4 常见官能团和化学键的特征吸收波数

基团	波数/cm⁻¹	基团	波数/cm⁻¹
O—H	3 670~3 580	C≡N	2 260~2 240
O—H(缔合)	3 400~3 200	C≡C	2 250~2 100
O—H(酸)	3 500~2 500	C=C	1 650~1 600
N—H	3 500~3 300	C=O(醛、酮)	1 745~1 705
N—H(缔合)	3 400~3 200	C=O(羧酸)	1 725~1 700
≡C—H	3 310~3 200	C=O(酯)	1 760~1 720
=C—H	3 100~3 020	C=O(酸酐)	1 800~1 750
Ar—H	3 100~3 000	C=O(酰胺)	1 680~1 640
CH₂—H	2 960~2 860	C—O	1 250~1 100
CH—H	2 930~2 860	NO₂	1 550,1 350

在解析红外谱图时,可先观察官能团区,找出该化合物存在的官能团,然后再查看指纹区,如果是芳香族化合物,应找出苯环取代位置。由指纹区的吸收峰与已知化合物红外谱图或标准红外谱图[2]对比,可判断未知物与已知物结构是否相同。官能团区和指纹区的作用正好相互补充。

【注释】

[1] 红外吸收光谱的三要素:位置、强度、峰形。

在解析红外谱图时,要同时注意红外吸收峰的位置、强度和峰形。吸收峰的位置(即吸收峰的波数值)无疑是红外吸收最重要的特点,因此各红外专著都充分地强调了这点。然而,在确定化合物分子结构时,必须将吸收峰位置辅以吸收峰强度和峰形来综合分析,但这后两个要素则往往未得到应有的重视。

每种有机化合物均显示若干红外吸收峰,因而易于对各吸收峰强度进行相互比较。从大量的红外谱图可归纳出各种官能团红外吸收的强度变化范围。只有当吸收峰的位置及强度都处于一定范围时,才能准确地推断出某官能团的存在。以羰基为例,羰基的吸收是比较强的,如果在 1 780~1 680 cm⁻¹(这是典型的羰基吸收区)有吸收峰,但其强度较弱,这并不表明所研究的化合物结构中含有羰基,而是说明该化合物中可能存在着含有羰基的杂质。吸收峰的形状也决定于官能团的种类,从峰形可辅助判断官能团。以缔合羟基、缔合伯氨基及炔氢为例,它们的吸收峰位置只略有差别,主要差别在于吸收峰形不一样:缔合羟基峰圆滑而钝;缔合伯氨基吸收峰有一个小或大的分岔;炔氢则显示尖锐的峰形。

总之,只有同时注意吸收峰的位置、强度、峰形,并与已知谱图进行比较,才能得出较为可靠的结论。

[2] 标准红外谱图的应用。

最常见的红外标准谱图为萨特勒(Sadtler)红外谱图集,它有几个突出的优点:① 谱图收集丰富:该谱图中已收集有 7 万多张红外光谱。② 备有多种索引,检索方便:化合物名称字顺序索引(alphabetical index);化合物分类索引(chemical classes index);官能团字母顺序索引(functional group alphabetical index);分子式索引(molecular formula index);分子量索引(molecular weight index);波长索引(wave length index)。③ 萨特勒同时出版了红外、紫外、核磁氢谱、核磁碳谱等标准谱图,还有这几种谱的总索引,从总索引可以很快查到某一种化合物的几种谱图(质谱除外)。这对未知物结构鉴定提供了极为方便的条件。④ 萨特勒谱图包括市售商品的标准红外谱图。如溶剂、单体和聚合物、增塑剂、热解物、纤维、医药、表面活性剂、纺织助剂、石油产品、颜料和染料等,每类商品又按其特性细分,这对于针对各类商品进行的研究十分方便,这是其他标准谱图所不及的。

【思考题】

(1) 用压片法制样时,为什么要求研磨到颗粒粒度为 2 μm 左右? 研磨时不在红外灯下操作,谱图上会出现什么情况?

(2) 液体化合物测定时,为什么低沸点样品要采用液池法?

(3) 高分子聚合物很难研磨成细小颗粒,采用什么制样方法较好?

核磁共振谱仪

2.2.2　核磁共振氢谱

核磁共振谱(Nuclear Magnetic Resonance Spectroscopy,NMR)可能是现代化学家分析有机化合物最有效的波谱分析方法。该技术取决于当有机物被置于磁场中时所表现的特定核的核自旋性质。在有机化合物中所发现的这些核一般是 ^1H、^2H、^{13}C、^{19}F、^{15}N 和 ^{31}P,所有具有磁矩的原子核(即自旋量子数 $I=0$)都能产生核磁共振。而 ^{12}C、^{16}O 和 ^{32}S 没有核自旋,不能用 NMR 谱来研究。在有机化学中最有用的是氢核和碳核,氢同位素中,^1H 质子的天然丰度比较大,磁性也比较强,比较容易测定。组成有机化合物的元素中,氢是不可缺少的元素,本教材仅就 ^1H NMR 进行讨论。

核磁共振氢谱(^1H NMR)能够提供以下几种结构信息:化学位移 δ、耦合常数 J、各种核的信号强度比和弛豫时间。通过分析这些信息,可以了解特定氢原子的化学环境、原子个数、邻接基团的种类及分子的空间构型。所以核磁共振氢谱在化学、生物学、医学和材料科学领域的应用日趋广泛,成为有机化合物的结构研究中一种重要的剖析工具。

1. 基本原理

核磁共振氢谱的基本原理是具有磁矩的氢核,在外加磁场中磁矩有两种取向:一种与外加磁场同向,能量较低;另一种与外加磁场反向,能量较高。两者的能量差 ΔE 与外磁场强度 B_0 成正比:

$$\Delta E = h\gamma B_0/2\pi$$

式中:γ 为核的磁旋比;h 为普朗克常数。

如果在与磁场 B_0 垂直的方向,用一定频率的电磁波作用到氢核上,当电磁波的能量 $h\nu$ 正好等于能级差 ΔE 时,氢核就会吸收能量从低能态跃迁到激发态,如图 2-16 所示,即发生"共振"现象。所以核磁共振必须满足条件:$h\nu = \Delta E = h\gamma B_0/2\pi$,即

$$\nu = \gamma B_0/2\pi$$

式中:ν 为电磁波的频率。

在实际的分子环境中,氢核外面是被电子云所包围的,电子云对氢核有屏蔽作用,从而

使得氢核所感受到的磁场强度不是 B_0 而是 B'。在有机化合物分子中,不同类型的氢核周围的电子云屏蔽作用是不同的。也就是说,不同类型的质子,在静电磁场作用下,其共振频率并不相同,从而导致图谱上信号的位移。由于这种位移是因为质子周围的化学环境不同而引起的,故称为化学位移。化学位移用 δ 表示,其定义为:

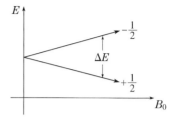

图 2-16　自旋态能量差与磁场强度的相互关系

$$\delta = \frac{\nu_{样品} - \nu_{标准}}{\nu_0} \times 10^6$$

式中:$\nu_{样品}$ 为样品的共振频率;$\nu_{标准}$ 为标准物的共振频率;ν_0 为所用波谱仪器的频率。

常用的标准物为四甲基硅烷(TMS),TMS 的 δ 值为零。表 2-5 列出了一些常见基团中质子的化学位移。核磁共振氢谱中横轴标记为 ppm(百万分之一)或用符号 δ 表示。

表 2-5　不同类型质子的化学位移值

质子类型	化学位移值	质子类型	化学位移值
TMS	0	$ArCH_3$	2.3
RCH_3	0.9	$RCH{=}CH_2$	4.5~5.0
R_2CH_2	1.2	$R_2C{=}CH_2$	4.6~5.0
R_3CH	1.5	$R_2C{=}CHR$	5.0~5.7
R_2NCH_3	2.2	$RC{\equiv}CH$	2.0~3.0
RCH_2I	3.2	ArH	6.5~8.5
RCH_2Cl	3.5	$RCHO$	9.5~10.1
RCH_2F	3.7	$RCOOH, RSO_3H$	10~13

　2. 核磁共振波谱仪简介

核磁共振波谱仪根据电磁波的来源,可分为连续波和脉冲-傅立叶变换两类;如按磁场产生的方式,可分为永久磁铁、电磁铁和超导磁体三种;也可按磁场强度不同,分为 60 MHz、90 MHz、100 MHz、200 MHz、500 MHz 等多种型号,一般兆数越高,仪器分辨率越好。频率为 60 MHz,磁场强度 B_0 为 1.41 mT;频率为 200 MHz 的 NMR 仪,B_0 为 4.70 mT;频率为 500 MHz 的超导 NMR 仪,B_0 为 11.75 mT。目前 900 MHz 的超导 NMR 仪已经问世,这必将对有机化学、生物化学和药物化学的发展起到重要的作用。

核磁共振波谱仪主要由磁铁、射频振荡器和线圈、扫场发生器和线圈、射频接收器和线圈以及示波器和记录仪等部件组成,如图 2-17 所示。

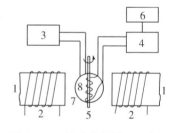

图 2-17　核磁共振原理示意图
1. 磁铁　2. 扫场线圈　3. 射频振荡器　4. 射频接收器及放大器　5. 试样管　6. 记录仪和示波器　7. 射频线圈　8. 接收线圈

　3. 核磁共振样品的制备

无黏性的液体样品可用 TMS 作参照以纯样进行。黏性液体和固体必须溶解在适当的溶剂中。最常用的有机溶剂是 CCl_4。随着被测物质极性的增大,要用极性大的氘代(D 代)试剂。

氘代试剂作溶剂,它不含氢,不产生干扰信号。选择氘代试剂主要考虑对样品的溶解度。氘代氯仿($CDCl_3$)是最常用的溶剂,除强极性的样品之外均可适用,且价格便宜,易获得。极性大的化合物可采用氘代丙酮(CD_3COCD_3)、重水(D_2O)等。在应用重水时要小心,因为活泼氢与重水进行交换而形成氘标记的(含氘)化合物。

针对一些特定的样品,可采用相应的氘代试剂:如氘代苯(C_6D_6,用于芳香化合物,包括芳香高聚物)、氘代二甲基亚砜(DMSO-d_6,用于某些在一般溶剂中难溶的物质)、氘代吡啶(C_5D_5N,用于难溶的酸性或芳香物质及皂苷等天然化合物)等,但这些溶剂价格较贵。

四甲基硅烷(TMS)是最常用的内标,它加到被分析的溶液中以形成按 TMS 体积计为 $1\%\sim4\%$ 的溶液。如果溶剂是重水,常用 2,2-二甲基-2-硅戊烷-5-磺酸钠(DDS)做内标,因为四甲基硅烷不溶于重水。制备 NMR 样品的具体步骤如下:

① 如果有足够的不黏的液体样品($0.75\sim1.0$ mL),以纯样进行;固体样品取 $5\sim10$ mg 溶于 $0.75\sim1.0$ mL 的适当溶剂中;如是液体样品则先加入 1/5 体积的被测物质,然后加入 4/5 体积的溶剂。如果溶剂不含 TMS,加入 $1\sim4$ 滴 TMS。样品溶液应有较低的黏度,否则会降低谱峰的分辨率;若溶液黏度过大,应减少样品的用量。

② 制备的样品放在具有塑料帽盖的样品管中,加上盖子后摇匀。管子必须深入到足够的深度,以保证当管子的较低一端放置在与磁极、振荡器和接收线圈之间时能正确地排布。一旦放置好,管子应能围绕垂直轴旋转。

4.^{1}H NMR 谱的解析

核磁共振氢谱可以提供有关分子结构的丰富资料[1]。根据每一组峰的化学位移值可以推测与此氢核所属官能团的类型;自旋裂分的形状还提供了邻近的氢的数目;而峰的面积可算出分子中存在的每种质子的相对数目。在解析未知化合物的核磁共振谱时,一般采取以下步骤来解析[2]。

① 首先区别有几组峰,从而确定未知物中有几种不等性质子(即谱图上化学位移不同的质子)。

② 计算峰的面积比,以确定各种不等性质子的相对数目。

③ 确定各组峰的化学位移值,再查阅有关数值表,以确定分子中可能存在的官能团。

④ 识别各组峰的自旋裂分情况和耦合常数,以确定各种质子的周围情况。

⑤ 根据以上分析,提出可能的结构式,再结合其他信息,最终确定结构。

图 2-18 为乙醇的核磁共振氢谱。从图中可以看出,谱图可分为三组峰,化学位移由低到高的次序为 $\delta1.17$(三重峰)、$\delta3.58$(四重峰)和 $\delta4.40$(单峰)。$\delta1.17$ 的甲基峰(—CH_3)受邻近—CH_2—的自旋耦合,按照($n+1$)规律,使甲基氢(—CH_3)分裂为三重峰,耦合常数 $J=7.4$ Hz;同样,亚甲基氢(—CH_2—)受—CH_3 中三个质子耦合分裂为四重峰,耦合常数 $J=7.4$ Hz,因为—CH_3、—CH_2—属相互耦合对,其耦合常数 J 相等。而醇羟基不受邻近质子影响为单峰。此外图中—CH_3、—CH_2—、—OH 峰积分面积之比为 3:2:1,与结构式中官能团的氢原子数目比相吻合。

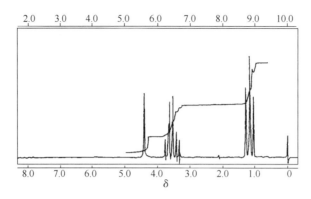

图 2 - 18   乙醇的 ^{1}H NMR 谱图

【注释】

[1] 核磁共振图谱分为一级谱和高级谱,一级谱又叫低级谱,较容易解析。满足下列两个条件的 ^{1}H NMR 谱叫作一级谱:① 一个自旋体系中的两组质子的化学位移差(Δν)至少是耦合常数 J 的 6 倍以上,即 Δν/J≥6。在此,Δν 和 J 都用 Hz 作单位,Δν=δΔ×仪器兆周数。例如,CHCl₂—CH₂Cl 中,δCH = 5.85,δCH₂=3.96,J = 6.5 Hz,在 60 MHz 的仪器中 Δν =(5.85－3.96)×60 = 113.4(Hz),Δν/J = 113.4/6.5=17.4>6。所以,CHCl₂—CH₂Cl 在 60 MHz 仪器中的 NMR 图是一级谱。当 Δν/J≤6 时为高级谱。② 在这个自旋体系中同一组质子(它们的化学位移相同)中的各个质子必须是磁等价的。

[2] 符合一级谱的图谱,有以下规律:① 磁等价的质子之间,尽管有耦合,但不发生裂分,如果没有其他的质子的耦合,应该出单峰;② 磁不等价的质子之间有耦合,发生的裂分峰数目应符合(n+1)规律;③ 各组质子的多重峰中心为该组质子的化学位移,峰形左右对称,还有内侧高、外侧低的"倾斜效应";④ 耦合常数可以从图上的数据直接计算出来。找出代表耦合常数大小的两个峰,由它们的化学位移差 Δδ 计算耦合常数,J(Hz)=Δδ×仪器兆周数;⑤ 各组质子的多重峰的强度比为二项式展开式的系数比;⑥ 不同类型质子的积分面积(或峰强度)之比等于质子的个数之比。

【思考题】

(1) 由核磁共振氢谱能获得哪些信息?

(2) 什么是化学位移?它对化合物结构分析有何意义?

气相色谱仪

2.2.3   气相色谱

气相色谱(Gas Chromatography,GC)是 20 世纪 50 年代发展起来的一种色谱分离技术,主要用来分离和鉴定气体及挥发性较强的液体混合物。由于气相色谱仪结构简单,造价较低,且样品用量少,分析速度快,分离效能高,还能与红外光谱(IR)、质谱(MS)等联用,把色谱杰出的分离性能与 IR、MS 等仪器的定性能力完美地结合起来,因此气相色谱已在石油化工、生物化学、医药卫生及环境保护等方面得到广泛应用。

气相色谱是以气体作为流动相的一种色谱,根据固定相的状态不同,可分为气-固色谱和气-液色谱,前者属于吸附色谱,后者属于分配色谱。

1. 基本原理

样品中各组分在通过色谱柱的过程中彼此分离。当惰性气体(流动相)携带着样品通过色谱柱时,由于样品中各组分分子和固定相分子之间发生溶解、吸附或配位等作用,使样品在流动相和固定相之间进行反复多次的分配平衡,由于各组分在两相间的分配系数不同,因而各组分沿色谱柱移动的速度也不同。当通过适当长度的色谱柱后,各组分彼此间就会拉开一定的距离,先后流出色谱柱,即发生分离,至检测器给出信号。

对于气-液色谱,在固定相中溶解度较小的组分先流出色谱柱,溶解度较大的组分后流出色谱柱。图 2-19 是两个组分经色谱柱分离,先后进入检测器时记录仪记录的流出曲线。图中 t_1 和 t_2 分别是两组分的保留时间,即它们流出色谱柱所需的时间。

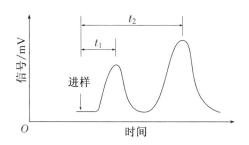

图 2-19　两组分经色谱柱分离后的流出曲线

2．气相色谱仪

气相色谱仪的主要部件及流程图如图 2-20 所示。载气从高压钢瓶流出,经减压阀减压及净化管净化,用针形阀调节并控制载气的流量,通过转子流量计和压力表指示出载气的流量与柱前压。试样用进样器注入,在气化室瞬间气化后由载气带入色谱柱进行分离,分离后的各组分随载气进入检测器,检测器将组分的瞬间浓度或单位时间的进入量转变为电信号,放大后由记录器记录成色谱峰。

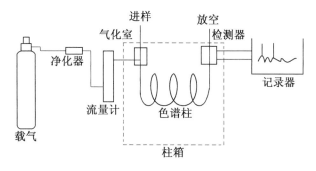

图 2-20　气相色谱流程图

气相色谱仪品种很多,性能和应用范围均有差异,但基本结构和流程大同小异。主要包括载气供应系统、进样系统、色谱柱、温度控制系统、检测系统和数据处理系统等部分。在气相色谱中,组分能否分离取决于色谱柱,而灵敏度大小则取决于检测器。根据色谱柱的不同,气相色谱又可分为填充柱色谱和毛细管色谱[1],后者的分离效率更高。气相色谱中应用的检测器较多,常用的有:① 热导检测器;② 氢火焰电离检测器;③ 电子捕获检测器。

3．定性和定量分析

（1）定性分析

气相色谱法是一种高效、快速的分离分析技术,可以在很短的时间内分离几十种甚至上百种组分的混合物,其分离效能是其他方法难以相比的。但是,仅从气相色谱图不能直接给出组分的定性结果,而要与已知物对照分析。气相色谱定性的依据是保留时间。当固定相和色谱条件一定时,任何一种物质都有一定的保留值。在同一色谱条件下,比较已知物和未知物的保留值,就可以定性出某一色谱峰对应的化合物。

但是,与已知物对照作为定性分析方法还存在一定的问题。首先,色谱法定性分析主要依据每个组分的保留值,所以需要标准样品,而标样不易得到;其次,由于不同化合物在相同条件下有时具有相近甚至相同的保留值,所以单靠色谱法对每个组分进行鉴定是比较困难的。只能在一定条件下(例如已知可能为某几个化合物或从来源可知化合物可能的类型)给出定性结果,对于复杂混合物的定性分析,目前是将气相色谱仪、质谱仪和红外光谱仪等联用。

(2)定量分析

气相色谱常用的定量计算方法有如下三种。

① 归一化法:如果分析对象各组分的响应值都很接近,且各组分都已被分开,并出现在色谱图上,则可以用每组分峰面积占峰面积总和的百分数代表该组分的质量分数,即:

$$\omega_i = \frac{m_i}{m} = \frac{A_i f_i}{\Sigma A_i f_i}$$

式中:ω_i 为 i 组分的质量分数;m_i 为 i 组分的质量;m 为试样质量;A_i 为 i 组分的峰面积;f_i 为 i 组分的质量校正因子。

归一化法的优点是简便、准确,操作条件(如进样量、流量)对结果影响小,适用于多组分同时分析。如果峰出得不完全,即有的高沸点组分没有流出,或者有的组分在检测器中不产生信号,则不能使用归一化法。

② 内标法:当样品中各组分不能全部流出色谱柱,或检测器不能对各组分都产生响应信号,且只需要对样品中某几个出现色谱峰的组分进行定量分析时,可采用内标法,即在一定量的样品中加入一定量的标准物质(内标物)进行色谱分析。

内标物的选择条件应满足:内标物能溶于样品中,其色谱峰与样品各组分的色谱峰能完全分离,且它的色谱峰与被测组分的色谱峰位置比较接近,其称样量与被测组分接近。

用内标法可以避免操作条件变动造成的误差,但每做一个样品都要用天平准确称量样品和内标物,比较麻烦。它适用于某些精确度要求高的分析,而不适合样品量大的常规分析。

③ 外标法:外标法是用纯物质配成不同浓度的标准样,在一定的操作条件下定量进样,测定峰面积后,给出标准含量与峰面积(或峰高)的关系曲线——标准曲线。在相同条件下测定样品,由已得样品的峰面积(或峰高)从标准曲线上查出对应的被测组分的含量。

外标法操作简单,计算方便,但需严格控制操作条件,保持进样量一致才能得到准确结果。

【注释】

[1] 毛细管柱(capillary column)又叫空心柱或开管柱(open tubular column),是戈雷(M. J. E. golay)于1957年发明的一种直径小(0.1~0.5 mm)、长度长(30~300 m)的管柱形毛细管。20 世纪 70 年代初毛细柱商品化后被广泛采用。空心柱分为涂壁空心柱(wall coated open tubular column,简称 WCOT 柱)、多孔层空心柱(porous layer open tubular column,简称 PLOT 柱)和涂载体空心柱(support coated open

tubular column,简称 SCOT 柱)。涂壁空心柱使用最为广泛,它是将固定液均匀地涂在内径 0.1~0.5 mm 的毛细管内壁而成。毛细管的材料可以是不锈钢、玻璃或石英。这种色谱柱具有渗透性好、传质阻力小等特点,因此柱子可以做得很长。毛细管柱的制备方法比较复杂,固定液仅几十毫克,是填充柱的几十至几百分之一,故进样量极小。多孔层空心柱是在毛细管内壁适当沉积上一层多孔性物质,然后涂上固定液。这种柱容量比较大,渗透性好,故有稳定、高效、快速等优点。

由于毛细管柱的涂布需要专门的技术和设备,因此,一般使用者多购买商品色谱柱。商品色谱柱的固定液种类很多,如 PEG-20M、SE-54、SE-30、OV-17、HP-1、HP-5 等。

与填充柱比较,毛细管柱具有以下特点。① 柱容量小,允许进样量小。通常要采用分流技术,即在气化室出口将样品分成两路,绝大部分样品放空,极少部分样品进入色谱柱。放空的样品量与进入色谱柱的样品量之比称为分流比,通常控制在(50∶1)~(100∶1)。但这对微小组分的分析不利,定量分析的重现性也不如填充柱好。② 柱效高,大大提高了分离复杂混合物的能力。毛细管的理论塔板数比填充柱高 2~3 个数量级。由于载气线速大,柱容量小,因此色谱峰形窄,出峰快,不同组分容易分开。③ 渗透率大,载气阻力小,相比大,可使用长色谱柱,有利于提高柱效和实现快速分析。

2.2.4　高效液相色谱

高效液相色谱仪

高效液相色谱又称为高压液相色谱(High Performance Liquid Chromatography,HPLC),是 20 世纪 70 年代初发展起来的一种高效、快速的分离分析有机化合物的方法,它适用于高沸点、难挥发、热稳定性差、离子型的有机化合物的分离与分析。

1. 基本原理

高压液相色谱可以分为液-固吸附色谱、液-液分配色谱、离子交换色谱和凝胶渗透色谱等,应用最广泛的是液-液分配色谱,因此,在下面的讨论中将以液-液分配色谱为主。

当流动相携带着样品通过色谱柱时,样品在流动相和固定相[1]之间进行反复多次的分配平衡,由于各组分在两相间的分配系数不同,因而各组分沿色谱柱移动的速度也不同。当通过适当长度的色谱柱后,各组分彼此间就会拉开一定的距离,先后流出色谱柱,即发生分离,至检测器给出信号,最后由数据系统进行数据的采集、储存、显示、打印和数据处理工作。

在液-液分配色谱中,反相色谱最常用的固定相是十八烷基键合固定相,正相色谱常用的是氨基、氰基键合固定相。醚基键合固定相既可用于正相色谱,又可用于反相色谱。键合相不同,分离性能也不同。固定相确定之后,用适当的溶剂调节流动相,可以得到较好的分离。若改变流动相后仍不能得到满意的结果,可以变换固定相或采取不同固定相的柱子串联使用。如果样品比较复杂,则需采用梯度洗脱方式,即在整个分离过程中,溶剂强度连续变化。这种变化是按一定程序进行的。

2. 高压液相色谱仪

高压液相色谱仪由输液系统、进样系统、分离系统、检测系统和数据处理系统组成。其简单流程如图 2-21 所示。

在一根不锈钢制的封闭色谱柱内,紧密地装入高效微球固定相,用高压泵连续地按一定流量将溶剂送入色谱柱。然后,用进样器将样品注入色谱柱的顶端,用溶剂连续地冲洗色谱柱,样品中各组分会逐渐地被分离开来,并按一定顺序从柱后流出。而后进入检测器,将各组分浓度的变化转换成电信号,经放大后送入记录仪而绘出色谱图。

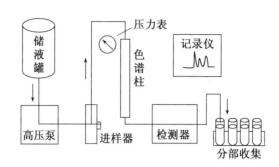

图 2 - 21　高压液相色谱仪

3. 高压液相色谱法的特点

高压液相色谱的定性、定量分析方法与气相色谱法[2]基本相同。它具有如下一些特点：

① 高压　由于溶剂（流动相）的黏度比气体大得多，色谱柱内填充了颗粒很小的固定相，当溶剂通过柱时会受到很大阻力。一般 1 m 长的色谱柱的压降为 7.5×10^6 Pa。所以，高压液相色谱都采用高压泵输液。

② 高速　溶剂通过柱子的流量可达 $3 \sim 10$ mL/min，制备色谱达 $10 \sim 50$ mL/min，使分离速度增大，可在几分钟至几十分钟内分析完一个样品。

③ 高效　高压液相色谱使用了高效固定相，其颗粒均匀，直径小于 10 μm，表面孔浅，质量传递快，柱效很高，理论塔板数可达 10^4 块/m。

④ 高灵敏度　采用高灵敏度的检测器，如紫外吸收检测器的灵敏度很高，最小检出限可达 5×10^{-10} g/mL，示差折光检测器为 5×10^{-7} g/mL。

【注释】

[1] 高压液相色谱的流动相和固定相。① 流动相：液相色谱的流动相在分离过程中有较重要的作用，因此在选择流动相时，不但要考虑到检测器的需要，同时又要考虑它在分离过程中所起的作用。常用的流动相有正己烷、异辛烷、二氯甲烷、水、乙腈、甲醇等。在使用前一般都要过滤、脱气，必要时需要进一步纯化。② 固定相：常用固定相类型有全多孔型、薄壳型、化学改性型等。常用固定相有 β'、β-氧二丙腈，聚乙二醇、角鲨烷等。

[2] 高压液相色谱法与气相色谱法的比较。① 气相色谱法要求样品能瞬间气化、不分解，适于分析低中沸点、相对分子质量小于 400 而又稳定的有机化合物（占有机化合物总数的 15％～20％）。液相色谱一般在室温下进行，要求样品能配制成溶液就行，适于高沸点、热稳定性差、相对分子质量大于 400 的有机物的分离分析。② 在气相色谱中，只有色谱固定相可供选择，因为载气种类少，想通过改变载气种类以改变组分的分离度是不可行的。在高压液相色谱中，有两种可供选择的色谱相，即固定相和流动相。固定相可有多种吸附剂、高效固定相、固定液、化学键合相供选择；流动相有单溶剂、双溶剂、多元溶剂，并可任意调配其比例，达到改变载液的浓度和极性，进而改变组分的容量因子，最后实现分离度的改善。③ 气相色谱中若要回收被分离组分很困难，液相色谱却比较容易，只要把一个容器放在柱子的末端，就可以将所分离的某个流出物加以收集。这样可为进一步利用红外、核磁等方法确定化合物结构提供纯样品。

§2.3　有机化合物物理常数的测定技术

熔点、沸点、折光率以及比旋光度是鉴定有机化合物以及判断有机化合物纯度的重要物理常数。

实验 1　熔点的测定

一、实验目的

(1) 了解熔点测定的原理和意义。

(2) 掌握毛细管法测定熔点的操作。

(3) 了解显微熔点测定仪与全自动数字熔点测定仪的使用方法。

二、实验原理

熔点(melting point)是固体有机化合物非常重要的物理常数之一。通常是指固体物质受热由固态转变为液态时的温度(见图 2-22)。然而熔点的严格定义是指在一个大气压(1.013×10^5 Pa)下物质固－液两态平衡时的温度,如图 2-23 所示,曲线 SM 表示一种物质固相的蒸气压与温度的关系,曲线 ML 表示液相的蒸气压与温度的关系。由于 SM 的变化大于 ML,两条曲线相交于 M,在交叉点 M 处,固液两相蒸气压一致,固液两相平衡共存,这时的温度 T 就是该物质的熔点。理论上它应是一个点。但实际测定这一点有一定的困难,一般测得的是一个温度范围,即从开始熔化(初熔)至完全熔化(全熔)时的温度,该范围称为熔点范围,简称为熔程或熔距。

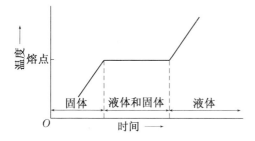

图 2-22　相随着时间和温度的变化图　　图 2-23　物质的蒸气压和温度的关系

实验过程中,初熔是指晶体的尖角和棱边变圆时的温度(或观察到有少量液体出现时的温度),全熔是指晶体刚好全部熔化时的温度。一般情况下,纯品有固定的熔点,熔程不超过 0.5～1℃,而混有杂质时,熔点下降,熔距拉长。因而熔点的测定有以下用途[1]:

(1) 由于纯净的固体有机化合物一般都有固定的熔点,故测定熔点可鉴定有机物。

(2) 根据熔程的长短可检验有机物的纯度。

目前,测定熔点的方法有多种:① 毛细管法;② 显微熔点测定仪测熔法;③ 全自动数字熔点测定仪测熔法。毛细管法是测定熔点的经典方法,通常是指利用装有样品的毛细管在 Thiele 管(又称 b 形管)中加热来测定熔点。事实上全自动数字熔点测定仪也属于毛细管法,只不过装置变为更加自动化的仪器,以下分别介绍它们的实验操作方法。

三、仪器与试剂

1. 仪器

温度计、Thiele 管、熔点毛细管[2]、酒精灯、开口软木塞、表面皿、打孔器、剪刀、圆锉、玻璃棒、玻璃管、显微熔点测定仪、全自动数字熔点测定仪。

2. 试剂

乙酰苯胺[3]、苯甲酸、液体石蜡[4]。

熔程＋装填样品视频

四、实验操作

1. 毛细管法测熔点

(1) 安装装置[5]

按图 2-24(a)所示将 Thiele 管用铁夹固定于铁架台上。管口配上有缺口的单孔软木塞[6]，插入温度计，使温度计的水银球位于两支管口的中间，装入液体石蜡作为浴液，液面与支管上口平齐。也可采用图 2-25 所示的双浴式熔点测定器来测定熔点。它由 250 mL 长颈圆底烧瓶、有棱缘的试管(试管的外径稍小于瓶颈的内径)和温度计组成。烧瓶内所盛浴液的量约占烧瓶容量的 1/2。热浴隔着空气(空气浴)把温度计和试料加热，使它们受热均匀。试管内也可装热浴液。

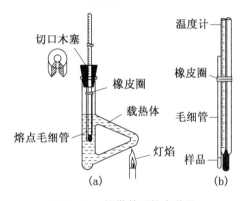

图 2-24　提勒管测熔点装置

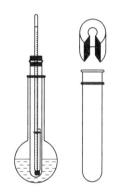

图 2-25　双浴式熔点测定器

(2) 装填样品

取少许干燥样品于洁净干燥的表面皿上，用玻璃棒研成粉末并集成一堆，把熔点毛细管开口端插入粉末中，即有样品挤入毛细管中，然后将毛细管开口端朝上让它在一根竖于桌上或表面皿上的玻璃管(50～60 cm)中自由落下，样品因毛细管上下弹跳而落入毛细管底。如此重复装料使样品装紧，直至装有样品 2～3 mm 高为止。拭去沾于管外的粉末，以免玷污浴液。

把装好样品的毛细管[7]先用少许浴液附在温度计上，再用橡皮圈(由乳胶管剪取)套在温度计上，使装样品的一端位于温度计水银球的中间部位，如图 2-24(b)所示，然后插入浴液中。毛细管的开口端以及橡皮圈应在油浴面之上[8]。

(3) 测定熔点

在 Thiele 管弯曲支管的底部加热，使浴液进行热循环，保证温度计受热均匀。当温度上升到距熔点 10～15℃时，改用小火缓慢而均匀地加热使温度上升速度为 1℃/min～2℃/min[9]，接近熔点时，每分钟 0.2～0.3℃直至熔化。在加热过程中注意观察样品的变化，当样品在毛细管壁四周开始塌落和润湿、样品的表面有凹面形成并出现小液滴时，表示样品开始熔融，此时的温度称为初熔点；固体全部消失，样品呈透明溶液时的温度称为全熔点。记下初熔和全熔时的温度，即为该样品的熔点。此时可熄灭或移除加热的灯火，取出温度计,将附在温度计上的毛细管取下弃去[10],待热浴温度下降至熔点范围30℃以下后,再换上第2支毛细管,按前述方法进行操作,测定下一样品的熔点。

测定已知物熔点时,至少要有两次重复的数据,两次测定误差[11]不能大于±1℃。测定未知样品时,要先做一次粗测,即加热速度可稍快,约5℃/min～6℃/min,得出大概熔点后,待浴温冷至粗测熔点以下约30℃时,再取另两根装样的毛细管作精密的测定两次,两次精测的误差也不能大于1℃。测定的数据可使用表2-6所示的表格记录。

表 2-6　苯甲酸、乙酰苯胺的熔点测定数据记录表

试样	测定值(℃)		平均值(℃)	
	初熔	全熔	初熔	全熔
苯甲酸				
乙酰苯胺				
苯甲酸 + 乙酰苯胺				

熔点测好后,一定要待浴液冷却后,方可将浴液倒回瓶中。温度计冷却后,用纸擦去液体石蜡(如用浓硫酸作为浴液更要小心),方可用水冲洗,否则温度计极易炸裂。

2. 显微熔点测定仪测熔点

显微熔点测定仪测熔点的优点是可测微量样品(2～3颗小结晶)的熔点,能测量室温至300℃的样品熔点,可观察晶体在加热过程中的变化情况,如结晶的失水、多晶的变化、升华及分解。这类仪器型号较多,图2-26所示为其中一种,具体操作如下:

用镊子取洁净且干燥的载玻片放于加热台上,加入微量晶粒,盖上一片盖玻片。调节反光镜、物镜和目镜及样品的位置,使视野中的样品清晰可见。开启加热器,先快速后慢速加热,当温度上升至接近熔点时,控制温度上升的速度为每分钟0.2～0.3℃。当晶体样品的尖角和棱边开始变圆和有液滴出现时,表示熔化已开始,记录初熔温度。样品逐渐熔化直至完全变成液体,记录全熔温度。

3. 全自动数字熔点仪测熔点

全自动数字熔点测定仪,如图2-27所示,采用光电检测、数字温度显示等技术,具有初熔、全熔自动显示,测量方便快捷的优点。具体操作如下:

① 开启电源开关,稳定20 min,设定起始温度,选择升温速率。

② 达到起始温度后插入样品毛细管,调节电表指示为零。

③ 按动升温钮,数分钟后,初熔灯先闪亮,然后出现全熔温度读数显示。初熔温度读数按初熔钮即得。

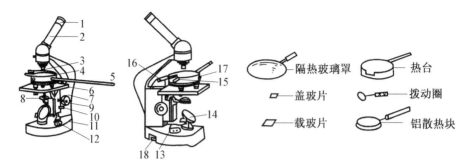

图 2 - 26　显微熔点测定仪
1. 目镜　2. 棱镜检偏部件　3. 物镜　4. 热台　5. 温度计　6. 载热台　7. 镜身
8. 起偏振件　9. 粗动手轮　10. 止紧螺钉　11. 底座　12. 波段开关　13. 电位器旋钮
14. 反光镜　15. 拨动圈　16. 上隔热玻璃　17. 地线柱　18. 电源插座

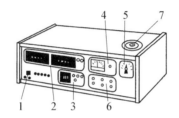

图 2 - 27　全自动数字熔点测定仪
1. 电源开关　2. 温度显示单元　3. 起始温度设定单元　4. 调零单元
5. 速率选择单元　6. 线性升降控制单元　7. 毛细管插口

【注释】

［1］在有机化合物的分析和研究工作中,鉴定一种制备的新化合物是否为已知的化合物,若为固体,常采用混合熔点法来鉴别(至少测定三种比例,即 1∶9、1∶1 和 9∶1)。如果两种有机物不同,通常熔点会下降,熔程会扩大;如果两种有机物相同,则熔点一般不变。少量杂质混入有机化合物,会使该物质的熔点下降,有时下降的区间较大,熔程加大。当然也有少数例外的情况,如:有的物质存在多晶体形式,会有多个熔点;固体共熔混合物却有固定的熔点;D-酒石酸二甲酯熔点 48℃,L-酒石酸二甲酯熔点为 43℃,混合物(1∶1)熔点为 89.4℃,反而升高。

［2］毛细管应当用洁净、干燥的中性厚质玻璃管拉制而成,内径约为 1 mm,壁厚 0.1～0.15 mm,毛细管长度以安装后上端高于传热液体液面为准,约 10～15 cm。目前各玻璃仪器商店均有熔点毛细管供应。

［3］测定熔点的样品选择范围很广,也可选择未知物或混合物让学生鉴定。还可选用尿素、肉桂酸(两者的熔点都在 135℃左右)来鉴别它们是否是一物质。

［4］测定熔点在 150℃以下的有机化合物,可选用石蜡油、甘油为浴液。测定熔点在 300℃以下的可采用硫酸、硅油为浴液。硫酸中加入硫酸钾可提高浴液的温度,并可防止白烟的产生,但硫酸具有强腐蚀性,应注意安全。此外,酸中若掉入杂质浴液会变黑,影响观察,此时,可加入硝酸钾去除有机物杂质。

［5］熔点测定装置的基本要求是在有机物熔化过程中尽可能保持两相平衡,使热传导能迅速而均匀地进行,尽量消除热浴与毛细管内的温度差,常用的为 Thiele 管,又称 b 形管,具有传热均匀,毛细管易定位,操作简便等特点。

［6］插温度计的软木塞应开一缺口,作为管内热空气流的导出口,同时也便于观察温度计水银柱的上升,不影响读数。此外,若熔点毛细管过长的话,可从此口伸出,而不影响样品的位置。

　　[7]易升华的化合物,装好试样后将上端封闭起来,因为压力对熔点的影响不大,所以用封闭的毛细管测定熔点其影响可忽略不计。易吸潮的化合物,装样动作要快,装好后也应立即将上端在小火上加热封闭,以免在测定熔点的过程中,试样吸潮使熔点降低。

　　[8]注意不要使小橡皮圈浸泡在油浴中,以免橡皮圈被热浴油溶胀而脱落。由于石蜡油等介质,受热后的体积会膨胀,其液面还会上升,故橡皮圈尽量要放高些。

　　[9]这样操作的目的首先是保证了有充分的时间,使热能够由毛细管外传递至毛细管内,以供给固体所需的熔化热;另外是因为观察者不能同时观察温度计所示度数和样品的变化,缓慢加热,可减小此误差。所以,温度计的读数也应做到尽量快。温度计的读数还应注意有效数字的保留要科学。

　　[10]每一次测定都必须用新的毛细管另装样品,不能将已测过熔点的毛细管冷却,使其中的样品固化后再作第二次测定。因为有时有些物质会产生部分分解,有些会转变成具有不同熔点的其他晶体形式。

　　[11]在有机化学实验中,温度的测量很重要,尤其是在熔点、沸点等测定中,需要准确可靠的数据。要消除测定中的误差,除了要消除人为的操作因素之外,对于温度计也要进行校正。一般温度计中的毛细孔径不一定是很均匀的,有时刻度也不很准确。另外,经长期使用的温度计,玻璃也可能发生体积变形而使刻度不准。

　　为了校正温度计,可选用一支标准温度计与之比较,也可采用纯有机化合物的熔点作为校正的标准,通过此法校正的温度计,上述误差可一并除去。校正时只要测定多个纯有机化合物(标准化合物)的熔点,以测定值为纵坐标,测定值与应有值之差为横坐标作图,得到一条该温度计的校正曲线。在以后,用该温度计进行温度测量,所得到的数据用该曲线可换算成准确值。每个实验者都应当将自己所用的温度计,通过测定标准化合物的熔点,进行温度计校正。标准化合物可在表2-7中选择。

表 2-7　校正玻璃温度计常用的标准化合物

化合物名称	熔点/℃	化合物名称	熔点/℃
水-冰	0	尿素	135
对二氯苯	53	水杨酸	159
邻苯二酚	105	D-甘露醇	168
苯甲酸	122	对苯二酚	173
二苯胺	53	马尿酸	188
萘	80	蒽	216

五、思考题

　　(1)如何验证两种熔点相近的物质是否为同一纯净物?

　　(2)熔点毛细管是否可以重复使用?

　　(3)测熔点时,若有下列情况将产生什么结果?

　　①熔点管壁太厚;②熔点管不洁净;③样品未完全干燥或含有杂质;④样品研得不细;⑤样品装得不紧密;⑥加热太快;⑦样品装得太多;⑧读数过慢。

实验 2　沸 点 的 测 定

一、实验目的

　　(1)掌握微量法测定沸点的原理和方法。

（2）了解测定沸点的意义。

二、实验原理

当液体的蒸气压增大到与外界施加给液体的总压力相等时，就有大量气泡不断从液体内部逸出，即液体沸腾，这时的温度称为该外界压力下液体化合物的沸点（boiling point）。液体化合物的沸点随外界压力改变而变化，外界压力增大，沸点升高；外界压力减小，沸点降低。通常所说的沸点是指外界压力为一个大气压（1.013×10^5 Pa）时液体的沸腾温度。

纯净的液体有机化合物在一定压力下具有一定的沸点，其沸程（沸点的变动范围）一般不超过 1℃。具有恒定沸点的液体不一定是纯净的化合物，如两个或两个以上的液体化合物形成的共沸混合物也具有一定的沸点。如果液体有机物不纯，其沸点取决于杂质的物理性质。若杂质是不挥发的，则不纯液体的沸点比纯液体的高；若杂质是挥发性的，则蒸馏时液体的沸点会逐渐上升（恒沸混合物例外）。所以测定沸点是判别有机物的纯度及鉴定有机物的一种方法。

沸点测定的方法比较多，有常量法和微量法两类。常量法又有多种，如沸点计法和蒸馏法。常量法测沸点样品用量较大，一般要 10 mL 以上。如果样品不多时，可采用微量法测沸点。本教材重点介绍蒸馏法和微量法。沸点计法会在物理化学实验中介绍。

三、仪器与试剂

1. 仪器
温度计、Thiele 管、沸点毛细管、酒精灯、开口软木塞。
2. 试剂
无水乙醇、液体石蜡。

四、实验操作

1. 常量法测沸点
蒸馏可用来测定沸点，用蒸馏法（见 §2.4 实验 7）来测定液体沸点的方法叫常量法测沸点。

2. 微量法测定沸点
微量法测定沸点可用图 2-28 所示的装置。取一根长约 10～15 cm，直径为 4～5 mm 细玻璃管，用小火封闭其一端作为沸点管的外管，向其中加入 3～5 滴待测定样品（无水乙醇）。再在外管中放入一根长 6～8 cm，直径约 1 mm，上端封闭的毛细管[1]，然后将沸点管用橡皮圈固定于温度计水银球旁边，放入热浴（液体石蜡）中加热。由于气体膨胀，内管会有断断续续的小气泡冒出，达到样品的沸点时，将出现一连串的小气泡，此时应停止加热，使浴液温度自行下降，气泡逸出的速度即渐渐减慢。当最后一个气泡刚要缩回至内管中的瞬间，表示毛细管内的蒸气压与外界压力相等，此时的温度即为该液体的沸点。为校正起见，待温度下降几度后再非常缓慢地加热，记下刚出现气泡时的温度。两次温度计读数不应超过 1℃。

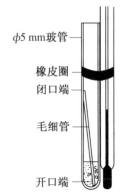

φ5 mm玻管

橡皮圈

闭口端

毛细管

开口端

图 2-28 微量法测定沸点装置

同时记下当时的大气压力。

【注释】

[1] 测定熔点用的毛细管截取适当长度后即可使用,注意要使毛细管的开口端向下,密封端向上。

五、思考题

(1) 什么叫沸点? 液体的沸点和外部压强有什么关系?

(2) 用微量法测定沸点时,为什么把最后一个气泡刚要缩回至内管的瞬间的温度作为该化合物的沸点? 如沸点内管有空气未排净,将会产生什么结果?

实验 3 折光率的测定

一、实验目的

(1) 掌握阿贝折射仪的使用方法。

(2) 了解测定折光率的原理和意义。

二、实验原理

折光率(Refractive Index)又称折射率。是液体有机化合物的重要的物理常数之一。折射率测定可精确到万分之一(通常应用五位有效数字记录),它比沸点更可靠,是衡量液体有机化合物纯度的标志之一,是定性鉴定有机化合物的一种手段[1]。

在确定的外界条件(温度、压力)下,光线从一种透明介质进入另一种透明介质,由于两种介质的密度不同,光的传播速度和方向均发生改变(除非光线与两种介质的界面垂直),这种现象称为光的折射现象。根据折射定律,折射率是光线入射角的正弦与折射角的正弦之比,即:

$$n = \frac{\sin \alpha}{\sin \beta}$$

当光由介质 A 进入介质 B 时,如果介质 A 对于介质 B 是光疏物质,则折射角 β 必小于入射角 α;当入射角 α 为 $90°$ 时,$\sin \alpha = 1$,这时折射角达到最大,称为临界角,用 β_0 表示。显然,在一定条件下,β_0 也是一个常数,它与折射率的关系是:

$$n = \frac{1}{\sin \beta_0}$$

可见,测定临界角 β_0 即可得到折射率。在实验室里,一般用阿贝(Abbe)折射仪来测定折射率,其工作原理就是基于光的折射现象,其结构如图 2-29 所示。

为了测定 β_0 值,阿贝折射仪采用了"半暗半明"的方法,就是让单色光由 $0° \sim 90°$ 的所有角度从介质 A 射入介质 B,这时介质 B 中临界角以内的整个区域均有光线通过,因此是明亮的;而临界角以外的全部区域没有光线通过,因此是暗的,明暗两区域的界线十分清楚。如果在介质 B 的上方用一目镜观察,就可以看见一

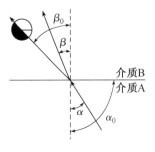

图 2-29 光的折射现象

个界线十分清楚的半明半暗视场。因各种液体的折射率不同,要调节入射角始终为90°。在操作时只需旋转棱镜转动手轮即可。从刻度盘上或显示窗可直接读出折射率。

折射率 n 与物质结构、纯度、入射光线的波长、温度、压力等因素有关。通常大气压的变化影响不明显,只是在精密测定时才考虑。使用单色光要比白光时测得的值更为精确,因此常用钠光(钠光谱的 D 线,波长 589.3 nm)作光源。温度可用仪器维持恒定,比如用恒温水浴槽与折光仪间循环恒温水来维持温度恒定。所以,折射率(n)的表示需要注明所用光线波长和测定的温度,常用 n_D^{20} 来表示,即以钠光为光源,20℃时所测定的 n 值。

通常温度升高(或降低)1℃时,液态有机化合物的折射率减少(或增加)$3.5 \times 10^{-4} \sim 5.5 \times 10^{-4}$,在实际工作中常采用 4.5×10^{-4} 为温度变化常数,把某一温度下所测得的折射率换算成另一温度下的折射率。其换算公式为:

$$n_D^T = n_D^t + 4.5 \times 10^{-4}(t - T)$$

式中:T 为规定温度,℃;t 为实验时的温度,℃。这种粗略计算虽然有一定误差,但很有参考价值。

阿贝折光仪的结构如图 2-30 所示。它的主要组成部分是两块直角棱镜组成的棱镜组,上面一块是表面光滑的测量棱镜,下面一块是表面磨砂的可以开启的辅助棱镜。左面的镜筒是读数镜筒,内有刻度盘,其上面有两行数值。右边一行是折射率数值(1.300 0 ∼ 1.700 0)[2],左边一行是工业上测量糖溶液浓度的标度(0%∼95%)。右面的镜筒是测量目镜,用来观察折光情况。镜筒内装有消色散棱镜。光线由反射镜射入辅助棱镜,发生漫射,以不同入射角射入两个棱镜之间的液体样品薄层,然后再射到测量棱镜的表面上。此时一部分光线经折射后进入测量目镜,另一部分光线则发生全反射。调节测量目镜中的视野如图 2-31 所示。

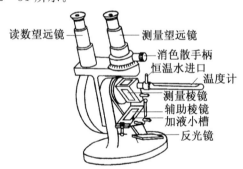

图 2-30　阿贝折光仪的结构

图 2-31　折光仪在临界角时的目镜视野

三、仪器与试剂

1. 仪器

阿贝折光仪、擦镜纸、滤纸。

2. 试剂

乙酸乙酯、乙醇或丙酮、蒸馏水。

全自动折光仪

四、实验操作

1. 仪器的安装

折光仪用橡皮管将测量棱镜和辅助棱镜上保温夹套的进出水口与超级恒温槽连接,并调节至测定的温度(温度控制在±0.1℃之内)。

2. 加样

松开锁钮,开启辅助棱镜。用乙醇或丙酮润湿的擦镜纸轻轻擦洗上下镜面,切忌用滤纸代替擦镜纸,玻璃滴管绝对不能触及棱镜,以免损伤镜面。待镜面干燥后,滴加 1～2 滴蒸馏水于辅助棱镜面上[3],旋紧棱镜锁紧扳手,使蒸馏水均匀地充满视场,注意不要有气泡。测定蒸馏水的折光率,进行仪器的校正。

3. 对光

转动消色散手柄,使刻度盘标尺上的示值为最小,再调节反光镜使目镜中观察到的视场最明亮。转动棱镜调节旋钮直至目镜中观察到黑白临界线或彩色光带。转动消色散调节旋钮,直至清晰地观察到明暗分界线[4]。

4. 精调

转动棱镜调节旋钮,使分界线恰好通过十字的交叉点,见图 2-31。

5. 读数

打开读数望远镜下方的小窗,使光线射入。从读数望远镜中读出刻度盘上蒸馏水的折射率,重复操作 2～3 次,每次读数相差不超过 0.000 2。取平均值后,使之与标准值($n_D^{20}=1.333\ 0$, $n_D^{25}=1.332\ 5$)相比较,得到零点的校正值。校正值一般很小,若数值太大时,整个仪器必须重新校正[5]。

6. 测样

重复操作步骤 2～5。在步骤 2 中,加入待测液体,如乙酸乙酯,读出待测液体的折射率。重复测量 2～3 次,每次读数相差不超过 0.000 2。取平均值,并用折光仪校正值加以校正。纯乙酸乙酯的折光率 $n_D^{20}=1.372\ 3$。

7. 清洗

样品测定后,用擦镜纸轻轻擦去镜面上下的液体,再用乙醇或丙酮湿润的擦镜纸轻轻擦上下镜面,待棱镜面干燥后,垫上一张干净的擦镜纸再旋上锁钮,置于仪器室保存[6]。

【注释】

[1] 折射率也可用于确定液体混合物的组成。当各组分结构相似和极性较小时,混合物的折射率和物质的量(摩尔分数)组成之间常成简单的线性关系。因此,在蒸馏两种以上的液体混合物且当各组分沸点彼此接近时,就可以利用折射率来确定馏分的组成。

[2] 阿贝折光仪中的读数不是临界角的度数,而是已计算好的折射率,故可直接读出。由于仪器上有消色散棱镜装置,所以可直接使用白光作光源,所测得的数值与用钠光的 D 线所测得的结果相同。

[3] 如果测定易挥发性液体,滴加样品时速度要快,或可由棱镜侧面的小孔加入。

[4] 如果在目镜中看不到半明半暗界线,而是畸形的,这是因为棱镜间未充满液体。若出现弧形光环,则可能是有光线未经过棱镜面而直接照射在聚光透镜上。

[5] 如仪器零点的误差较大,则需对阿贝折光仪的标尺刻度进行零点校正,常用以下两种方法。

① 用蒸馏水校正:将折光仪与恒温槽连接,恒温(一般为 20℃或 25℃)后,松开棱镜组锁钮,滴入 1～2

滴丙酮于镜面上,合上棱镜。而后打开棱镜,用擦镜纸轻轻揩拭上下两镜面。待镜面干燥后,滴入 1～2 滴蒸馏水于镜面上,关紧棱镜,转动棱镜调节旋钮,使读数镜内标尺读数等于蒸馏水的折射率($n_D^{20} = 1.333\,0$,$n_D^{25} = 1.332\,5$)。调节反光镜,使入射光进入棱镜组,调节测量镜,从测量望远镜中观察,使视场最亮、最清晰。转动消色散调节手轮,消除色散,再用一特制的小旋子旋动右面镜筒下方的方形螺旋,使明暗分界线和"×"字交叉重合,即校正完毕。

② 用标准折射玻璃块校正:将棱镜完全打开使之成水平,取少许 1-溴代萘($n = 1.66$)置于光滑棱镜上,将标准折射玻璃块黏附于镜面上,使其直接对准反射镜,然后按上述手续进行。

[6]维护:① Abbe 折光仪棱镜必须注意保护,不能在镜面上造成刻痕。不能测定强酸、强碱及有腐蚀性的液体,也不能测定对棱镜、保温套之间的粘合剂有溶解性的液体;② 每次使用完毕,应仔细认真地用丙酮或无水乙醇擦洗镜面,待晾干后垫上干净的擦镜纸,再关上棱镜;③ 仪器不能暴露于日光下,不用时应放入木箱内并置于空气流通的干燥处。

五、思考题

(1) 测定有机化合物折射率的意义是什么?

(2) 每次测定样品折射率的前后为什么要擦洗上下棱镜面?

(3) 测定折射率时有哪些因素会影响结果?

(4) 假定测得松节油的折射率为 $n_D^{30} = 1.471\,0$,在 25℃时其折射率的近似值应是多少?

实验 4　旋光度的测定

一、实验目的

(1) 掌握旋光度的测定方法。

(2) 了解旋光度测定的原理和意义。

二、实验原理

比旋度(specific rotation)是光学活性物质特有的物理常数之一,手册、文献上多有记载。测定旋光度可以鉴定光学活性物质的纯度和含量。

对映异构体的物理性质(如沸点、熔点、折射率等)和化学性质(非手性环境下)基本相同,只是对平面偏振光的旋光性能不同。使偏振光振动平面向右旋转的物质称为右旋体;使偏振光振动平面向左旋转的物质称为左旋体。当偏振光通过具有光学活性的物质时,由于光学活性物质的旋光作用,其振动方向会发生偏转,所旋转的角度 α 称为旋光度。

物质的旋光度除与物质的结构有关外,还与测定时所用溶液的质量浓度、溶剂、温度、旋光管长度和所用光源的波长等有关。因此常用比旋度 $[\alpha]_D^t$ 来表示各物质在一定条件下的旋光度。比旋度是旋光性物质的特征物理常数,只与分子结构有关,可以通过旋光仪测定物质的旋光度后经计算求得。

① 液体的比旋度:指在液层长度为 1 dm,密度为 1 g/mL,温度为 20℃及用钠光谱 D 线波长(589.3 nm)测定时的旋光度,单位为度(° · cm² · g⁻¹)。

② 溶液的比旋度:指在液层长度为 1 dm,浓度为 1 g/mL,温度为 20℃及用钠光谱 D 线波长测定时的旋光度。单位为度(° · cm² · g⁻¹)。

纯净液体的比旋度按下式计算:

$$[\alpha]_\lambda^t = \frac{\alpha}{l \times d}$$

溶液的比旋度按下式计算：

$$[\alpha]_\lambda^t = \frac{\alpha}{l \times c}$$

式中：$[\alpha]_\lambda^t$ 为旋光性物质在 $t\,^\circ\!\mathrm{C}$、光源波长为 λ 时的比旋度，一般用钠光作为光源，此时的比旋度用 $[\alpha]_D^t$ 表示；α 为测得的旋光度，$(^\circ)$；t 为测定时的温度，$^\circ\!\mathrm{C}$；λ 为光源的波长，nm；l 为旋光管的长度，dm；d 为纯液体在 $20\,^\circ\!\mathrm{C}$ 时的密度，$\mathrm{g/mL}$；c 为溶液中有效组分的质量浓度，$\mathrm{g/mL}$。

测定旋光度的仪器叫旋光仪。市售的旋光仪有两种类型：一种是直接目测旋光仪；另一种是自动数显旋光仪。它们的基本结构主要由钠光源、起偏镜、盛液管（旋光管）、检偏镜组成。

直接目测旋光仪的基本结构如图 2-32 所示。光线从光源经过起偏镜（一个固定不动的尼科尔棱镜），变为在单一方向上振动的平面偏振光，再经过盛有旋光性物质的旋光管时，因物质的旋光性致使偏振光不能通过检偏镜（一个可转动的尼科尔棱镜），必须转动检偏镜，才能通过。因此，要调节检偏镜进行配光，使最大量的光线通过。测定时，应调节视场成明暗相等的单一视场，如图 2-33 所示。但当检偏镜从 0° 旋转至 180° 时，会出现较明和较暗的两种单一视场。为了提高测定的准确性，应选较暗的单一视场为旋光仪测定终点的判断标准。标尺盘上转动的角度可以指示出检偏镜的转动角度，即为该物质在此条件下的旋光度。图 2-34 为直接目测旋光仪的读数刻度盘，利用游标尺可读两位小数。

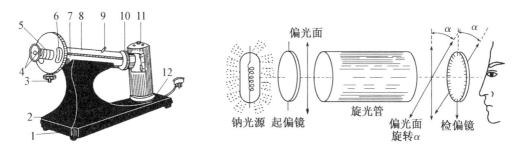

图 2-32　目测旋光仪的外形及基本结构示意图
1. 底座　2. 电源开关　3. 刻度盘转动手轮　4. 放大镜座　5. 视度调节螺旋　6. 度盘游标
7. 镜筒　8. 镜筒盖　9. 镜盖手柄　10. 镜盖连接圈　11. 灯罩　12. 灯座

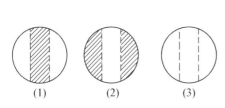

图 2-33　旋光仪的三分视场图

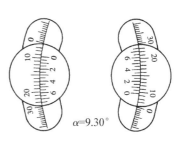

$\alpha = 9.30^\circ$

图 2-34　读数示意图

自动数显旋光仪由于应用了光电检测器和晶体管自动示数装置,因此灵敏度较高,读数方便,且可避免人为的读数误差,目前应用广泛。图2-35是自动数显旋光仪的面板。下面以自动数显旋光仪为例,通过测定葡萄糖的比旋度来介绍旋光度测定的操作方法。

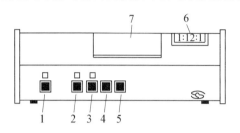

实物图

图2-35　自动数显旋光仪面板示意图
1. 电源　2. 光源　3. 测量　4. 复测　5. 清零　6. 数字显示　7. 样品室

三、仪器与试剂

1. 仪器

旋光仪、电子天平、容量瓶(100 mL)、烧杯。

2. 试剂

葡萄糖(AR)。

四、实验操作

1. 溶液样品的配制[1]

准确称取样品葡萄糖10 g,放入100 mL容量瓶中定容,加入蒸馏水至刻度[2]。配制的溶液应透明无机械杂质,否则应过滤。

2. 仪器开机

将仪器电源接入220 V交流电源,打开电源开关,这时钠光灯应启亮,需经5 min钠光灯预热,使之发光稳定。打开光源开关,若光源开关关上后,钠光灯熄灭,则再将光源开关上下重复扳动1~2次,使钠光灯在直流下点亮为正常。按下"测量"开关,这时数码管应有数字显示。

3. 零点的校正

将装有蒸馏水或其他空白溶剂的旋光管[3]放入样品室,盖上箱盖,待示数稳定后,按下"清零"按键,使数码管示数为零。按下复测开关,使数码管示数仍回到零处,重复操作三次。一般情况下,本仪器如不放旋光管时读数为零,放入无旋光度溶剂后也应为零。但需防止在测试光束通路上有小气泡,或旋光管的护片上沾有油污、不洁物等,同时也不宜将旋光管护片旋得过紧,这会影响空白读数。如果读数不是零,必须仔细检查上述因素或用装有溶剂的空白旋光管放入试样槽后再清零。旋光管安放时应注意标记的位置和方向。

4. 测定旋光度[4]

将旋光管取出,倒掉空白溶剂,用待测的葡萄糖溶液冲洗2~3次,将待测样品注入旋光管,按相同的位置和方向放入样品室内,盖好箱盖,仪器数显窗将显示出该样品的旋光度;逐次按下复测按钮,重复读几次数,取平均值作为样品的测定结果[5]。

5. 关机

测定完毕,将旋光管中的液体倒出,洗净并擦干放好。旋光仪使用完毕后,应依次关闭测量、光源、电源开关。

6. 计算

根据公式计算比旋度等[6]。

【注释】

[1] 旋光度与光束通路中光学活性物质的分子数成正比。对于旋光度值较小或溶液浓度小的样品,在配制待测样品溶液时,宜将浓度配高一些,并选用长一点的旋光管,以便观察。

[2] 对测定有变旋现象的物质时,要使样品放置一段时间后,才可测量。葡萄糖的溶液应放置一天后再测。

[3] 旋光管中装入蒸馏水或样品溶液时,应使液面凸出管口,将玻璃盖沿管口轻轻推盖好,尽量不要带入气泡。然后垫好橡皮圈,旋转螺帽,使其不漏水,但也不要过紧,否则玻璃产生扭力,致使管内有空隙,而造成读数误差。盖好后如发现管内仍有气泡,可将样品管带凸颈的一端向上倾斜,将气泡逐入凸颈部位,以免影响测定。

[4] 仪器连续使用时间不宜超过 4 h。如使用时间过长,中间应关熄 10～15 min,待钠光灯冷却后再继续使用,以免降低亮度,影响钠灯寿命。

[5] 注意记录所用旋光管的长度、测定时的温度及所用溶剂(如用水作溶剂则可省略)。温度变化对旋光度具有一定的影响。若在钠光下测试,温度每升高 1℃,多数光学活性物质的旋光度会降低 3% 左右。

[6] 在进行不对称合成和拆分外消旋化合物时,得到的常常不是百分之百纯的对映体,而是存在少量镜像异构体的混合物。这时必须用光学纯度(Optical Purity,缩写为 OP)或对映体过量(enantiomer excess,缩写为 ee)值来表示对映异构体的混合物中一种对映体过量所占的百分率。

光学纯度(OP)的定义式为:

$$OP=\frac{[\alpha]_D^t\text{样品}}{[\alpha]_D^t\text{标准}}\times100\%$$

对映异构体过量(ee)值则用下式表示:

$$ee=\frac{R-S}{R+S}\times100\%$$

式中:R 为对映异构体混合物中主要对映异构体的含量;S 为对映异构体混合物中次要对映异构体的含量。

一般情况下,旋光度与对映体组成成正比,因此光学纯度(OP)值可近似看作与对映异构体过量(ee)值相等。根据所得的光学纯度,可以计算试样中两种对映体的相对百分含量。拆分完全的对映体的光学纯度是 100%,若对映异构体中(-)-对映体光学纯度为 $x\%$,则

(-)-对映体百分含量$=[x+(100-x)/2]\times100\%$

(+)-对映体百分含量$=[(100-x)/2]\times100\%$

例如,已知样品(S)-(-)-2-甲基丁醇的相对密度 $d=0.8$,在 20 cm 盛液管中,其旋光度测定值为 $-8.0°$,且其标准$[\alpha]_D^{23}=-5.8°$(纯),则

$$[\alpha]_D^{23}=\frac{\alpha}{l\times d}=\frac{-8.0°}{2\times0.8}=-5.0°$$

$$OP=\frac{[\alpha]_D^{23}\text{样品}}{[\alpha]_D^{23}\text{标准}}\times100\%=\frac{-5.0}{-5.8}\times100\%=86\%$$

(S)-(-)-2-甲基丁醇百分含量$=[86+(100-86)/2]\times100\%=93\%$

(R)-(+)-2-甲基丁醇百分含量$=[(100-86)/2]\times100\%=7\%$

五、思考题

（1）旋光度和比旋度有什么联系与区别？

（2）旋光度的测定具有什么实际意义？

（3）有哪些因素影响物质的旋光度？测定旋光度应注意哪些事项？

（4）糖的溶液为何要放置一天后再测旋光度？

§2.4　有机化合物的分离与提纯技术

对一个有机合成实验来说，选择一种合理的合成方法固然重要，但是更重要、更难的也许是选择一种切实可行的方法，将粗产物从反应体系中分离出来得到比较纯的产物。同样，在天然产物研究过程中，首先要解决的问题也是天然产物的提取与纯化，其次才能进行天然产物的结构鉴定以及一系列的应用研究。

有机化合物的分离提纯手段很多，对于液体有机化合物的分离和提纯来说，应用最广泛的方法是蒸馏、分馏、水蒸气蒸馏、减压蒸馏等；对于固态有机化合物的分离和提纯来说，常用方法有重结晶、升华等。有些分离和提纯技术，比如萃取、洗涤、色谱分离等，不仅适合于液体有机化合物，也适合于固体有机化合物。随着现代分离技术的不断问世，有机化合物的分离和提纯手段越来越丰富、分离效率也越来越高。本节主要介绍一些有机化合物分离和提纯的常用手段，包括它们的基本原理和操作方法，并配有实验实例。

实验 5　重结晶

一、实验目的

（1）学习重结晶法提纯固体有机化合物的原理和实验方法。

（2）掌握趁热过滤、减压过滤及剪、折叠滤纸的实验操作技术。

二、实验原理

固体有机物在溶剂中的溶解度与温度关系密切，一般是温度升高溶解度增大。若把固体溶解在热的溶剂中达到饱和，冷却时由于溶解度降低，溶液变成过饱和而析出晶体。利用溶剂对被提纯物质及杂质的溶解度不同，通过加热溶解又冷却结晶的形式，将杂质除去（溶解度很小的杂质在热滤时除去，溶解度很大的杂质在冷却后留在母液中）以达到分离纯化固体物质的目的，整个操作过程称为重结晶（recrystallization）。

重结晶一般只适用于杂质含量在 5% 以下的固体有机物的提纯。杂质含量多，常会影响晶体生成的速度，甚至会妨碍晶体的形成，如有时会变成油状物，使晶体难以析出，或者重结晶后仍有杂质。这时，必须先采取其他方法初步提纯，例如萃取、水蒸气蒸馏、减压蒸馏等，然后再用重结晶提纯。

重结晶的操作过程主要包括下列几个步骤：

1. 选择溶剂

溶剂的选择是关键，理想的溶剂必须具备下列几个条件：

① 溶剂不与被提纯物起化学反应；

② 较高温度时溶剂能溶解被提纯物，而在室温或更低温度时被提纯物的溶解量却很少；

③ 杂质在该溶剂中的溶解度要么非常小，要么非常大（前一种情况是使杂质在热过滤时被滤去，后一种情况是使杂质留在母液中不随被提纯物一同析出）；

④ 溶剂的沸点适中。沸点过低，溶解度改变不大，沸点过高，不易与被提纯物分离；

⑤ 被提纯物在该溶剂中能析出较好的晶体；

⑥ 价廉易得，毒性低，回收率高，操作安全。

重结晶常用的溶剂见表 2-8。在选择溶剂时，可考虑"相似相溶"的原则，即溶质一般易溶于结构与其近似的溶剂中，极性物质较易溶于极性溶剂中，非极性物质较易溶于非极性溶剂中。具体选择溶剂时，大部分化合物可先从化学手册或文献资料中查出溶解度数据，如无法查到，则须由实验决定。

表 2-8　重结晶常用的溶剂

溶剂名称	沸点($^\circ$C)	密度(g/cm^3)	溶剂名称	沸点($^\circ$C)	密度(g/cm^3)
水	100.0	1.00	乙酸乙酯	77.1	0.90
甲醇	64.7	0.79	二氧六环	101.3	1.03
乙醇	78.0	0.79	二氯甲烷	40.8	1.34
丙酮	56.1	0.79	二氯乙烷	83.8	1.24
乙醚	34.6	0.71	三氯甲烷	61.2	1.49
石油醚	30～60	0.64～0.66	四氯化碳	76.8	1.58
	60～90	0.64～0.66	硝基甲烷	120.0	1.14
环己烷	80.8	0.78	丁酮	79.6	0.81
苯	80.1	0.88	乙腈	81.6	0.78
甲苯	110.6	0.87			

单溶剂的选择方法：取若干小试管，各放入 0.1 g 待重结晶物质，分别加入 0.5～1 mL 不同种类的溶剂，加热至沸腾，至完全溶解，冷却后能析出最多量晶体的溶剂，一般可认为是最合适的。有时在 1 mL 溶剂中尚不能完全溶解，可用滴管逐步添加溶剂，每次 0.5 mL，并加热至沸，如果在 3 mL 热溶剂中仍不能全溶，可以认为此溶剂不合适。如果固体在热溶剂中能溶解，而冷却后无晶体析出，可用玻璃棒在试管中液面下刮擦，以及在冰水中冷却，若仍无晶体产生，则此溶剂也不适用，说明该物质在此溶剂中的溶解度太大了。

混合溶剂的选择方法：如果未能找到某种合适的溶剂，则可采用混合溶剂。混合溶剂通常是由两种互溶的溶剂组成，其中一种对被提纯物的溶解度很大（称为良溶剂），而另一种对被提纯物的溶解度很小（称不良溶剂）。常用的混合溶剂有水-乙醇、水-丙酮、水-乙酸、甲醇-水、甲醇-乙醚、甲醇-二氯乙烷、石油醚-苯、石油醚-丙酮、氯仿-石油醚、乙醚-丙酮、氯仿-乙醇、苯-无水乙醇。测定溶解度的方法同上。

混合溶剂比例的确定：用混合溶剂重结晶时，先将物质溶于热的良溶剂中。若有不溶物则趁热滤去,若有色则加活性炭煮沸脱色后趁热过滤。在此热溶液(接近沸点温度下)中滴加热的不良溶剂,直至滤液呈现混浊为止,加热混浊不消失时,再加入少量(几滴)良溶剂使之恰好透明,然后将此混合物冷至室温,使晶体从溶液中析出。当重结晶量大时,可先按上述方法,找出良溶剂和不良溶剂的比例,然后将两种溶剂先混合均匀,再按单一溶剂的方法进行重结晶。

2. 溶解粗产品

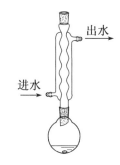

图 2-36　低沸点、易燃有机溶剂的加热装置

通常将粗产品置于锥形瓶(或圆底烧瓶)中,加入比需要量[1]略少的溶剂,加热至微沸腾。若未完全溶解,可再分次逐渐添加溶剂,每次加入后均需再加热使溶液沸腾,直至物质刚好完全溶解,记录溶剂用量。若溶剂为可燃性、易挥发或有毒溶剂,应在烧瓶内加入沸石,烧瓶上安装回流冷凝管,如图 2-36 所示,同时根据溶剂的沸点和易燃性,选择适当的热浴,以保证安全。添加溶剂时,必须先移去火源后,从冷凝管上端加入。由于在热过滤时溶剂的挥发、温度的降低会引起晶体过早地在滤纸上析出而造成产品损失,一般比需要量多加 20% 的溶剂[2]。有时,总有少量固体不能溶解,应将热溶液倒出或过滤,分出不溶物,在不溶剩余物中再加入溶剂,观察能否溶解。如加热后慢慢溶解,说明此产品需要加热较长时间才能全部溶解。如仍不溶解,则视为杂质去除。

3. 脱色

粗产品溶解后,如其中含有有色杂质或树脂状杂质,会影响产品的纯度甚至妨碍晶体的析出,此时常加入吸附剂以除去这些杂质,最常用的吸附剂有活性炭和三氧化二铝。吸附剂的选择和重结晶的溶剂有关,活性炭适用于极性溶剂(如水、乙醇等有机溶剂);三氧化二铝适用于非极性溶剂(如苯、石油醚),否则脱色效果较差。活性炭的用量,根据所含杂质的多少而定。一般为干燥粗产品质量的 1%~5%,有时还要多些。若一次脱色不彻底,则可将滤液用 1%~5% 的活性炭进行再脱色。但必须注意:活性炭除吸附杂质外,也会吸附产品,因而活性炭加入过多是不利的。为了避免液体的暴沸,甚至冲出容器,活性炭不能加到已沸腾的溶液中,须稍冷后加入,然后煮沸 5~10 min,再趁热过滤,除去活性炭。

4. 热过滤

热过滤的目的是除去不溶性杂质(包括用作脱色的吸附剂)。为了尽量减少过滤过程中晶体的损失,常使用热水漏斗和折叠滤纸[3]进行常压保温快速过滤,可防止在过滤过程中因溶剂的冷却或挥发使溶质析出而造成损失[4]。热水漏斗如图 2-37(a)所示,为颈短而粗的玻璃漏斗外边装有金属夹套,夹套间充水。金属夹套上面的小孔为装水和水蒸气挥发的进出口用。热水漏斗可用铁夹和铁圈固定,漏斗下用锥形瓶接收。过滤前先在金属外套支管端加热,使夹套内的水接近沸腾。为了保持热水漏斗有一定温度,在过滤时可用小火加热。但必须注意,过滤易燃溶剂时应将火焰熄灭!

用折叠滤纸过滤时,应先用少量热的溶剂湿润,以免干滤纸吸收溶液中的溶剂使晶体析出而堵塞纸孔。过滤时,漏斗上应盖上表面皿(凹面向下),起到保温和减少溶剂挥发的作用。过滤完毕,用少量热溶剂冲洗一下滤纸。若析出的晶体较多时,必须用刮刀刮回到原来的容器中,再加适量的溶剂加热溶解并过滤。

(a) 常压趁热过滤装置　　(b) 带安全瓶的减压过滤装置　　(c) 带砂芯漏斗、玻璃钉漏斗
的减压过滤装置

图 2-37　过滤装置

5. 冷却结晶

热溶液冷却,使溶解的物质自过饱和溶液中析出,而一部分杂质仍留在母液中。冷却方式有两种:一种是快速冷却;一种是自然冷却。

① 快速冷却:将滤液在冷水浴或冰水浴中迅速冷却并剧烈搅动,可得到颗粒很小的晶体。小晶体包含杂质较少,但其表面积大,吸附在表面的杂质较多,其优点是冷却时间短。

② 自然冷却:将热的饱和溶液(如在滤液中已析出晶体,可加热使之溶解)静置,自然地冷却,缓慢地降温。当溶液的温度降至接近室温,而且有大量晶体析出后,可以进一步用冷水或冰水冷却,使更多的晶体从母液中析出,这样析出的晶体大而均匀。较大的晶体内部虽然含杂质较多,但晶体大,表面积小,吸附杂质少,而且容易用新鲜溶剂洗涤除去。

总之,自然冷却得到的晶体比快速冷却得到的晶体洁净。重结晶选择何种冷却方法要根据产品要求而定。有时晶体不易从过饱和溶液中析出,这是由于溶液中尚未形成结晶中心,此时可用玻璃棒摩擦容器内壁,或投入晶种(即同物质的晶体),可以促使晶体析出。

6. 抽滤与洗涤

把晶体从母液中分离出来,一般采用布氏漏斗和吸滤瓶进行抽气过滤(简称抽滤,又称减压过滤),如图 2-37(b)所示。布氏漏斗的斜口要远离抽气口,吸滤瓶的侧管用耐压的橡皮管与安全瓶相连,安全瓶再用耐压的橡皮管和水泵 抽滤与洗涤
相连,安全瓶的作用在于防止因水压突然改变而使水倒流入吸滤瓶中。布氏漏斗中铺的圆形滤纸,应较漏斗的内径略小,紧贴于漏斗的底壁,在抽滤前先用少量溶剂把滤纸润湿,然后打开水泵将滤纸吸紧,防止固体在吸滤时自滤纸边沿吸入瓶中。将容器中的晶体和液体分批沿玻璃棒倒入布氏漏斗中,并用少量母液将黏附在容器壁上的残留晶体转移至布氏漏斗中[5]。用玻璃塞或玻璃钉挤压晶体,以尽量除去母液。滤得的固体习惯称滤饼。滤毕,应先打开安全瓶上的旋塞或拔掉抽滤瓶与水泵之间连接的橡皮管,再关闭水泵。

晶体表面吸附的母液会玷污晶体,可用少量新鲜溶剂进行洗涤。洗涤时应先将安全瓶上的活塞打开连通大气,用玻璃棒轻轻挑松晶体(勿将滤纸弄破),加入少量溶剂,使全部晶体被溶剂润湿,然后关闭安全瓶上的活塞,继续抽气过滤,把溶剂除去,一般重复洗涤1～2次即可。如将母液适当浓缩,再冷却,可得到第二批晶体,但纯度不及第一批的好,必要时再进行一次重结晶。抽滤后的滤液,若为有机溶剂,一般应用蒸馏方法回收。

7. 干燥

用重结晶法纯化后的晶体,其表面吸附有少量溶剂,因此必须用适当的方法进行干燥。干燥方法很多,可根据重结晶所用的溶剂及结晶的性质来选择。当使用的溶剂沸点比较低

时,可在室温下使溶剂自然挥发达到干燥的目的。当使用的溶剂沸点比较高(如水)而产品又不易分解和升华时,可用红外灯烘干,但要注意温度应低于样品的熔点。当产品易吸水或高温易发生分解变质时,应用真空干燥器进行干燥。

晶体不充分干燥,熔点会下降,晶体经充分干燥后,通过熔点测定来检验其纯度。如发现纯度不符合要求,可重复上述操作直至熔点不再改变为止。

三、仪器与试剂

1. 仪器

台秤、量筒、烧杯(100 mL)、锥形瓶(50 mL)、锥形瓶(250 mL)、圆底烧瓶(50 mL)、回流冷凝管、玻璃棒、热水漏斗(铜)、玻璃三角漏斗(短颈)、布氏漏斗、吸滤瓶(250 mL)、安全瓶、小剪刀、循环水真空泵、表面皿、空心玻璃塞、角匙、水浴锅、电炉、酒精灯。

2. 试剂

苯甲酸、萘、乙醇(70%)、活性炭。

四、实验步骤

1. 苯甲酸的重结晶

在 250 mL 锥形瓶中加入 2 g 粗苯甲酸、2 粒沸石和适量水[6],加热至微沸。在加热过程中不断搅拌,使固体溶解。若在沸腾状态下尚未完全溶解,可每次加入 3~5 mL 水,加热搅拌至溶解,但要特别注意粗品中是否含有不溶杂质,以免溶剂加入过多。待固体全部溶解后再多加 20% 的水。移去热源,稍冷后加入少量活性炭,继续加热煮沸 5~10 min。

在加热溶解苯甲酸的同时,准备好热水漏斗与折叠滤纸,将上述脱色后的热溶液尽快地倾入热水漏斗,滤入 100 mL 烧杯中。每次倒入的溶液不要太满,也不要等溶液全部滤完后再加。为了保持溶液的温度,应将未过滤的部分继续用小火加热[7]。

滤毕,将盛有滤液的烧杯盖上表面皿,放置自然冷却后再放入冰水中冷却,使晶体析出完全。如果希望得到颗粒较大的晶体,可将滤液重新加热至溶,再在室温下慢慢冷却结晶。抽滤,用空心塞挤压晶体直至无水滴下,以尽量除去母液。停止抽滤,加少量水至漏斗中,使晶体完全润湿(可用玻璃棒或刮刀松动),然后重新抽干。如此重复 1~2 次。最后将晶体移到表面皿上,摊开置空气中晾干或放在红外灯下干燥,称重并计算回收率。测定已干燥的苯甲酸的熔点,纯苯甲酸为无色针状晶体,熔点是 122.4℃。

本实验约需 3 h。

2. 萘的重结晶

在装有回流冷凝管的 50 mL 圆底烧瓶或锥形瓶中(见图 2-36),放入 3 g 粗萘,加入 20 mL 70% 乙醇和 1~2 粒沸石。先通冷凝水,后水浴加热至沸,并不时振摇瓶中物,待完全溶解后[8],再多加一些 70% 乙醇,然后熄灭火源。稍冷后加入少许活性炭,并稍加摇动。再重新在水浴上加热煮沸 5 min。趁热用预热好的热水漏斗和折叠滤纸过滤,用少量热的 70% 乙醇润湿折叠滤纸后,将上述萘的热溶液滤入干燥的 50 mL 锥形瓶中(注意这时附近不应有明火),滤完后用少量热 70% 乙醇洗涤容器和滤纸。

将盛有滤液的锥形瓶用软木塞塞好,先自然冷却,再用冰水冷却。抽滤,用少量 70% 乙醇洗涤,抽干后将晶体移至表面皿上。放在空气中晾干或放在红外灯下干燥后称重,计算回收率。纯萘的熔点 80.6℃。

本实验约需 3 h。

【注释】

[1] 溶剂用量可根据待重结晶物质在这种沸腾溶剂中的溶解度(或溶解度试验方法所得的结果)预先计算,考虑到待重结晶物质中含有少量杂质,所加溶剂应比计算量略少些。

[2] 初学者加入的溶剂量可适当多些,以免热过滤时晶体过早地在滤纸上析出造成产品损失。

[3] 折叠滤纸又称菊形滤纸,因面积较大,可加快过滤速度,减少损失。折叠滤纸的折法如图 2-38 所示。

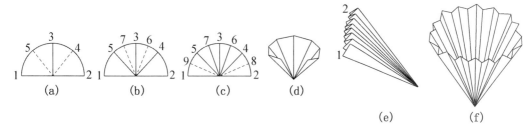

图 2-38 折叠滤纸的折叠方法

将圆滤纸(方滤纸可折好后再剪)先对折为二,然后再对折成四份;将 2 与 3 对折成 4,1 与 3 对折成 5,如图 2-38(a);2 与 5 对折成 6,1 与 4 对折成 7,如图 2-38(b);2 与 4 对折成 8,1 与 5 对折成 9,如图 2-38(c)。这时,折好的滤纸边全部向外,角全部向里,如图 2-38(d);再在 8 个等分的每一片中间对折,但折的方向相反,结果像扇子一样的排列,如图 2-38(e)的形状;然后将图 2-38(e)中的 1 和 2 向相反的方向折叠一次,可以得到一个完好的折叠滤纸,如图 2-38(f)。在折叠过程中应注意:所有折叠方向要一致,滤纸中央圆心部位不要用力折,以免破裂。使用时须翻面,将清洁的一面贴住漏斗,这样可避免被手指弄脏的一面接触滤过的滤液,并要作整理后再放入漏斗内。

[4] 也可用减压热过滤代替热水漏斗热过滤,减压热过滤装置如图 2-37(b)所示,操作参见本节"抽滤与洗涤"部分,只是要预先将所用仪器用烘箱烘热待用。减压热过滤的优点是过滤快,缺点是当用沸点低的溶剂时,因减压会使热溶剂蒸发或沸腾,导致溶液浓度变大,晶体过早析出,因此真空度不宜太高,以防溶剂损失过多。

[5] 抽滤过程中将液体转入布氏漏斗时,要保证漏斗中有一定的液体量,若等到漏斗中的液体已被抽干后,再加料,料液容易冲破滤纸而发生穿孔现象。此时,应先暂缓抽气,待加料后再继续抽气过滤。

[6] 不可过量,若变成苯甲酸的稀溶液后,会导致后面冷却结晶时的量减少,甚至得不到晶体。

[7] 若采用减压趁热过滤,步骤为:在加热溶解粗苯甲酸的同时,准备好热过滤用的布氏漏斗和吸滤瓶,使它们充分预热(可先将布氏漏斗置于热水或烘箱中),并先剪好滤纸备用。待粗苯甲酸的沸腾溶液准备好后,迅速(1～2 min 内)将抽滤装置安装连接好,并将滤纸用热水浸湿抽紧。将溶解好的粗苯甲酸热溶液尽快一次性倒入漏斗中,抽滤。将滤液迅速转移到另一个干净的 100 mL 小烧杯中,放置冷却结晶。

[8] 若所加的乙醇不能使萘完全溶解,则应移开火源再从冷凝管上端继续加入少量 70% 的乙醇,每次加入乙醇后应略微振摇并继续加热,观察是否可完全溶解。

五、思考题

(1) 如何选择重结晶溶剂? 加热溶解样品时,为什么先加入比计算量略少的溶剂,而逐渐添加至完全溶解后却还要多加少量的溶剂?

（2）为什么活性炭要在固体物质全部溶解后加入？为什么不能在溶液沸腾时加活性炭？

（3）抽滤过程中如何防止滤纸被穿破？

（4）如果溶剂量过多造成晶体析出太少或根本不析出，应如何处理？

（5）停止抽滤时如不先打开安全瓶上的活塞就关闭水泵，可能会产生什么后果？为什么？

（6）用有机溶剂和以水为溶剂进行重结晶时，在仪器装置和操作上有什么不同？

（7）重结晶操作过程中，固体用溶剂加热溶解后，若溶液呈无色透明、无不溶性杂质，此后应如何操作？

实验 6　萃　取

一、实验目的

（1）学习萃取与洗涤的原理和实验方法。

（2）掌握分液漏斗的操作技术。

二、实验原理

萃取（extraction）是有机化学实验中用来提取或纯化有机化合物的常用操作之一。应用萃取可以从固体或液体混合物中提取所需要的物质，也可以用来洗去混合物中的少量杂质。通常前者称为萃取，后者称为洗涤。按萃取两相的不同，萃取可分液-液萃取、液-固萃取、气-液萃取。

1. 从液体中萃取

（1）原理

萃取是以分配定律为基础的，即是利用物质在两种不互溶（或微溶）的溶剂中溶解度或分配比的不同而达到分离和提纯目的的一种操作。一定温度、一定压力下，一种物质在两种互不相溶的溶剂 A、B 中的分配浓度之比是一个常数 K，即分配系数。

$$\frac{c_A}{c_B} = K$$

式中：c_A 和 c_B 分别为每毫升溶剂中所含溶质的质量（g）。应用分配定律可以计算出每次萃取后被萃取物质在原溶液中的残余量。假设：V_A 为原溶液的体积（mL）；m_0 为萃取前溶质的总量（g）；m_1、$m_2 \cdots m_n$ 分别为萃取一次、二次……n 次后溶质的剩余量（g）；V_B 为每次萃取溶剂的体积（mL）。

第一次萃取后：$\dfrac{m_1/V_A}{(m_0-m_1)/V_B} = K$，所以 $m_1 = m_0\left(\dfrac{KV_A}{KV_A+V_B}\right)$

第二次萃取后：$\dfrac{m_2/V_A}{(m_1-m_2)/V_B} = K$，所以 $m_2 = m_1\left(\dfrac{KV_A}{KV_A+V_B}\right) = m_0\left(\dfrac{KV_A}{KV+V_B}\right)^2$

经过 n 次萃取后：$m_n = m_0\left(\dfrac{KV_A}{KV_A+V_B}\right)^n$

由此可见，相同用量的溶剂分 n 次萃取后溶质的残留量比一次萃取少很多，即少量多次萃取效率较高。但并非萃取次数越多越好，结合时间、成本等诸方面因素考虑，一般以萃取三次为宜。由于有机溶剂或多或少溶于水,所以第一次萃取时溶剂的量要比以后几次多一点。有时,利用盐析效应,即将水溶液用某种盐饱和,使有机溶剂在水中的溶解度大大下降,达到迅速分层,减少有机溶剂在水中的损失的目的。

除了利用分配比不同来萃取外,另一类萃取剂的萃取原理是利用它能和被萃取物质起化学反应而进行萃取,这类操作经常应用在有机合成反应中,以除去杂质或分离出有机物。常用的萃取剂有:5%氢氧化钠溶液、5%或10%碳酸钠溶液、5%或10%碳酸氢钠溶液、稀盐酸、稀硫酸和浓硫酸等。碱性萃取剂可以从有机相中分离出有机酸或从有机化合物中除去酸性杂质(使酸性杂质生成钠盐溶解于水中)。酸性萃取剂可用于从混合物中萃取有机碱性物质或用于除去碱性杂质。浓硫酸则可用于从饱和烃中除去不饱和烃,从卤代烷中除去醚或醇等。

（2）萃取剂的选择

选择萃取剂一般要求为:① 与原溶剂不相混溶,两相间应保持一定的密度差,以利于两相的分层;② 对被萃取物质的溶解度较大;③ 纯度高,并具有良好的化学稳定性;④ 沸点低,便于回收;⑤ 毒性小;⑥ 价格低。萃取方法用得最多的是从水溶液中萃取有机物,所以在实际操作中用得比较多的溶剂有乙醚、乙酸乙酯、二氯甲烷、氯仿、四氯化碳、苯、石油醚等。

（3）操作规程

① 分液漏斗的选用　实验室中常用的萃取仪器是分液漏斗[1],分液漏斗的容积应为被萃取液体体积的 2 倍左右。

② 检漏装料　使用前必须检查分液漏斗的顶塞和旋塞(活塞)是否紧密配套。旋塞如有漏水现象,应及时处理:取下旋塞,用纸或干布擦净旋塞及旋塞孔道的内壁,然后在旋塞两边各抹上一圈凡士林,注意不要抹在旋塞的孔中,然后插上旋塞,旋转至透明即可使用。先把分液漏斗放在铁架的铁圈上,关闭旋塞,取下顶塞,从漏斗的上口将被萃取液体倒入分液漏斗中,然后再加入萃取剂,盖紧顶塞。如图 2-39 所示。

③ 振荡放气　取下分液漏斗以右手手掌(或食指根部)顶住漏斗顶塞并用大拇指、食指、中指紧握住漏斗上口颈部,而漏斗的旋塞部分放在左手的虎口内并用大拇指和食指握住旋塞柄向内使力,中指垫在塞座旁边,无名指和小指在塞座另一边与中指一起夹住漏斗,如图 2-40 所示。振摇时,将漏斗的出料口稍向上倾斜,开始时要轻轻振荡。振荡后,令漏斗仍保持倾斜状态,打开活塞,放出蒸气或产生的气体使内外压力平衡,否则容易发生冲料现象。如此重复2～3 次,至放气时只有很小压力后再剧烈振摇 1～3 min,然后再将分液漏斗放在铁圈上。

实验操作

图 2-39　液-液萃取装置　　　　　图 2-40　振荡分液漏斗示意图

④ 静置分层　让漏斗中液体静置,使乳浊液分层[2]。静置时间越长越有利于两相的彻底分离。此时,实验者应注意仔细观察两相的分界线,有的很明显,有的则不易分辨。一定要确认两相的界面后,才能进行下面的操作,否则还需要静置一段时间。

⑤ 分离放料　分液漏斗中的液体分成清晰的两层以后,就可以进行分离放料。先把颈上的顶塞打开,把分液漏斗的下端靠在接收器的壁上。实验者的视线应盯住两相的界面,缓缓打开活塞,让液体流下,当液体中的界面接近活塞时,关闭活塞,静置片刻,这时下层液体往往会增多一些。再把下层液体仔细地放出,然后把剩下的上层液体从上口倒入另一个容器里[3]。如在两相间有少量絮状物时,应把它分到水层中去[4]。

2. 从固体混合物中萃取

从固体混合物中萃取所需的物质,常用以下几种方式:

(1) 浸泡萃取　将固体混合物研细后放在容器里用溶剂长期静止浸泡萃取,或用外力振荡萃取,然后过滤,从萃取液中分离出萃取物,但这是一种效率不高的方法。

(2) 过滤萃取　若被提取的物质特别容易溶解,可以把研细的固体混合物放在有滤纸的玻璃漏斗中,用溶剂洗涤。如果萃取物质的溶解度很小,用洗涤方法则要消耗大量的溶剂和很长的时间,这时可用下面的方法萃取。

(3) 索氏提取器萃取　用索氏(Soxhlet)提取器来萃取,是一种效率较高的萃取方法,如图 2-41 所示。将滤纸做成与提取器大小相适应的套袋,然后把研细的固体混合物放置在套袋内,上盖以滤纸,装入提取器中。然后开始用合适的热浴加热烧瓶,溶剂的蒸气从烧瓶进到冷凝管中,冷却后,回流到固体混合物里,慢慢将所需提取的物质溶出。当溶液在提取器内到达一定高度时,就会从侧面的虹吸管流入烧瓶中。溶剂就这样在仪器内循环流动,把所要提取的物质富集到下面的烧瓶里。一般需要数小时才能完成,提取液经浓缩后,将所得浓缩液经进一步处理可得到所需提取物。

图 2-41　固-液萃取(索氏提取器)

三、仪器与试剂

1. 仪器

台秤、电热套、圆底烧瓶、球形冷凝管、分液漏斗(125 mL)、锥形瓶、蒸馏装置、抽滤装置。

2. 试剂

苯甲酸、萘、乙醚、5%NaOH、无水 $CaCl_2$、浓盐酸、饱和食盐水。

四、实验步骤

分别称取苯甲酸、萘各 2 g,置于圆底烧瓶中,加入 30 mL 乙醚和两颗沸石,圆底烧瓶上安装球形冷凝管,通冷凝水后加热回流,使固体溶解。待固体完全溶解后,冷却。将此乙醚液倒入 125 mL 的分液漏斗中,分别用 20 mL 5%NaOH 水溶液萃取三次,合并碱萃取液,再分别用 15 mL 乙醚萃取碱液中的萘两次,将所得的醚液与上面的醚液合并。所得的碱液用浓盐酸中和至酸性,析出固体,抽滤得苯甲酸。

所得到的醚溶液分别用 20 mL 饱和食盐水洗涤两次,然后用蒸馏水洗至中性。无水

CaCl₂ 干燥,将醚液移入烧瓶中水浴蒸馏,蒸出大部分乙醚(操作见实验7),待有大量固体萘析出后,停止蒸馏,取出,自然晾干。

所得到的苯甲酸、萘可分别进行重结晶(操作见实验5)。测其熔点(操作见实验1)。

本实验约需 4～6 h。

【注释】

[1] 注意不能把活塞上附有凡士林的分液漏斗放在烘箱内烘干;分液漏斗使用后,应用水冲洗干净,玻璃塞用薄纸包裹后塞回去。

[2] 有时有机溶剂和某些物质的溶液一起振荡,会形成较稳定的乳浊液,没有明显的两相界面,无法从分液漏斗中分离。在这种情况下,应该避免急剧的振荡。如果已形成乳浊液,且一时又不易分层,则可用以下几种方法破乳:① 加入食盐,使溶液饱和,减低乳浊液的稳定性;② 加入几滴醇类溶剂(乙醇、异丙醇、丁醇或辛醇)以破坏乳化;③ 若因溶液碱性而产生乳化,常可加入少量稀硫酸破除乳状液;④ 通过离心机离心或抽滤以破坏乳化;⑤ 在一般情况下,长时间静置分液漏斗,可达到乳浊液分层的目的。

[3] 分离液层时,下层液体应经活塞放出,上层液体应从上口倒出。如果上层液体也经活塞放出,则漏斗活塞下面颈部所附着的残液就会把上层液体污染。在萃取或洗涤时,从分液漏斗所分出的拟弃的液体可收集在锥形瓶中保留到实验完毕,一旦发现取错液层,尚可及时纠正。否则如果操作发生错误,便无法补救。

[4] 液体分层后应正确判断萃取相和萃余相,一般根据两相的密度来确定,密度大的在下层,密度小的在上层。如果一时判断不清,可取少量下层液体置一小试管中,用滴管轻轻滴入几滴水后观察是否互溶。若互溶则分液漏斗的下层是水相,否则为有机相。

五、思考题

(1) 什么是萃取? 什么是洗涤? 指出两者的异同点。

(2) 使用分液漏斗前必须检查哪些项目? 分液漏斗用完后又应怎样处理?

(3) 振荡过激,乳化后如何破乳?

(4) 如何判断水层和有机层的位置? 这两种液体应如何放出才合适?

(5) 从分液漏斗下端放出液体时为何不要流得太快? 当界面接近旋塞时,为什么要将旋塞关闭,静止片刻后再进行分离?

(6) 在 100 mL 水中溶有 5.0 g 有机化合物,用 50 mL 乙醚萃取,计算用 50 mL 一次萃取和分两次萃取后有机物在水中的残余量分别是多少?(设分配系数为乙醚∶水＝3)

实验 7　简 单 蒸 馏

一、实验目的

(1) 学习简单蒸馏的原理及其意义。

(2) 掌握简单蒸馏的实验操作技术。

(3) 熟悉常量法测定沸点的方法。

二、实验原理

当液态有机物受热时,蒸气压增大,待蒸气压达到大气压或所给定的压力时,即 $p_蒸 =$

$p_{外}$,液体沸腾时的温度称为液体的沸点(boiling point)。

蒸馏(distillation)就是将液态物质加热到沸腾变为蒸气,又将蒸气冷凝为液体这两个过程的联合操作。在常压下进行的蒸馏为常压蒸馏,又称简单蒸馏。本节主要讨论简单蒸馏。

1. 用途

(1) 如果将某液体混合物(内含两种或两种以上的物质,它们的沸点相差较大,达30℃以上)进行蒸馏,那么沸点较低者先蒸出,沸点较高者后蒸出,不挥发的组分留在蒸馏瓶内,这样就可以达到分离和提纯的目的。如回收溶剂、浓缩溶液等。

(2) 测出某纯液态物质的沸程,如果该物质为未知物,那么根据所测得的沸程数据,对照文献中的物理常数数据,可推测该未知物可能是什么物质。

(3) 纯液态有机物在蒸馏过程中沸点变化范围很小(一般0.5~1.0℃)。根据蒸馏所测定的沸程,可初步判断该液体物质的纯度[1]。

2. 仪器装置

蒸馏装置主要包括气化、冷凝和接收三部分。根据用途,蒸馏装置有多种,见第一章图1-14~图1-17,图1-14是最常用的简单蒸馏装置。对于低沸点、易燃易爆或有毒害液体有机物的蒸馏,则需采用如图2-42所示装置。

(1) 气化部分　液体经过加热成为气体的部分,由热源、圆底烧瓶、蒸馏头和温度计组成。通常选择加热温度均匀的水浴、油浴或电热套作为热源。对于低沸点、易燃易爆或有毒害液体有机物的蒸馏,则必须选择无明火的热浴。圆底烧瓶是蒸馏中最常用的容器,它与蒸馏头的组合习惯上称为蒸馏烧瓶。通常蒸馏液体占所选用烧瓶容积的1/3~2/3为宜。如果装入的液体量过多,当加热到沸腾时,液体可能冲出,或者液体飞沫被蒸气带出,混入馏出液中;如果装入的液体量太少,在蒸馏结束时,会有相对较多的液体残留在瓶内蒸不出来。所选用温度计通过温度计套管或橡皮塞,固定在蒸馏头的上口。温度计水银球上边缘应与蒸馏头侧口的下边缘在同一水平线上,如图2-42中放大图所示,这样蒸馏时温度计的整个水银球刚好被逸出的蒸气所包围,温度计上读数才符合馏出物的沸点。不需要控制温度的蒸馏可用简易蒸馏装置,见第一章图1-15,此装置常用于制备实验中粗产物的蒸馏分离、溶剂的回收和溶液的浓缩。

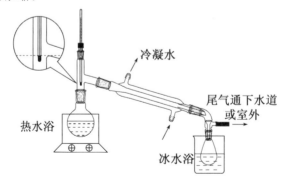

图2-42　低沸点、易燃易爆或有毒害液体有机物的蒸馏装置

(2) 冷凝部分　蒸气通过冷凝管冷凝成液体的部分。蒸馏沸点低于130℃的有机液体时,用直形冷凝管,冷凝水应从夹层的下口进入,上口流出,以保证冷凝管夹层中充满水以及蒸气的逐步冷却。若蒸馏液体沸点高于130℃,应改换空气冷凝管,如仍采用水冷凝管则容易破裂。

（3）接收部分　通过接引管和接收瓶收集冷凝液的部分。接收瓶宜用锥形瓶或圆底烧瓶等细口仪器,不可用烧杯等广口仪器,以减少挥发损失和着火危险。如蒸馏挥发性大的液体如乙醚、丙酮、苯等,则用带有侧管的真空接引管,连上带有磨口的锥形瓶或圆底烧瓶,接引管侧管连一橡皮管通入水槽或室外,如蒸馏系统需严格无水,则应在支管后加置干燥管。当室温较高时,可将接收瓶放在冰水浴中冷却。

3. 操作规程

（1）搭配装置　装置的安装顺序一般是先从热源开始,按照从下到上、从左到右（或从右到左,相邻的蒸馏装置距离较近时,为安全起见,采用"头靠头、尾靠尾"）的顺序。由热源调整好高度后,圆底烧瓶用烧瓶夹通过十字夹固定在铁架台上。安装烧瓶时应先用一只手捏紧烧瓶夹,使烧瓶夹正好握在瓶口扩口的下方,然后用另一只手拧紧旋钮,这样才能保证力度适中。十字夹的开口朝上,烧瓶的重心落在铁架台底盘的中心位置。装上蒸馏头和温度计。在另一个铁架台上安装冷凝管,用冷凝管夹（注意区分烧瓶夹）夹住其中上部,使冷凝管的中心线和圆底烧瓶上蒸馏头支管的中心线成一直线,移动冷凝管,使其与蒸馏头支管紧密相连,塞紧后再固定好冷凝管。最后依次接上接引管和接收瓶。整个装置要求准确、端正,无论从正面或侧面观察,全套仪器中各个仪器的轴线都要在同一平面内,且整套装置应位于台面中央并与实验台前沿平行。蒸馏装置绝不能成封闭系统,必须连通大气。否则将会使系统内压力增大,温度升高,引起液体冲出造成火灾或发生爆炸事故。

（2）加料　取下温度计,在蒸馏头上口放一长颈漏斗,注意长颈漏斗下口处的斜面应低于蒸馏头支管,慢慢地将液体倒入圆底烧瓶中。加入2~3粒沸石[2]。塞好温度计,再一次检查仪器的各部分连接是否紧密。

（3）加热　开通冷凝水后,采用适当方式加热。热源温度往往高出液体沸点20℃左右,以控制馏出液的速度每秒1~2滴为宜。整个过程中,应使温度计水银球上带有被冷凝的液滴[3],此时的温度即为液体与蒸气平衡时的温度,温度计的读数就是馏出液的沸点。

（4）收集馏分　进行蒸馏时至少要准备两个接收瓶,因为在达到需要物质的沸点之前,常有沸点较低的液体先蒸出,这部分馏出液称为"前馏分"。前馏分蒸完,温度上升趋于稳定后,蒸出的就是较纯的物质即"馏分",这时应更换一只洁净干燥的接收瓶接收。记下这部分液体开始馏出时和最后一滴馏出时的温度读数,测得的温度区间即是该馏分的沸程。一般液体中或多或少含有一些高沸点的杂质,在所需要的馏分蒸出后,若再继续升高加热温度,温度计读数会显著升高;若维持原来加热温度,就不会再有馏出液蒸出,温度会突然下降,这时就应停止蒸馏。即使杂质含量极少,也不要蒸干,以免圆底烧瓶破裂及其他意外事故的发生。

（5）停止蒸馏　蒸馏完毕,应先停止加热,待稍冷后馏出物不再继续流出时,取下接收瓶保存好产物。关掉冷凝水,再按与装配仪器相反的顺序拆除仪器,并清洗干净。

三、仪器与试剂

操作视频

1. 仪器

电热套、圆底烧瓶（100 mL）、蒸馏头、温度计套管、温度计（100℃）、直形冷凝管、真空接引管、锥形瓶、量筒、三角漏斗、橡皮管。

2．试剂

无水乙醇。

四、实验步骤

在 100 mL 圆底烧瓶中加入 40 mL 无水乙醇和 2 粒沸石，按图 2－42 搭配蒸馏装置（改用电热套作为热源），开通冷却水，加热，当蒸气到达水银球周围时，温度计读数迅速上升。记录第一滴馏出液滴入接收器时的温度，调整加热温度控制馏出速度为 1～2 滴/秒。分别记录馏出液第 1 滴、5 mL、10 mL、15 mL、20 mL、25 mL、30 mL、35 mL 时的体积与具体温度读数。用坐标纸以馏出液体积为横坐标，温度为纵坐标画出蒸馏曲线图。

本实验约需 3 h。

【注释】

［1］具有固定沸点的液体不一定都是纯粹的化合物，因为某些有机化合物与其他物质按一定比例组成的混合物也有一定的沸点，它们的液体组分与饱和蒸汽的成分一样，这种混合物称为共沸混合物或恒沸物，共沸物的沸点低于或高于混合物中任何一个组分的沸点，这种沸点称为共沸点。例如，乙醇-水的共沸组成为乙醇 95.6％（体积分数）、水 4.4％，共沸点 78.17℃。共沸混合物不能用蒸馏法分离。应注意水能与多种物质形成共沸物，所以，化合物在蒸馏前，必须仔细地用干燥剂除水。本书附录中有一些常见的共沸混合物，有关共沸混合物更全面的数据可从化学手册中查到。

［2］有时液体加热达到沸点时并不产生沸腾，这种现象称为"过热"，一旦有一个气泡形成，由于液体在此温度时的蒸气压已远远超过大气压和液柱压力之和，因此上升的气泡增大得非常快，甚至将液体冲出瓶外，这种不正常沸腾称为"暴沸"。为了消除在蒸馏过程中的暴沸现象，常加入沸石（素烧瓷片），或一端封口的毛细管，以引入汽化中心，产生平稳沸腾。沸石又称"止暴剂"或"助沸剂"。当加热后发现未加沸石时，千万不能匆忙地投入沸石，因为当液体在过热或接近沸点时投入沸石，会引起猛烈的暴沸，液体易冲出瓶口，若是易燃的液体，将会引起火灾。所以，在补加沸石时，应移走热源，使液体冷却至沸点以下后才能加入。若沸腾中途停止过，后来需要继续蒸馏，必须在加热前补添新的沸石，因为起初加入的沸石在受热时逐出了部分空气，在冷却时吸进了液体，因而可能已经失效。

［3］如果没有液滴，可能有两种情况：一是温度低于沸点，体系内气-液相没有达到平衡；二是温度过高，出现过热现象，此时，温度已超过沸点。这时应调节热源温度以达到要求。

五、思考题

（1）蒸馏时温度计的位置偏高和偏低，馏出液的速度太慢或太快，对沸点的读数有何影响？

（2）如果蒸馏出的物质易受潮分解、易挥发、易燃或有毒，应该采取什么办法？

（3）蒸馏时为什么要加沸石，如果加热后才发现未加入沸石，应怎样处理？

实验 8   分   馏

一、实验目的

（1）了解分馏的原理及其意义。

（2）掌握实验室分馏的实验操作技术。

二、实验原理

沸点不同但可互溶的液体混合物，通过在分馏柱中多次的汽化－冷凝，从而使低沸点物质与高沸点物质得到分离，这个过程称为分馏（fractional distillation）。简单地说，分馏就是在同一装置中完成的多次蒸馏。

混合物中各组分具有不同的蒸气压，加热沸腾产生的蒸气中，低沸点组分的含量较高。将此蒸气冷凝，则得到低沸点组分含量较多的液体，这就是一次蒸馏。如将得到的液体继续蒸馏，再度产生的蒸气中所含低沸点的组分含量又将增加。如此多次蒸馏，最终就将沸点不同的两组分离。但应用这样反复多次的简单蒸馏，不仅操作繁琐，又浪费时间、能源。因此，通常采用分馏来进行分离。与简单蒸馏的不同之处是在装置上多一个分馏柱。

当混合物蒸气进入分馏柱中时，因为高沸点组分易被冷凝，所以冷凝液中就含有较多的高沸点组分，故上升的蒸气中低沸点组分就会进一步相对地增多，通过多次的冷凝，在分馏柱顶部出来的蒸气就越接近于纯低沸点组分。此外，含较多高沸点组分的冷凝液在分馏柱中并不是全部直接回流到烧瓶底部，在回流途中，遇到上升的蒸气时，二者之间进行热交换，使冷凝液中低沸点组分再次受热汽化，高沸点物质仍呈液态回流，越是在分馏柱底部，冷凝液中高沸点组分的含量就越多，直至回流到烧瓶中。所以，在分馏柱中，混合物通过多次气-液平衡的热交换产生多次的汽化-冷凝-回流-汽化的过程，最终使沸点相近的两组分得到较好的分离。

简言之，分馏柱的作用就是使高沸点组分回流，低沸点组分得到蒸馏的仪器装置[1]。分馏的用途就是分离沸点相近的多组分液体混合物[2]。影响分离效率的因素[3]除混合物的本性外，主要在于分馏柱设备装置的精密性以及操作的科学性（回流比）。根据设备条件的不同，分馏可分为简单分馏和精馏。现在用最精密的分馏设备已能将沸点相差1℃～2℃的混合物分开。

实验室中常用的分馏装置与简单蒸馏装置类似，见第一章图1－18。不同之处是在蒸馏烧瓶与蒸馏头之间加了一根分馏柱。

分馏的操作规程也与简单蒸馏相似，见实验七，所不同的是：① 所选热源的温度稳定性要求更高，最好是水浴或油浴；② 控制分馏时蒸出液体的速率为每2～3秒1滴，比简单蒸馏的速率要慢很多；③ 烧瓶、分馏柱及温度计的轴线必须保证竖直；④ 控制适当回流比时要防止液泛现象的发生[4]。

三、仪器与试剂

1. 仪器

水浴锅、电热套、圆底烧瓶（100 mL）、分馏柱、蒸馏头、温度计套管、温度计（100℃）、直形冷凝管、真空接引管、锥形瓶、量筒、三角漏斗、橡皮管。

2. 试剂

无水乙醇、水。

四、实验步骤

在100 mL圆底烧瓶中加入20 mL无水乙醇、20 mL自来水和2粒沸石，按第一章图

1-18 搭配分馏装置,开通冷却水,用水浴加热,当蒸气到达水银球周围时,温度计读数迅速上升。记录第一滴馏出液滴入接收器时的温度,调整加热温度控制馏出速度为每 2～3 秒 1 滴。当馏出速度突然减慢,温度计读数突然下降时,改用电热套进行加热。分别记录馏出物第 1 滴、5 mL、10 mL、15 mL、20 mL、25 mL、30 mL、35 mL 时的体积与具体温度读数。用坐标纸以馏出液体积为横坐标,温度为纵坐标画出分馏曲线图。[5]

本实验约需 3 h。

【注释】

[1] 分馏柱是一根长而垂直、柱身有一定形状的空管,或者管中填以特制的填料。总的目的是要增大液相和气相接触的面积,提高分馏效率。普通有机实验中常用刺形分馏柱,又称韦氏(Vigreux)分馏柱,它是一根分馏管,中间一段每隔一定距离向内伸入三根向下倾斜刺状物,在柱中相交,每堆刺状物间排列成螺旋状。在需要更好的分馏效果时,要用填料柱,即在一根玻璃管内填上惰性材料,如环形、螺旋形、马鞍形等各种形状的玻璃、陶瓷或金属小片。

[2] 能形成共沸混合物的液体,不能通过分馏完全分离。比如,乙醇-水的共沸组成为乙醇 95.6%(体积分数)、水 4.4%,共沸点 78.17 ℃,通过分馏乙醇水溶液,只能得到 95.6% 的乙醇。

[3] 影响分馏效率的因素

① 理论塔板:分馏柱效率是用理论塔板来衡量的。分馏柱中的混合物,经过一次气化和冷凝的热力学平衡过程,相当于一次普通蒸馏所达到的理论分离效率,当分馏柱达到这一分离效率时,分馏柱就具有一块理论塔板。柱的理论塔板数越多,分离效果越好。不同的分馏柱理论板层高度不同,在高度相同的分馏柱中,理论板层高度越小,则柱的分离效率越高。

② 回流比:在单位时间内,由柱顶冷凝返回柱中液体的量与蒸出物量之比称为回流比,若全回流中每 10 滴收集 1 滴馏出液,则回流比为 9：1。增加回流比可以提高混合物的分离效率,对于非常精密的分馏,使用高效率的分馏柱,回流比可达 100：1。回流比的大小根据物系和操作情况而定,一般回流比控制在 4：1。

③ 柱的保温:对分馏来说,在柱内保持一定的温度梯度是极为重要的。在理想情况下,柱底的温度与蒸馏瓶内液体沸腾时的温度接近。柱内自下而上温度不断降低,直至柱顶温度接近易挥发组分的沸点。一般情况下,柱内温度梯度的保持可以通过适当的保温、调节馏出液速度来实现,若加热速度快,蒸出速度也快,会使柱内温度梯度变小,影响分离的效果。

④ 填料:为了提高分馏柱的分馏效率,在分馏柱内装入具有大表面积的填料,填料之间应保留一定的空隙,要遵守适当紧密且均匀的原则,这样就可以增加回流液体和上升蒸气的接触机会。填料有玻璃(玻璃珠、短段玻璃管)或金属(金属环、金属片等),玻璃的优点是不会与有机化合物起反应,而金属则可与卤代烷之类的化合物起反应。

[4] 回流液体在柱内聚集称为液泛。在分馏过程中,不论是用哪种分馏柱,都应防止液泛,否则会减少液体和蒸气的接触面积,或者使上升的蒸气将液体冲入冷凝管中,达不到分馏的目的。为了避免这种情况的发生,需在分馏柱外面包一定厚度的保温材料,以保证柱内具有一定的温度梯度,防止蒸气在柱内冷凝太快。当使用填充柱时,往往由于填料装得太紧或不均匀,造成柱内液体聚集,这时需要重新装柱。

[5] 若改用简单蒸馏装置来完成乙醇-水的蒸馏操作,同样用坐标纸做出蒸馏曲线图,比较二者的差别。

五、思考题

(1) 分馏与简单蒸馏在原理、装置和用途上有何区别?

(2) 影响分馏分离效率的因素有哪些?

（3）分馏时若加热太快,分离的效率会显著下降,为什么?

（4）分馏乙醇-水溶液时,加热一段时间后,发现温度计读数下降,说明什么问题? 为什么?

（5）如何用分馏曲线和蒸馏曲线比较分馏与蒸馏的分离效率?

实验 9　减 压 蒸 馏

一、实验目的

（1）学习减压蒸馏的原理及其意义。

（2）掌握减压蒸馏的实验操作技术。

二、实验原理

　　液体的沸点是指它的蒸气压等于外界压力时的温度,所以液体的沸点是随外界压力的变化而变化的。如果借助于真空泵降低系统内的压力即可降低液体的沸点,这种在较低压力下进行蒸馏的操作称为减压蒸馏(vacuum distillation)。当压力降低到 1.3 kPa～2.0 kPa (10～15 mmHg)时,许多有机化合物的沸点可以比其常压下的沸点降低 100～120℃,压力每相差 1 mmHg,沸点相差约 1℃。液体在常压、减压下的沸点近似关系可根据图 2-43 所示的经验曲线而得[1]。

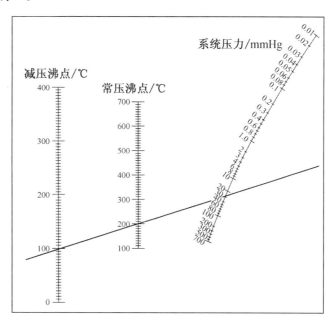

图 2-43　液体在常压下和减压下的沸点近似关系图(1 mmHg＝133.3 Pa)

　　1. 用途

　　分离提纯沸点较高或高温时不稳定(分解、氧化或聚合)的液体及一些低熔点固体有机化合物。

　　2. 仪器装置

　　常用的减压蒸馏装置见第一章图 1-19,整个装置可分为蒸馏、保护及测压、抽气(减压)三大部分。

（1）蒸馏部分　由热源（水浴或油浴）、圆底烧瓶（量少时可选用梨形烧瓶）、克氏蒸馏头、减压毛细管、温度计、冷凝管（冷凝管的选用同实验七简单蒸馏，低熔点固体和高沸点液体减压后的沸点仍高于 150℃时，可不用冷凝管）、真空接引管（若要收集不同馏分而又不中断蒸馏，则可采用三叉燕尾管）以及接收瓶等组成。与常压蒸馏装置不同的是，蒸馏烧瓶和接收瓶均不能使用不耐压的平底仪器（锥形瓶、平底烧瓶等）和薄壁或有破损的仪器，以防装置内处于真空状态时外部压力过大而引起爆炸。另一不同点是，减压蒸馏装置的圆底烧瓶上连接克氏蒸馏头（双颈，两个瓶口），前面的颈口中插入减压毛细管，后面带支口的颈口插入温度计（位置同常压蒸馏），这样的设计可避免液体暴沸时直接冲入冷凝管。减压毛细管为一根末端拉成毛细管的玻璃管，其长度恰好使下端距离圆底烧瓶瓶底 1～2 mm，下端毛细管口要很细，使极少量的空气进入液体呈微小气泡冒出，作为液体沸腾的气化中心，使蒸馏平稳进行。减压毛细管的上端接一段带有螺旋夹的耐压橡皮管，螺旋夹可以调节进入的空气量。如果要蒸馏的物质在高温下易被空气中的氧气氧化，就在减压毛细管的上端连一氮气包，通过调节螺旋夹通入微量的氮气。对真空度要求不高的情况下，也可用电磁搅拌来代替毛细管，起一定的止暴作用。

（2）保护及测压装置部分　对真空度要求较高时需用油泵进行减压，为了防止易挥发的有机溶剂、酸性物质或水汽进入油泵，除具有安全瓶、测压计外，还必须在馏出液接收器与油泵之间顺次安装冷却阱和几个吸收塔（见第一章图 1-38），以免污染油泵用油，腐蚀机件使真空度降低。对真空度要求不高的情况下，可使用循环水真空泵抽真空，此时不必设置保护体系。

① 安全瓶　置于在冷却阱前，瓶上配有二通活塞以调节系统内的压力和放空。

② 冷却阱　置于盛有冷却剂的广口保温瓶中。其作用是减压蒸馏时使低沸点有机溶剂或水蒸气冷凝下来，防止进入油泵。

③ 水银压力计　实验室通常用水银压力计来测量减压系统的压力。一般采用开口式 U 形压力计或一端封闭的 U 形压力计[2]。

④ 吸收塔　常用三个，第一个装无水氯化钙（或硅胶）吸收水汽，第二个装粒状氢氧化钠吸收酸性气体，第三个装石蜡片（或活性炭）吸除烃类气体。如蒸馏物质中含有较多的挥发性物质，一般先用水泵减压蒸馏，然后改用油泵减压蒸馏，以减轻吸收塔的工作负荷[3]。

（3）抽气（减压）部分（见第一章 1.4 实验室常用仪器设备知识-真空泵部分）

3．操作规程

（1）安装仪器　减压蒸馏需要装配的主要是蒸馏部分的装置，并使之与减压系统相连接，而减压装置一般在实验前已安装与调试完毕，在实验中不再拆装，除非突然出现故障，急需排除。装置的搭配规程同实验七，所不同的是，在磨口仪器连接时，口塞上涂少量真空脂（转动仪器使磨口连接处呈透明状即可）以增强气密性，同时防止仪器经高温再降温后黏结，难以拆卸。

（2）检查气密性　仪器安装完毕，在开始蒸馏之前，必须先检查装置的气密性。先用螺旋夹把套在减压毛细管上端的橡皮管完全夹紧，打开安全瓶和压力计上的活塞，然后开动泵。逐渐关闭安全瓶上活塞，待压力稳定后，观察压力计上的读数是否达到所要求的真空度。如果达不到所需的真空度，可检查各部分塞子、橡皮管等处的连接是否紧密、不漏气等，直到真空度符合要求。然后慢慢旋开安全瓶上的活塞,放入空气,直到内外压力平衡。

（3）加料　用漏斗从克氏蒸馏头的一上口向烧瓶内加入其容量 1/3～1/2（不能超过 1/2）的蒸馏物。关闭安全瓶活塞再次开动减压泵,调节螺旋夹,控制减压毛细管的进气量,使蒸馏瓶内液体中有连续平稳的小气泡逸出,并保证瓶内真空度符合要求。

（4）加热蒸馏收集馏分　待体系内压力平衡后,开通冷凝水,用水浴或油浴（温度易于恒定）加热升温,调节浴温比烧瓶内的液体的沸点高约 20℃ 并保持馏出液流出的速度为每秒 1～2 滴。根据不同沸程收集前馏分、馏分（转动三叉燕尾管分别收集）,并记下相应的压力和沸点。蒸馏过程中,应严密关注压力与温度的变化。

（5）停止蒸馏　蒸馏完毕,或者在蒸馏过程中需要中断时,应先移去热源,稍冷后缓缓松开毛细管上螺旋夹,再慢慢地打开安全瓶上活塞使体系与大气相通。这一操作应特别小心,一定要慢慢地旋开活塞,使压力计中的水银柱慢慢地回复到原状,如果引入空气太快,水银柱会很快地上升,有冲破压力计玻璃管的危险。待内外压力平衡后,方可关闭真空泵及压力计的活塞,最后再拆除仪器。

在有机化学实验中,常常需要使用大量的有机溶剂,而浓缩溶液或回收溶剂是一项繁琐而又耗时的工作,此外,长时间加热,可能会造成化合物的分解。这时可以使用旋转蒸发仪来进行减压蒸馏,回收或浓缩溶剂,提高工作效率。旋转蒸发仪的使用见第一章 1.4 实验室常用仪器设备知识-旋转蒸发仪部分。

三、仪器与试剂

1. 仪器

油浴锅、圆底或梨形烧瓶（50 mL）、克氏蒸馏头、减压毛细管、温度计套管、温度计（200℃）、直形冷凝管、三叉燕尾管、茄形烧瓶、量筒、三角漏斗、螺旋夹、真空橡皮管、乳胶管、减压系统（真空泵、安全瓶、气压计、净化塔）。

2. 试剂

真空脂、苯甲醛[4]。

四、实验步骤

由于苯甲醛在实验室久置后会产生氧化后的杂质苯甲酸,所以使用前往往需要提纯。但由于其沸点较高,178℃,在常压蒸馏时更易被空气中的氧气氧化成苯甲酸,故必须通过减压蒸馏进行提纯。实验步骤如下:

按第一章图 1-19 所示,取 50 mL 圆底烧瓶,安装减压蒸馏装置。旋紧螺旋夹,开动真空泵,逐渐关闭安全瓶上的二通活塞,调试压力使其稳定在 10 mmHg 以下。开通安全瓶上的二通活塞,徐徐放入空气,待压力与大气平衡后,关闭真空泵。

取 20 mL 苯甲醛,加入蒸馏烧瓶,检查各仪器接口处的严密性后开动真空泵,使压力稳定在 10 mmHg 以下。调节螺旋夹,控制减压毛细管的进气量,使蒸馏烧瓶内的液体中有连续平稳的小气泡逸出。待气压计稳定后读数,由图 2-43 估算出此外压下苯甲醛的沸点,比如,如果此时气压计的读数为 10 mmHg,估算出此时苯甲醛的沸点为 62℃ 左右,此时可选择水浴加热（高出沸点 20～30℃）,收集沸程为 60～63℃ 左右（1.33 kPa）的馏分,并记下压力和沸程。收集完大部分馏出液后,停止加热,移开热源,降温后,慢慢松开毛细管上螺旋夹,再慢慢地打开安全瓶上的活塞使体系与大气相通。当压力计中的水银柱慢慢地回复到原状后,关闭真空泵,并按顺序拆卸减压蒸馏装置。

本实验约需 3 h。

【注释】

[1] 例如,一化合物常压时沸点 200℃,欲减压至 4.0 kPa (30 mmHg),它相应的沸点应是多少?我们可以先在图 2-43 中间的直线上找出其常压时的沸点 200℃,然后将此点与右边直线上 30 mmHg 处的点连接成一直线,延长此直线与左边的直线相交,交点 100℃ 即表示该物质在 4.0 kPa(30 mmHg)时的近似沸点。利用此图也可以反过来估计减压下的沸点和减压时要求的压力。

[2] 封闭式水银压力计(见图 2-44)测量压力的方法是:压力计中两水银液面高度之差即为蒸馏系统中的真空度。读数时,把刻度标尺的 0 点对准 U 形压力计右边水银柱的顶端,可直接从刻度标尺上读出系统内的实际压力。封闭式压力计比较轻巧,但常常因残留空气,以致读数不够准确,常需要用开口式压力计来校正。为了维护水银压力计 U 形管不让水或其他脏物进入,在蒸馏过程中,待系统内的压力稳定后,可关闭压力计的旋塞,使之与减压系统隔绝。当需要观察压力时临时开启旋塞,记下压力计读数,再关闭旋塞。

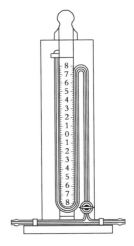

图 2-44　封闭式水银压力计

[3] 吸收塔的有效工作时间是有限的,应适时定期更换装填物。装填物吸附饱和后,不能起到保护真空泵的作用,还会阻塞气体通道,使真空度下降。如长期不更换,则会胀裂玻璃塔身(如装氯化钙的塔);或者使玻璃瓶塞与塔身黏合,不能开启而报废(如装碱性填充物的塔)。所以要经常观察吸收塔内装填物的形态,是否有潮湿状等,及时更换装填物,以保证真空泵有良好的工作性能。

[4] 待减压蒸馏的试剂可以选择合成实验室中用到的原料,而这些原料在使用前往往需要进一步的提纯,如苯甲醛、呋喃甲醛、苯胺、乙酸酐、乙酰乙酸乙酯等。

五、思考题

(1) 什么情况下需要采用减压蒸馏?

(2) 在进行减压蒸馏时,为什么必须用水浴或油浴加热?

(3) 使用油泵减压时,需有哪些吸收和保护装置?其作用是什么?

(4) 减压蒸馏过程中,如何防止液体加热暴沸?为何不能使用沸石?

(5) 为什么进行减压蒸馏时须先抽成真空后才能加热?

(6) 当减压蒸馏需要结束时,应如何停止蒸馏?为何放空后才能关泵?

实验 10　水蒸气蒸馏

一、实验目的

(1) 学习水蒸气蒸馏的原理及其意义。

(2) 掌握水蒸气蒸馏的实验操作技术。

二、实验原理

互不混溶的挥发性物质的混合物,在一定温度时每一组分(i)都有各自的蒸气压(p_i), p_i的大小与该组分单独存在时一样,与其他组分是否存在及其存在量的多少无关,就是说混合物的每一组分是独立蒸发的。当有机化合物(与水不互溶)和水一起加热时,根据道尔顿(Dalton)分压定律,液面上的总蒸气压等于各组分蒸气压之和,即

$$p_总 = p_水 + p_A + p_B + \cdots$$

当$p_总$等于外界大气压时,液体开始沸腾,此时的温度即为混合物的沸点。此沸点必定较任一组分的沸点低。这样,在常压下应用水蒸气蒸馏(steam distillation)就能在低于100℃的情况下将高沸点的有机化合物与水一起蒸馏出来。

由理想气体状态方程可知,蒸馏液中各组分的气体分压(p_A,p_B)之比等于它们的物质的量之比(n_A,n_B 表示组分 A、B 在一定容积的气相中的物质的量)即

$$p_A/p_B = n_A/n_B$$

而 $n_A = m_A/M_A$,$n_B = m_B/M_B$。其中 m_A、m_B 为各物质的质量;M_A、M_B 为其摩尔质量。因此

$$\frac{m_A}{m_B} = \frac{M_A \cdot n_A}{M_B \cdot n_B} = \frac{M_A \cdot P_A}{M_B \cdot P_B}$$

可见,这两种物质在馏液中的相对质量(即它们在蒸气中的相对质量)与它们的蒸气压、摩尔质量成正比。

如:1 atm 下,苯甲醛(沸点 178℃)进行水蒸气蒸馏时,在 97.9℃时沸腾,即

$$p_水 + p_{苯甲醛} = p_外$$ 时液体开始沸腾,蒸气的组成为:

$$\frac{m_{苯甲醛}}{m_水} = \frac{M_{苯甲醛} \times P_{苯甲醛}}{M_水 \times P_水}$$

此时,$p_水 = 93.8\ kPa$,$p_{苯甲醛} = 7.5\ kPa$,$M_水 = 18\ g/mol$,$M_{苯甲醛} = 106\ g/mol$,则

$$\frac{m_{苯甲醛}}{m_水} = \frac{106 \times 7.5}{18 \times 93.8} = \frac{10}{21.2}$$

即每蒸出 21.2 g 水能够带出 10 g 苯甲醛。苯甲醛在馏出液中的质量百分含量为 32.1%。实验中蒸出的水量往往超过计算值,这是因为苯甲醛微溶于水,实验中尚有一部分水蒸气来不及与苯甲醛充分接触便离开蒸馏烧瓶的缘故。所以,水蒸气蒸馏操作过程中要尽量保证水蒸气与被蒸馏物间的充分接触。此外,为了要使馏出液中被蒸馏物的含量增高,就要想办法提高此物质的蒸气压,也就是说要提高温度,如使蒸气的温度超过 100℃,即要用过热水蒸气蒸馏。例如进行苯甲醛水蒸气蒸馏时,假如导入 133℃的过热蒸气,苯甲醛的蒸气压可达29.3 kPa,因而只要有 72 kPa 的水蒸气压,就可使体系沸腾,则

$$\frac{m_{苯甲醛}}{m_水} = \frac{106 \times 29.3}{18 \times 72} = \frac{100}{41.7}$$

这样馏出液中苯甲醛的含量就可提高到 70.6%。应用过热水蒸气还具有使水蒸气冷凝少的优点,为了防止过热蒸气冷凝,可在蒸馏瓶下保温,甚至加热。

从上面的分析可以看出,水蒸气蒸馏有以下一些特点。

1. 用途[1]

分离提纯液体或固态化合物的一种方法,适用于下列情况:① 高沸点化合物常压蒸馏分离时易被破坏,或存在安全隐患;② 液体化合物中混有固体(比如树脂状)或不挥发性杂

质,用其他蒸馏或萃取等方法难于分离;③ 从较多的固体反应混合物中分离出被吸附的液体或除去挥发性的有机杂质。

2. 水蒸气蒸馏应符合的条件

① 被提纯物难溶于水;② 共沸情况下与水不发生反应;③ 在 100℃ 左右有一定的蒸气压(一般不小于 1.33 kPa)。

3. 仪器装置

实验室有两种水蒸气蒸馏法。第一种方法是使用从水蒸气管道中引来的外部水蒸气,使其通入盛有化合物的烧瓶内(外蒸气法);第二种方法则是将化合物和水盛于同一烧瓶中进行加热,借以就地产生水蒸气(内蒸气法),也叫直接法。直接法操作简便,但只适用于挥发性大和数量较少的物料,特别是无固体存在的混合物的蒸馏。这里主要介绍外蒸气法水蒸气蒸馏装置及操作规程。

外蒸气法水蒸气蒸馏的两种常用装置见第一章图 1-20,包括水蒸气发生器、蒸馏部分、冷凝和接受部分。与简单蒸馏装置的不同之处就是多了水蒸气发生器以及与蒸馏部分的连接装置。

水蒸气发生器一般用金属制成,如图 2-45 所示,器内盛水约占其容积的 2/3,不宜超过 3/4,可从侧面的玻璃水位管察看容器内的水平面,由于金属传热快,可提高蒸气发生的效率。但在蒸馏量不大的情况下,实验室常用体积较大的三口烧瓶代替水蒸气发生器(见图 1-20)。任何水蒸气发生器都要安装一支插入接近瓶底的玻璃管(长约 0.5 m,直径约 5 mm)作为安全管[2]。从水蒸气发生器的侧口接一导出管(内径 6~8 mm),与 T 形管相连[3]。T 形管的支管朝下并套上一短橡皮管,橡皮管用螺旋夹夹住。T 形管的另一端与蒸馏部分的导入管相连。

图 2-45　金属制的水蒸气发生器

蒸馏部分、冷凝和接受部分的仪器装置同简单蒸馏装置,不同之处是通过蒸气导入管使蒸馏部分与水蒸气发生器相连。蒸气导入管要正对烧瓶底中央,距瓶约 3~5 mm,以保证水蒸气与被提纯物的充分接触。

4. 操作规程

(1) 安装仪器　按由下而上,从头至尾的顺序搭配仪器装置。仪器的高度由热源决定。水蒸气发生器可选择功率稍大的电炉加热,为防止蒸馏部分烧瓶内水蒸气冷凝液的不断增多,同时也为了提高蒸馏的速度,蒸馏部分的烧瓶下常常也配备一辅助热源。值得注意的是,水蒸气发生器与蒸馏部分之间的导管应尽可能短,以减少水蒸气的冷凝。T 形管摆放要水平,T 形管前蒸气导管的高度不得低于 T 形管后蒸气导管的高度,避免蒸气冷凝液在管中形成堵塞。

(2) 加料　在水蒸气发生器中,加入约 2/3 容量的水和数粒沸石。把要蒸馏的物质加入蒸馏烧瓶中,其量不超过烧瓶容量的 1/3。

(3) 加热　松开 T 形管上的弹簧夹,加热水蒸气发生器,当有水蒸气从 T 形管的支管冒出时,开启冷凝水,再夹紧弹簧夹,让水蒸气通入蒸馏烧瓶中,进行水蒸气蒸馏。控制加热速度,使馏出液的速度每秒约 2~3 滴,同时平衡蒸馏烧瓶内的进气速度与馏出速度,如由于水蒸气的冷凝而使烧瓶内液体量增加时,需将烧瓶置石棉网上用酒精灯加热或选择其他加热方式进行辅助加热。

（4）停止蒸馏　待馏出液变得清澈透明，没有油滴时，便可停止蒸馏，这时必须先旋开螺旋夹，使系统与大气相通，然后移开热源，以免发生倒吸现象。稍冷后关闭冷却水，取下接收瓶，按与装配时相反的顺序，拆卸装置，清洗与干燥玻璃仪器。

（5）收集纯品　如果被蒸出的是所需要的产物，则固体可用抽滤回收，液体可用分液漏斗分离回收，并经进一步精制后可得纯品。

三、仪器与试剂

1. 仪器

电炉、水蒸气发生器或三口烧瓶（250 mL）、圆底烧瓶或三口烧瓶（100 mL）、T 形管螺旋夹蒸馏头、螺帽接头、空心塞、直形冷凝管、接引管、锥形瓶（250 mL）、量筒、三角漏斗玻璃导管、橡皮管、分液漏斗。

2. 试剂

八角或薄荷末或橙皮、乙醚、氯化钠、无水硫酸镁。

四、实验步骤

1. 橙皮中柠檬烯的提取

见实验 51。

2. 薄荷油的提取

在水蒸气发生器中加 2/3～3/4 的水，数粒沸石，在蒸馏烧瓶中加入 10 g 干薄荷末和约 20 mL 热水，然后按第一章图 1-20 安装仪器，打开螺旋夹，开启冷凝水，加热水蒸气发生器至沸腾。

当有水蒸气从 T 形管的支管冲出时，旋紧螺旋夹，让蒸气进入烧瓶中，控制馏出液速度在每秒 2～3 滴，如速度太慢，可对蒸馏烧瓶进行辅助加热。调节冷凝水，防止在冷凝管中有固体析出，使馏分保持液态。如果已有固体析出，可暂时停止通冷凝水，必要时可将冷凝水放掉，以使物质熔融后随热馏出液流入接收器中。必须注意：当重新通入冷凝水时，要小心而缓慢，以免冷凝管因骤冷而破裂。

当馏出液澄清透明不再含有有机物油滴时（在通冷却水的情况下），可停止蒸馏。先打开螺旋夹，通大气，然后停止加热。在馏出液中加入适量氯化钠至饱和，然后转移入分液漏斗中，每次加乙醚 10 mL 萃取两次，合并萃取液，加适量无水硫酸镁干燥，振摇、静置、过滤，滤液转移到圆底烧瓶中，用旋转蒸发仪蒸去乙醚即得薄荷油。

本实验约需 4～6 h。

3. 八角茴香油的提取

取市售八角 5 g，用研钵捣碎，放入蒸馏烧瓶中，按实验 2 的操作方法进行水蒸气蒸馏，得八角茴香油。

【注释】

[1] 工业上常用水蒸气蒸馏的方法从植物组织中获取挥发性成分。这些挥发性成分的混合物统称香精油，大都具有令人愉快的香味。从柠檬、橙子和柚子等水果的果皮中提取的香精油 90% 以上是柠檬烯。

它是一种单环萜,分子中有一个手性中心。其 S-($-$)-异构体存在于松针油、薄荷油中;R-($+$)-异构体存在于柠檬油、橙皮油中;外消旋体存在于香茅油中。

用水蒸气蒸馏还可分离具有特殊结构的有机化合物,例如,许多邻位二取代苯的衍生物比相应的间位与对位二取代苯的衍生物随水蒸气挥发的能力要大,能形成分子内氢键的化合物如邻氨基苯甲酸、邻硝基苯甲醛、邻硝基苯酚等都可随水蒸气蒸发,而对氨基苯甲酸、对硝基苯甲醛、对硝基苯酚等不能形成分子内氢键,只能形成分子间氢键,故随水蒸气蒸发的能力很弱,据此用水蒸气蒸馏的方法可将邻位产物与对位产物分开。

〔2〕安全管的作用是:① 可以观察到整个水蒸气蒸馏系统是否畅通。若管内液面上升很高,则说明蒸馏系统不畅通,有某一部分阻塞了,这时应立即旋开螺旋夹,移去热源,拆开装置进行检查(一般多数是水蒸气导入管下端被树脂状或焦油状物质堵塞)和处理。否则,就有可能发生塞子冲出、液体飞溅的危险;② 当水蒸气发生器内温度下降而造成负压时,大气会通过安全管进入水蒸气发生器,以保持体系内外压的平衡,避免蒸馏部分的液体通过蒸气导管倒吸至水蒸气发生器内。

〔3〕T 形管的作用是:① 用来除去水蒸气中冷凝下来的水;② 在操作发生不正常的情况(如导气管堵塞或产生暴沸)时,可旋开螺旋夹使水蒸气发生器与大气相通。

五、思考题

(1)水蒸气蒸馏具有哪些用途,但又必须符合哪些条件?

(2)安全管与 T 形管各有何作用?

(3)蒸馏部分,蒸气导入管的末端为什么要插入到接近于容器的底部?什么情况下要辅助加热?

(4)如何判断水蒸气蒸馏可以结束?

(5)水蒸气蒸馏结束时,为何要先打开螺旋夹?

(6)水蒸气发生瓶与蒸馏烧瓶中都要加沸石吗?

实验 11 升 华

一、实验目的

(1)学习升华的原理及其意义。

(2)掌握升华的实验操作技术。

二、实验原理

升华(sublimation)是指固态物质在其蒸气压等于外界压力的条件下,不经过液态而直接气化为蒸气,而蒸气又被冷却为固态物质的过程。升华是纯化固体有机化合物的一种方法。利用升华可以除去不挥发性杂质或分离挥发度不同的固态物质,并可得到较高纯度的产物。一般说来,结构上对称性较高的物质具有较高的熔点,且在熔点温度时具有较高的蒸气压(高于 2.66 kPa),易于用升华来提纯。如果操作时间长,产物损失较大,因而在实验室中仅用升华来提纯少量(1~2 g 以下)的固态物质。

物质有三态,固态晶体质点在晶格点中不断进行振动,动能大的质点会脱离晶格表面,进入气相,在密闭的空间,这些进入气相的质点又有部分重新回到晶体表面。当由晶体表面进入气相与从气相重新回到晶体表面的质点数相同时,达到平衡。平衡时由气态质点产生的压力,叫该固体物质的饱和蒸气压,简称蒸气压。将晶体加热,温度上升,蒸气压加大。以温度为横坐标,以蒸气压为纵坐标作图,可得晶体物质的三相平衡图(见图2-46)。通过晶体物质三相平衡图,可以知道控制升华的条件。图2-46中,曲线 ST 表示固相与气相平衡时固体的蒸气压曲线。TW 是液相与气相平衡时液体的蒸气压曲线。TV 表示固相、液相两相平衡时的温度和压力,它指出了压力对熔点的影响。三曲线相交点为三相点 T,在此点,固、液、气三相可同时并存。三相点与物质的熔点(在大气压下固-液两相平衡时的温度)相差很小,常只有几分之一度。

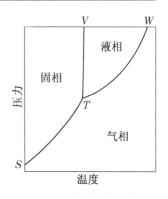

图 2-46　物质三相平衡图

　　在三相点温度以下,物质只有固、气两相。升高温度固相直接转变为气相;降低温度气相直接转变为固相,这就是升华。因此,凡是在三相点以下具有较高蒸气压的固态物质都可以在三相点温度以下进行升华提纯。例如樟脑的三相点温度是 179℃,蒸气压为 49.3 kPa(370 mmHg),只要缓缓加热,使温度维持在 179℃ 以下,它可不经熔化直接气化,蒸气遇到冷的表面即凝成固体,达到纯化的目的,此谓常压升华。

　　有些物质在三相点时平衡蒸气压较低,例如萘在熔点 80℃ 时的蒸气压才 0.93 kPa(7 mmHg),使用一般的升华方法不能得到满意的结果。这时可将萘加热到熔点以上。使其具有较高蒸气压,同时通入空气或惰性气体,以降低萘的分压、加速蒸发,还可避免过热现象。此外,常压下其蒸气压不大或受热易分解的物质常用减压升华的方法进行提纯。

　　1. 常压升华

　　常压下常用的简易升华装置见第一章图 1-23(a)。将待升华的样品干燥、研碎[1]后放入瓷蒸发皿中,上面盖一张刺有许多小孔[2]的滤纸,取一个直径略小于蒸发皿的玻璃漏斗倒置在滤纸上面作为冷凝面,漏斗颈用棉花轻塞,防止蒸气逸出。在石棉网[3]或砂浴上将蒸发皿缓慢加热,或用电热套加热,电压应低于 100 V[4]。待升华样品的蒸气通过滤纸孔上升,冷却后凝结在滤纸上或漏斗的冷凝面上[5]。必要时,漏斗外壁上可以用湿滤纸冷却。升华结束时,先移去热源,稍冷后,小心拿下漏斗,轻轻揭开滤纸,将凝结在滤纸正反两面的晶体刮到干净表面皿上。较大量物质的升华可用第一章图 1-23(b)所示的装置。把待升华的样品放入烧杯内,用通水冷却的圆底烧瓶作为冷凝面,使待升华样品的蒸气在烧瓶底部凝结成晶体并附着在瓶底。

　　2. 减压升华

　　减压升华的装置见第一章图 1-24。把欲升华的物质(升华前要充分干燥、研碎)放在抽滤管内,抽滤管上装有指形冷凝管(也称冷凝指),内通冷却水,并视具体情况用油泵或水泵抽气减压,再用热浴(通常用油浴)加热抽滤管,控制浴温(低于被升华物质的熔点),使其慢慢升华。升华的物质冷凝于冷凝指的外壁上。升华结束后应慢慢使体系接通大气,以免空气突然冲入而把冷凝指上的晶体吹落,取出冷凝指时也要小心轻拿。

三、仪器与试剂

　　1. 仪器

　　玻璃漏斗、瓷蒸发皿、表面皿、石棉网、滤纸、酒精灯、棉花、抽滤管、冷凝指、减压装置。

2. 试剂

萘、樟脑[6]。

四、实验步骤

1. 樟脑的常压升华

称取 0.5 g 粗樟脑,采用第一章图 1-23(a)的常压升华装置进行升华。缓慢加热控温在 179℃以下,数分钟后,可轻轻地取下漏斗,小心翻起滤纸。如发现下面已挂满了樟脑,则可将其移入干燥的样品瓶中,并立即重复上述操作,直到樟脑升华完毕为止,使杂质留在蒸发皿底部。纯樟脑熔点 179℃。

2. 萘的减压升华

称取 0.5 g 粗萘,置于直径 2.5 cm 的抽滤管中,且使萘尽量摊匀,然后按照第一章图 1-24 装一直径为 1.5 cm 的冷凝指,冷凝指内通冷凝水,利用水泵或油泵对抽滤管进行减压。将吸滤管置于 80℃以下水浴中加热,使萘升华,待冷凝指底部挂足升华的萘时,即可慢慢停止减压,小心取下冷凝指,将萘收集到干燥的表面皿中。反复进行上述操作,直到萘升华完毕为止。纯萘熔点 80.6℃。

本实验约需 4～6 h。

【注释】

[1] 升华发生在物质的表面,待升华的样品应该研得很细。被升华物一定要干燥,如有溶剂将会影响升华后固体的凝结。

[2] 刺孔向上,以避免升华上来的物质再落到蒸发皿内。

[3] 可在石棉网上铺一层厚约 1～2 cm 的细砂代替砂浴。

[4] 提高升华温度可以使升华加快,但会使产物晶体变小,产物纯度下降。注意在任何情况下,升华温度均应低于物质的熔点。

[5] 升华面到冷凝面的距离必须尽可能短,以便获得快的升华速度。

[6] 可升华样品还有咖啡碱、龙脑、异龙脑等。

五、思考题

(1) 什么样的物质可以用升华方法进行提纯?

(2) 升华操作的基本原理是什么? 升华温度应控制在什么范围内,为什么?

(3) 升华时蒸发皿上为什么要盖一张带小孔的滤纸,漏斗管上端为何用棉花塞住?

实验 12　薄层色谱

一、实验目的

(1) 学习薄层色谱的原理及其意义。

(2) 掌握薄层色谱的实验操作技术。

二、实验原理

色谱(Chromatography,又称层析)是分离、提纯和鉴定有机化合物的重要方法,其分离原理是利用混合物中各个成分的物理化学性质的差别,当选择某一个条件使各个成分流过支持剂或吸附剂时,各成分可由于其性质的不同而得到分离。色谱法的分离效果远比分馏、重结晶等一般方法好,而且适用于常量、少量或微量物质的处理。近年来,这一方法在化学、生物学、医学中得到了普遍的应用。色谱法可分为吸附色谱、分配色谱、离子交换色谱、凝胶色谱等;根据操作条件的不同,色谱法又可分为柱色谱、薄层色谱、纸色谱、气相色谱及高效液相色谱等类型。前面介绍了气相色谱及高效液相色谱(见本章 2.2 节),本节主要介绍薄层色谱和柱色谱。

薄层色谱(Thin Layer Chromatography,缩写为 TLC),又称薄层层析,是快速分离和定性分析微量物质的一种重要的实验技术,具有设备简单、操作方便而快速的特点。它是将固定相支持物均匀地铺在载玻片上制成薄层板,将样品溶液点加在起点处,置于层析容器中用合适的溶剂展开而达到分离的目的。可用于精制样品、化合物鉴定、跟踪反应进程和柱色谱的先导(即为柱色谱摸索最佳条件)等方面。薄层色谱也可以分离较大量的样品(可达几百毫克),特别适用于挥发性较低、或在高温下易发生变化而不能用气相色谱进行分离的化合物。

薄层层析按分离机制不同可分为吸附薄层层析、分配薄层层析、离子交换薄层层析等,最常用的为吸附薄层层析,在此主要讨论。吸附薄层层析中样品在薄层板上经过连续、反复地被吸附剂吸附及展开剂解吸附过程,由于不同的物质被吸附及被解吸的能力不同,故在薄层板上以不同速度移动而得以分离。通常用比移值(R_f 值)表示物质移动的相对距离,如图 2-47 所示:

$$R_f = \frac{色斑最高浓度中心至原点中心的距离\ a}{展开剂前沿至原点中心的距离\ b}$$

物质的 R_f 值随化合物的结构、薄层板、吸附剂、展开剂的性质以及温度而变化,但在一定条件下每一种化合物的 R_f 值都为一个特定的数值。故在相同条件下分别测定已知和未知化合物的 R_f 值,再进行对照,即可确定是否为同一物质。下面介绍薄层色谱的操作规程。

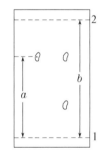

图 2-47 R_f 值计算示意图
1. 起点线　2. 展开剂前沿
a. 色斑最高浓度中心至原点中心的距离;b. 展开剂前沿至原点中心的距离

1. **吸附剂的选择**

一种合适的吸附剂应该具备的条件是:① 它能够可逆地吸附被层析的物质;② 它不会引起被吸附物质的化学变化;③ 它的粒度大小应该能使展开剂以合适的速率展开。此外,吸附剂最好是白色或浅色的。最常用的吸附剂是硅胶和氧化铝,其颗粒的大小对层析速率、分离效果均有明显的影响。颗粒太大,其总表面积则相对小,吸附量降低,展开速率快,层析后组分的斑点较大,不集中,分离效果不好;反之颗粒太小,层析速度太慢,各组分分不开,效果也不好。一般干法铺层所用的硅胶和氧化铝颗粒大小为 150～200 目较合适;湿法铺层则要求 200 目以上。

薄层吸附色谱和柱吸附色谱一样,化合物的吸附能力与它们的极性成正比,具有较大极性的化合物吸附较强,因而 R_f 值较小。所以,利用极性不同,用硅胶或氧化铝薄层层析可将一些结构相近的物质或顺、反异构体分开。

① 硅胶:硅胶是无定形多孔物质,略具酸性,适用于酸性和中性物质的分离和分析,薄层色谱用的硅胶分为以下几种:

硅胶 H——不含黏合剂；

硅胶 G——含黏合剂（煅石膏 $2CaSO_4 \cdot H_2O$），标记 G 代表石膏（gypsum）；

硅胶 HF_{254}——含荧光物质，可在波长 254 nm 的紫外光下发出荧光；

硅胶 GF_{254}——既含黏合剂，又含荧光剂。

黏合剂除煅石膏外，还有淀粉、聚乙烯醇和羧甲基纤维素钠（CMC）。使用时，一般配成水溶液。如羧甲基纤维素钠的质量分数一般为 $0.1\% \sim 0.5\%$，淀粉的质量分数为 5%。

② 氧化铝：氧化铝也分为氧化铝 G、氧化铝 HF_{254} 及氧化铝 GF_{254}。氧化铝的极性比硅胶强，适用于分离极性小的化合物。

2. 薄板的制备和活化

薄板的制备方法有两种：一种是干法制板；另一种是湿法制板。

① 干法制板：一般用氧化铝作吸附剂，涂层时不加水，将氧化铝倒在玻璃板上，取直径均匀的一根玻璃棒，将两头用胶布缠好，在玻璃板上滚压，把吸附剂均匀地铺在玻璃板上。这种方法简便，展开快，但是样品展开点易扩散，制成的薄板不易保存。

② 湿法制板：是实验室最常用的制板方法。选用一定规格的玻璃板[1]，用肥皂水洗净，用蒸馏水淋洗两次后烘干，用时再用酒精棉球擦除手印至对光平放无斑痕。在洁净的 50 mL 研钵中加 8 mL 1%羧甲基纤维素钠的水溶液，然后一边分批放入 3 g 硅胶 GF_{254}，一边充分研磨[2]，使浆料搅成均匀的糊状。用吸管或玻璃棒迅速将浆料涂于上述洁净的载玻片上，用食指和拇指拿住玻片，作前后左右摇晃摆动，使流动的硅胶 GF_{254} 均匀地平铺在载玻片上。必要时，可在实验台面上，让一端接触台面而另一端轻轻跌落数次并互换位置。然后把薄层板放在水平的长玻璃板上晾干，半小时至数小时[3]后移入烘箱内，缓慢升温至 110℃，恒温半小时，此谓活化[4]。取出，稍冷后置于干燥器中备用。

3. 点样

在距薄层板一端 $0.5 \sim 1$ cm 处，用铅笔轻轻地画一条线，作为起点线。用毛细管（内径小于 1 mm）吸取样品溶液（一般以氯仿、丙酮、甲醇、乙醇、苯、乙醚或四氯化碳等作溶剂，配成 1%溶液），垂直地轻轻接触到薄层的起点线上，称为点样。若溶液太稀，待第一次点样干后，再点第二次，每次点样都应在同一圆心上。点的次数依样品溶液浓度而定，一般为 $2 \sim 3$ 次。若样品的量太少，则有的成分不易显出；若量太多则易造成斑点过大，互相交叉或拖尾，不能得到很好的分离效果。点样后斑点直径以扩散成 $1 \sim 2$ mm 圆点为度。若为多处点样时，则点样间距为 $0.5 \sim 1$ cm。

4. 展开

薄层色谱展开剂的选择和柱色谱一样，主要根据样品的极性、溶解度、吸附剂的活性等因素来考虑。溶剂的极性越大，则对化合物的洗脱力也越大，即 R_f 值也越大。良好的分离 R_f 值应在 $0.15 \sim 0.75$ 之间。如发现样品各组分的 R_f 值较大，可考虑换用一种极性较小的溶剂，或在原来的溶剂中加入适量极性较小的溶剂去展开，反之亦然。薄层色谱用的展开剂绝大多数是有机溶剂，各种溶剂的极性参见柱色谱部分。

薄层的展开需在密闭的容器（层析缸）中进行。先将展开剂放在层析缸中，液层高度约 0.5 cm，在层析缸中衬一滤纸，使展开剂蒸气饱和 $5 \sim 10$ min。再将点好样品的薄板按图 2-48 所示放入层析缸中进行展开。注意：展开剂液面的高度应低于样品斑点。在展开过程中，样品斑点随着展开剂向上迁移，当展开剂前沿至薄层板上边约 0.5 cm 时，立刻取出薄层板,用铅笔或小针画出溶剂前沿的位置,放平晾干后即可显色。

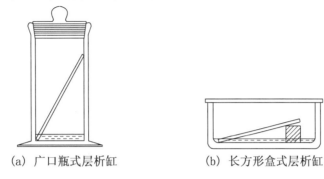

　　　(a) 广口瓶式层析缸　　　　　　　(b) 长方形盒式层析缸

图 2 - 48　薄层层析的展开装置

5. 显色

　　如果化合物本身有颜色,展开后就可直接观察它的斑点。但大多数有机化合物是无色的,看不到色斑,只有通过显色才能使斑点显现。常用的显色方法有显色剂法和紫外光显色法。

　　① 显色剂法:在溶剂蒸发前用显色剂喷雾显色。不同类型的化合物需选用不同的显色剂,见表 2 - 9。薄层色谱还可使用腐蚀性的显色剂如浓硫酸、浓盐酸和浓磷酸等。也可用卤素斑点试验法来使薄层色谱斑点显色。许多有机化合物能与碘生成棕色或黄色的配合物。利用这一性质可将几粒碘置于密闭容器中,待容器充满碘蒸气后,将展开后的色谱板放

表 2 - 9　一些常用显色剂的配制及使用范围

显色剂	配制方法	能被检出对象
浓硫酸	98%	大多数有机化合物在加热后可显出黑色斑点
碘蒸气	将薄层板放入缸内被碘蒸气饱和数分钟	很多有机化合物显黄棕色(烷烃和卤代烃除外)
碘的氯仿溶液	0.5%碘氯仿溶液	很多有机化合物显黄棕色(烷烃和卤代烃除外)
磷钼酸乙醇溶液	5%磷钼酸乙醇溶液,喷后120℃烘,还原性物质显蓝色,氨薰,背景变为无色	还原性物质显蓝色
铁氰化钾-三氯化铁试剂	1%铁氰化钾,1%三氯化铁使用前等量混合	还原性物质显蓝色,再喷 2 mol/L 盐酸,蓝色加深,检酚、胺、还原性物质
四氯邻苯二甲酸酐	2%溶液,溶剂：丙酮-氯仿(体积比 10∶1)	芳烃
硝酸铈铵	6%硝酸铈铵的 2 mol/L 硝酸	薄层板在 105℃烘 5 min,喷显色剂,多元醇在黄色底色上有棕黄色斑点
香兰素-硫酸	3 g 香兰素溶于 95%100 mL 乙醇中,再加入 0.5 mL 浓硫酸	高级醇及酮呈绿色
茚三酮	0.3 g 茚三酮溶于 100 mL 乙醇,喷后,100℃热至斑点出现	氨基酸、胺、氨基糖、蛋白质

入,碘与展开后的有机化合物可逆地结合,在几秒钟到数分钟内化合物斑点的位置呈黄棕色。色谱板自容器取出后,呈现的斑点一般在几秒钟内消失,因此必须用铅笔标出化合物的位置。碘熏显色法是观察无色物质的一种简便有效的方法,因为碘可以与除烷烃和卤代烃以外的大多数有机物形成有色配合物。

② 紫外光显色法:用硅胶 GF_{254} 制成的薄板,由于加入了荧光剂,在紫外灯光下观察,展开后的有机化合物在亮的荧光背景上呈暗色斑点,此斑点就是样品点。用各种显色方法使斑点出现后,应立即用铅笔圈好斑点的位置,并计算 R_f 值。

三、仪器与试剂

1. 仪器

层析缸、载玻片、研钵、点样毛细管、镊子、烧杯、紫外分析仪、铅笔、直尺。

2. 试剂

硅胶 GF_{254}、0.5％羧甲基纤维素钠水溶液、石油醚、乙酸乙酯、乙醇、氯仿、对硝基苯胺、邻硝基苯胺。

四、实验步骤

邻硝基苯胺和对硝基苯胺[5]的薄层色谱。

用1％羧甲基纤维素钠水溶液和吸附剂硅胶 GF_{254} 制备浆料铺板,薄板干燥、活化后备用。

将邻硝基苯胺和对硝基苯胺及它们的混合物分别用无水乙醇溶解,配制成约0.1％的浓度后点样,每块薄板上点两个样点,距离约1 cm。

将展开剂氯仿[6]加入层析缸中,盖上盖子,3～5 min 后形成饱和蒸汽状态,将薄板斜放层析缸中展开。展开剂到薄板上端约0.5 cm 时取出,晾干,直接观察或经紫外分析仪显色后观察斑点。测量,计算比移值 R_f。

【注释】

[1] 制板常用 2.5 cm×7.5 cm 的玻璃片。目前有市售已铺好的薄板供应。

[2] 薄板制备的好与坏直接影响色谱的分离效果,在制备过程中应注意以下几点:① 涂层浆料要制成均匀而又不带块状的糊状,在研钵中搅拌比在烧杯中效果更佳;② 铺板前一定要将玻璃板洗净、擦干;③ 涂布速度要快;④ 铺板时,涂层厚度(0.25～1 mm)要尽量均匀,不能有气泡、颗粒等。否则,在展开时溶剂前沿不齐,色谱结果也不易重复。

[3] 不得风吹及避免尘埃洒落,应放在水平的平板上室温下自然晾干,千万不要快速干燥,否则薄层板会出现裂痕。为保证晾干充分,最好将铺好的薄板放置过夜后再活化。

[4] 把涂好的薄板置于室温自然晾干后,再放在烘箱内加热活化,进一步除去水分。活化时需慢慢升温。硅胶板一般在 105～110℃的烘箱中活化 0.5 h 即可。氧化铝板在 200℃烘 4 h 可得到活性Ⅱ级的薄层板,150～160℃烘 4 h 可得到活性Ⅲ～Ⅳ级的薄层板。活化后的薄板应保存在干燥器中备用。

[5] 试样也可选择间硝基苯胺、2,4-二硝基苯胺。

[6] 本实验还可以用石油醚-乙酸乙酯作为展开剂,$V_{石油醚}:V_{乙酸乙酯}=4:1$。

五、思考题

(1) 影响比移值 R_f 的因素有哪些?

（2）影响薄板分离效果的因素有哪些？

（3）展开剂的液面高出薄板的样点，将会产生什么后果？

（4）用薄层色谱分析混合物时，如何确定各组分在薄板上的位置？如果斑点出现拖尾现象，可能的原因是什么？

实验 13　柱色谱

一、实验目的

（1）学习柱色谱的原理及其意义。

（2）掌握柱色谱分离有机化合物的实验操作技术。

二、实验原理

柱色谱（column chromatography），又称柱层析，是通过色谱柱（层析柱）来实现分离、提纯少量有机化合物的有效方法。常用的有吸附柱色谱和分配柱色谱两类，前者常用氧化铝和硅胶作固定相，后者则以附着在惰性固体（如硅藻土、纤维素等）上的活性液体作为固定相（也称固定液）。实验室中最常用的是吸附色谱，因此这里重点介绍吸附色谱。

液体样品从柱顶加入，当溶液流经吸附柱时，各组分同时被吸附在柱的上端，然后从柱顶加入洗脱剂洗脱，当洗脱剂流下时，由于固定相对各组分吸附能力不同，各组分以不同的速度沿柱下移，若是有色物质，则在柱上可以直接看到色带，如图 2-49(a) 所示。继续用洗脱剂洗脱时，吸附能力最弱的组分随洗脱剂首先流出，吸附能力强的后流出，分别收集各组分，再逐个鉴定。若是无色物质，可用紫外光照射，有些物质呈现荧光，可作检查，或在洗脱时，分段收集一定体积的洗脱液，然后通过薄层色谱（参见实验十二）逐个鉴定，再将相同组分的收集液合并在一起，蒸除溶剂，即得到单一的纯净物质。如此，可将各组分分离开。

色谱法能否获得满意的分离效果，关键在于色谱条件的选择及其操作的规范性，下面介绍柱色谱条件的选择及其操作规程。

1. 吸附剂的选择

常用的吸附剂有氧化铝、硅胶、氧化镁、碳酸钙和活性炭等。选择吸附剂的首要条件是与被吸附物及展开剂均无化学作用。吸附能力与颗粒大小有关，颗粒太粗，流速快分离效果不好，太细则流速慢，通常使用的吸附剂的颗粒大小以 $100 \sim 150$ 目为宜。色谱用的氧化铝可分酸性、中性和碱性三种。酸性氧化铝是用 1% 盐酸浸泡后，用蒸馏水洗至悬浮液 pH 为 $4 \sim 4.5$，用于分离酸性物质；中性氧化铝 pH 为 7.5，用于分离中性物质，应用最广；碱性氧化铝 pH 为 $9 \sim 10$，用于分离生物碱、胺、碳氢化合物等。市售的硅胶略带酸性。

吸附剂的活性与其含水量有关，含水量越高，活性越低，吸附剂的吸附能力越弱；反之则吸附能力越强。吸附剂的含水量和活性等级关系如表 2-10 所示。

表 2-10　吸附剂的含水量和活性等级关系

活性等级	I	II	III	IV	V
氧化铝含水量(%)	0	3	6	10	15
硅胶含水量(%)	0	5	15	25	38

一般常用的是Ⅱ级吸附剂。Ⅰ级吸附性太强,且易吸水;Ⅴ级吸附性太弱。吸附剂按其相对的吸附能力可粗略分类如下。

① 强吸附剂:低含水量的氧化铝、硅胶、活性炭。

② 中等吸附剂:碳酸钙、磷酸钙、氧化镁。

③ 弱吸附剂:蔗糖、淀粉、滑石粉。

吸附剂的吸附能力不仅取决于吸附剂本身,还取决于被吸附物质的结构。化合物的吸附性与它们的极性成正比,化合物分子中含有极性较大的基团时,吸附性也较强,以氧化铝为例,对各种化合物的吸附性按以下次序递减:

酸和碱>醇、胺、硫醇>酯、醛、酮>芳香族化合物>卤代物>醚>烯>饱和烃

2. 洗脱剂的选择

在柱色谱分离中,洗脱剂的选择是至关重要的。通常根据被分离物中各组分的极性、溶解度和吸附剂活性来考虑。首先,洗脱剂的极性不能大于样品中各组分的极性。否则会由于洗脱剂在固定相上被吸附,迫使样品一直保留在流动相中。在这种情况下,组分在柱中移动的速度非常快,难以建立起分离所要达到的平衡,影响分离效果。另外,所选择的洗脱剂必须能够将样品中各组分溶解,如果被分离的样品不溶于洗脱剂,则各组分可能会牢固地吸附在固定相上,而不随流动相移动或移动很慢。

一般洗脱剂的选择是通过薄层色谱实验来确定的(具体方法见实验12薄层色谱),哪种展开剂能将样品中各组分完全分开,即可作为柱色谱的洗脱剂。当单纯一种展开剂达不到所要求的分离效果时,可考虑选用混合展开剂。

色谱柱的洗脱首先使用极性最小的溶剂,使最容易脱附的组分分离,然后逐渐增加洗脱剂的极性,使极性不同的化合物按极性由小到大的顺序自色谱柱中洗脱下来。常用洗脱剂的极性及洗脱能力按如下顺序递增:

己烷和石油醚<环己烷<四氯化碳<三氯乙烯<二硫化碳<甲苯<苯<二氯甲烷<氯仿<环己烷-乙酸乙酯(80∶20)<二氯甲烷-乙醚(80∶20)<二氯甲烷-乙醚(60∶40)<环己烷-乙酸乙酯(20∶80)<乙醚<乙醚-甲醇(99∶1)<乙酸乙酯<丙酮<正丙醇<乙醇<甲醇<水<吡啶<乙酸

极性溶剂对于洗脱极性化合物是有效的,非极性溶剂对于洗脱非极性化合物是有效的,若分离复杂组分的混合物,通常选用混合溶剂。

所用洗脱剂必须纯粹和干燥,否则会影响吸附剂的活性和分离效果。

3. 色谱柱的大小和吸附剂的用量

柱色谱的分离效果不仅依赖于吸附剂和洗脱剂的选择,而且还与色谱柱的大小和吸附剂的用量有关。一般要求柱中吸附剂用量为待分离样品量的 $30\sim40$ 倍,若需要时可增至100倍,柱高和直径之比一般为 $10∶1$。

4. 装柱

装柱是柱色谱中最关键的操作,装柱的好坏直接影响分离效率。装柱之前,先将空柱洗净干燥,然后将柱垂直固定在铁架台上。如果色谱柱下端没有砂芯横隔,就取一小团脱脂棉或玻璃棉,用玻璃棒将其推至柱底,再在上面铺上一层厚 $0.5\sim1$ cm 的石英砂,然后进行装柱。装柱的方法有湿法和干法两种。

（1）湿法装柱

将吸附剂用洗脱剂中极性最低的洗脱剂调成糊状，在柱内先加入约 3/4 柱高的洗脱剂，再边敲打柱身边将调好的吸附剂倒入柱中，同时打开柱子的下端活塞，在色谱柱下面放一个干净并干燥的锥形瓶，接收洗脱剂。当装入的吸附剂有一定的高度时，洗脱剂流下速度变慢，待所用吸附剂全部装完后，用流下来的洗脱剂转移残留的吸附剂，并将柱内壁残留的吸附剂淋洗下来。在此过程中，应不断敲打色谱柱，以使色谱柱填充均匀并没有气泡。柱子填充完后，在吸附剂上端覆盖一层约 0.5 cm 厚的石英砂或覆盖一片比柱内径略小的圆形滤纸[1]。在整个装柱过程中，柱内洗脱剂的高度始终不能低于吸附剂最上端，否则柱内会出现裂痕和气泡。

（2）干法装柱

在色谱柱上端放一个干燥的漏斗，将吸附剂倒入漏斗中，使其成为细流连续地装入柱中，并轻轻敲打色谱柱柱身，使其填充均匀，再加入洗脱剂湿润。也可先加入 3/4 的洗脱剂，然后倒入干的吸附剂。由于氧化铝和硅胶的溶剂化作用易使柱内形成缝隙，所以这两种吸附剂不宜用于干法装柱。

如果装柱时吸附剂的顶面不呈水平，将会造成非水平的谱带，如图 2-49（b）所示；若吸附剂表面不平整或内部有气泡时会造成沟流现象（谱带前沿一部分向前伸出），如图 2-50 所示。所以，吸附剂要均匀装入管内，装柱时要轻轻不断地敲击柱子，以除尽气泡，不留裂痕，防止内部造成沟流现象，影响分离效果。但不要过分敲击，否则太紧密而流速太慢。

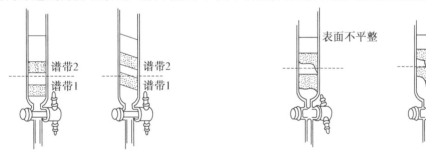

(a) 表面水平　(b) 表面不水平　　　　(a) 表面不平整造成沟流　(b) 气泡造成沟流

图 2-49　水平的和非水平的谱带前沿的对比　　　图 2-50　沟流现象

5. 加样及洗脱

液体样品可以直接加到色谱柱中，如浓度低可浓缩后再进行分离。固体样品应先用少量的溶剂溶解后再加到柱中。在加入样品时，应先将柱内洗脱剂排至稍低于石英砂表面后停止排液，用滴管沿柱内壁把样品一次加完。在加入样品时，应注意滴管尽量向下靠近石英砂表面[2]。样品加完后，打开下旋塞，使液体样品进入石英砂层后，再加入少量的洗脱剂将壁上的样品洗脱下来，待这部分液体的液面和吸附剂表面相齐时，即可打开安置在柱上装有洗脱剂的滴液漏斗的活塞，加入洗脱剂，进行洗脱。

洗脱剂的流速对柱色谱分离效果具有显著影响。在洗脱过程中，样品在柱内的下移速度不能太快，否则混合物得不到充分分离；如果洗脱剂的流速控制得较慢，则样品在柱中保留的时间长，各组分在固定相和流动相之间能得到充分的吸附或分配作用，从而使混合物，尤其是结构、性质相似的组分得以分离。但样品在柱内的下移速度也不能太慢（甚至过夜），因为吸附剂表面活性较大,时间太长有时可能造成某些成分被破坏,使色谱带扩散,影响分离效果。因此,层析时洗脱速度要适中。若洗脱剂下移速度太慢可适当加压或用水泵减压,以加快洗脱速度,直至所有色带被分开。

　　6. 分离成分的收集

　　如果样品中各组分都有颜色时,可根据不同的色带用锥形瓶分别进行收集,然后分别将洗脱剂蒸除得到纯组分。但大多数有机物质是没有颜色的,只能先分段收集洗脱液,再用薄层色谱或其他方法鉴定各段洗脱液的成分,成分相同者可以合并。

三、仪器与试剂

　　1. 仪器

　　玻璃漏斗、玻璃棒、滴管、滴液漏斗、锥形瓶、烧杯、层析柱(20 mm×300 mm)、旋转蒸发仪。

　　2. 试剂

　　95％乙醇、中性氧化铝(100～200 目)、荧光黄-碱性湖蓝 BB 乙醇溶液。

四、实验步骤

　　荧光黄和碱性湖蓝 BB 均为染料,由于它们的结构不同、极性不同,吸附剂对它们的吸附能力不同,洗脱剂对它们的解吸速度也不同。极性小、吸附能力弱、解吸速度快的碱性湖蓝 BB 先被洗脱下来,而极性大、吸附能力强、解吸速度慢的荧光黄后被洗脱下来,从而使两种物质得以分离。

　　1. 装柱

　　将层析柱(20 mm×300 mm)洗净干燥后垂直固定在铁架台上,取少许脱脂棉放于干净的色谱柱底,用长玻璃棒将脱脂棉轻轻塞紧,在脱脂棉上覆盖一层厚 0.5 cm 的石英砂,色谱柱下端置一锥形瓶。关闭柱下部活塞,向柱内倒入 95％乙醇至柱高的 3/4 处,打开活塞,控制乙醇流出速度为每秒钟 1～2 滴。然后将用乙醇溶剂调成糊状的一定量的吸附剂中性氧化铝(100～200 目)通过一只干燥的粗柄短颈漏斗从柱顶加入,使溶剂慢慢流入锥形瓶。填充吸附剂的过程中要敲打柱身,使装入的氧化铝紧密均匀,顶层水平。当装柱至 8 cm 时,再在上面加一层 0.5 cm 厚的石英砂。操作时一直保持上述流速,但要注意不能使砂子顶层露出液面,不能使柱顶变干。

　　2. 加样

　　把 1 mg 荧光黄和 1 mg 碱性湖蓝 BB 溶于 1 mL 95％乙醇中。打开色谱柱的活塞,将其顶部多余的溶剂放出。当液面降至离石英砂顶层时,关闭活塞,将上述溶液用滴管小心地加入柱内。打开活塞,待液面降至石英砂层时,用滴管取少量 95％乙醇洗涤色谱柱内壁上沾有的样品溶液。

　　3. 洗脱与分离

　　样品加完并混溶后,开启活塞,当液面下降至石英砂顶层相平时,便可沿管壁慢慢加入 95％乙醇进行洗脱,流速控制在每秒钟 1～2 滴,这时碱性湖蓝 BB 谱带和荧光黄谱带分离。碱性湖蓝 BB 因极性较小,首先向柱下部移动,极性较大的荧光黄留在柱的上端。通过柱顶的滴液漏斗,继续加入足够量的 95％的乙醇,使碱性湖蓝 BB 的色带全部从柱子里洗下来。

待洗出液呈无色时,更换一只接收器,改用水为洗脱剂,这时荧光黄向柱子下部移动,用容器收集,同样至洗出液呈无色为止,这样分别得到两种染料的溶液。用旋转蒸发仪浓缩洗脱液得到染料荧光黄与碱性湖蓝 BB。

【注释】

[1] 覆盖石英砂的目的是:① 使样品均匀地流入吸附剂表面;② 在加料时不致把吸附剂冲起,影响分离效果。若无砂子也可用玻璃毛或剪成比柱子内径略小的滤纸压在吸附剂上面。

[2] 向柱中加样和添加洗脱剂时,应沿柱壁缓缓加入,以免将表层吸附剂和样品冲溅泛起,造成非水平谱带。洗脱剂应连续平稳地加入,不能中断,不能使柱顶变干。因为湿润的柱子变干后,吸附剂可能与柱壁脱开形成裂沟,结果显色不匀,也产生不规则的谱带。

五、思考题

(1) 色谱柱的底部和上部装石英砂的目的何在?

(2) 装柱不均匀或者有气泡、裂缝,对分离效果有何影响?如何避免?

(3) 为什么洗脱的速度不能太快,也不宜太慢?

(4) 为什么荧光黄比碱性湖蓝 BB 在色谱柱上吸附得更加牢固?

第三章 有机化合物的制备实验

§3.1 烃类化合物

实验 14 环己烯

一、实验目的

(1) 学习醇在酸催化下分子内脱水制备烯烃的原理和方法。

(2) 掌握分馏、液态有机物干燥、蒸馏等基本操作及折光率的测定。

二、实验原理

烯烃是重要的有机化工原料,工业上主要通过石油裂解,或者醇在 γ-氧化铝和分子筛等催化剂存在下高温催化脱水得到。在实验室中,烯烃主要是用醇脱水制得。常用的脱水剂有硫酸、磷酸、对甲苯磺酸及硫酸氢钾等等,也可以是氧化铝、分子筛等。大多数脱水是按照查依采夫(Saytzeff)规则进行的。结构不同的醇脱水的难易程度不同,其相对反应速率是:叔醇＞仲醇＞伯醇。此反应是可逆反应,为了提高产率,需不断将反应生成的低沸点烯烃从反应体系中蒸馏出来。

环己烯常用在医药、农药中间体和高聚物合成中,在石油工业上用作萃取剂、高辛烷值汽油稳定剂和化工生产的溶剂,是一种重要的有机化合物。目前工业上采用硫酸或磷酸催化的液相脱水法或苯的部分氢化来制备。对甲苯磺酸是固体有机酸,相对无机酸而言,具有经济、环保、使用安全、对设备腐蚀和副反应少的优点,是替代硫酸的良好催化剂。本实验以环己醇为原料,在浓磷酸或者对甲苯磺酸催化下脱水制备环己烯。

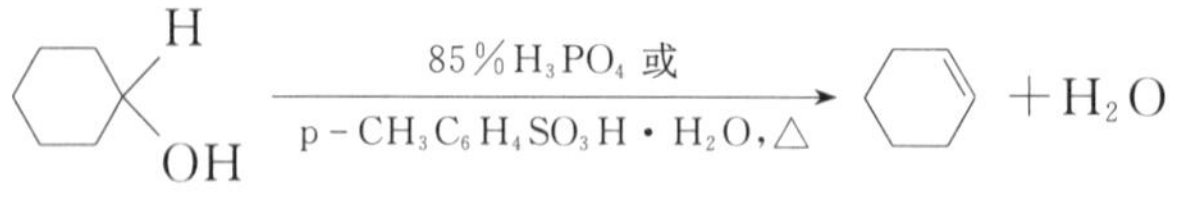

$$\underset{OH}{\overset{H}{\bigcirc}} \xrightarrow[p\text{-}CH_3C_6H_4SO_3H \cdot H_2O, \triangle]{85\% H_3PO_4 \text{ 或}} \bigcirc + H_2O$$

三、仪器与试剂

1. 仪器

电子天平、电热套、量筒、分液漏斗、烧杯、温度计、常量标准口玻璃仪器。

2. 试剂

环己醇、磷酸(85%)、氯化钠、对甲苯磺酸、无水氯化钙、碳酸钠。

实物装置图

四、实验步骤

在 50 mL 干燥的圆底烧瓶中,放入 10 g(10.4 mL,约 0.1 mol)环己醇[1]及 5 mL 85%磷

酸[2]，充分振荡使之摇匀[3]，投入 2~3 粒沸石。按第一章图 1-18 安装分馏装置，用 50 mL 锥形瓶做接收器，置于冰水浴里。用小火慢慢加热混合物至沸腾，控制分馏柱顶部温度不超过 90℃[4]。当无液体蒸出时，加大火继续蒸馏。当温度计达到 85℃ 时，停止加热[5]。蒸馏时间约 1 h，蒸出液为环己烯和水的混浊液[6]。

向小锥形瓶中的粗产物中，加入 1 g 食盐饱和，再加入 3~4 mL 5% 碳酸钠溶液中和微量的酸，将此液体转入分液漏斗中，摇匀后静置分层。放出下层的水层，上层的粗产品转移到干燥的小锥形瓶中，加入 1~2 g 无水氯化钙干燥[7]。

将干燥后的粗环己烯滤入 50 mL 圆底烧瓶中，加入 2~3 粒沸石，在水浴上加热蒸馏，用浸入冰水浴的干燥锥形瓶收集 82~85℃ 的馏分[8]。产量约 4~5 g。

纯环己烯为无色透明液体，沸点 83℃，折光率 $n_D^{20} = 1.4465$。其红外图谱见附录 7（图 1）。

本实验约需 4 h。

【注释】

[1] 环己醇在室温下为黏稠的液体，若用量筒量取时，应注意转移中的损失。若采用称量法则可避免损失。

[2] 本实验亦可采用 1.3 g 对甲苯磺酸作催化剂，其余步骤均同。

[3] 磷酸和环己醇必须混合均匀才能加热，否则反应物会被氧化。

[4] 由于环己醇和水形成共沸物（沸点 97.8℃，含水 80%），环己烯和水形成共沸物（沸点 70.8℃，含水 10%），环己醇与环己烯形成共沸物（沸点 64.9℃，含环己醇 30.5%），因此加热时温度不可过高，蒸馏速度不宜太快，以每 2~3 秒 1 滴为宜，以减少未反应的环己醇蒸出。

[5] 反应终点可参考以下情况判断：① 圆底烧瓶中出现白雾；② 柱顶温度下降后又回升到 85℃ 以上。

[6] 在收集和转移环己烯时，最好保持充分冷却，以免因挥发而损失。

[7] 水层应分离完全，否则会增加无水氯化钙用量，使产物更多地被干燥剂吸附，导致产品损失。无水氯化钙干燥粗产品，可除去少量未反应的环己醇。干燥应彻底，否则环己烯与水形成沸点 70.8℃ 的共沸物，不利于下一步蒸馏纯化。

[8] 加热蒸馏时，若在 80℃ 以下有大量液体馏出，可能是因干燥不够完全所致（氯化钙用量过少或放置时间不够），应将这部分产物重新干燥再蒸馏。

五、思考题

（1）用磷酸作脱水剂比用硫酸作脱水剂有什么优点？

（2）在环己烯粗产品中加入食盐使水层饱和的目的是什么？

（3）如果你的实验产率太低，试分析主要是在哪些操作步骤中造成了损失。

实验 15　反-1,2-二苯乙烯

一、实验目的

（1）学习利用 Wittig 反应制备烯烃的原理和方法。

（2）掌握搅拌、滴加、回流等实验操作。

二、实验原理

Wittig 反应是在分子内导入 C＝C 双键的一个重要方法。反应条件温和,产率高,并且在形成烯键时不产生烯烃异构体,可以用来合成一些对酸敏感的烯烃和共轭烯烃。本实验通过苄氯与三苯基膦反应,生成氯化苄基三苯基鏻。氯化苄基三苯基鏻在碱作用下转变成磷叶立德(ylid),即 Wittig 试剂。Wittig 试剂与苯甲醛反应,生成反式为主的 1,2-二苯乙烯。

$$(C_6H_5)_3P + ClCH_2C_6H_5 \xrightarrow{\triangle} (C_6H_5)_3\overset{+}{P}CH_2C_6H_5Cl^- \xrightarrow{NaOH}$$

$$(C_6H_5)_3P = CHC_6H_5 \xrightarrow{C_6H_5CH=O} C_6H_5CH=CHC_6H_5 + (C_6H_5)_3PO$$

拓展资料

三、仪器与试剂

1. 仪器

圆底烧瓶(50 mL)、球形冷凝管、水浴锅、电磁搅拌器、分液漏斗、简单蒸馏装置、抽滤装置、熔点测定仪、电子天平。

2. 试剂

苄氯、三苯基膦、苯甲醛、氯仿、乙醚、二甲苯、二氯甲烷、氢氧化钠(50%)、乙醇(95%)、无水硫酸镁。

四、实验步骤

1. 氯化苄基三苯基鏻的制备

在 50 mL 圆底烧瓶中,加入 2.8 mL(3 g,0.024 mol)苄氯[1]、6.2 g(0.024 mol)三苯基膦[2]和 20 mL 氯仿,装上带有干燥管的回流冷凝管,在水浴上回流 2~3 h。反应完后改为蒸馏装置,蒸出氯仿。向烧瓶中加入 5 mL 二甲苯,充分摇振混合,抽滤,并用少量二甲苯洗涤晶体,晶体于 110℃烘箱中干燥 1 h,得约 7 g 氯化苄基三苯基鏻(即季鏻盐)。产品为无色晶体,熔点 310~312℃,贮于干燥器中备用。

2. 反-1,2-二苯乙烯的制备

在 50 mL 圆底烧瓶中,加入 5.8 g(0.015 mol)氯化苄基三苯基鏻、1.5 mL(0.015 mol)苯甲醛[3]和 10 mL 二氯甲烷,装上回流冷凝管。在电磁搅拌器的充分搅拌下,自冷凝管顶部滴入 7.5 mL 50%氢氧化钠水溶液,约 15 min 滴完。加完后,继续搅拌 0.5 h。

将反应混合物转入分液漏斗,加入 10 mL 水和 10 mL 乙醚,振摇后分出有机层,水层用乙醚萃取 2 次,每次 10 mL。合并有机层和醚萃取液后,用水洗涤 3 次,每次 10 mL。有机层用无水硫酸镁干燥后滤去干燥剂,在水浴上蒸去乙醚和二氯甲烷[4]。残余物加入 95%乙醇加热溶解(约需 10 mL),然后置于冰水浴中冷却,析出反-1,2-二苯乙烯结晶。抽滤,干燥后称量。产量约 1 g,熔点 123~124℃。进一步纯化可用甲醇-水重结晶。

纯反-1,2-二苯乙烯的熔点 124℃,其红外和核磁共振图谱见附录 7(图 2)。

本实验约需 8 h。

【注释】

［1］苄氯蒸气对眼睛有强烈的刺激作用,本实验应在通风橱中进行。转移苄氯时切勿滴在瓶外,如不慎沾在手上,应用水冲洗后再用肥皂擦洗。

［2］有机磷化合物通常是有毒的,与皮肤接触后立即用肥皂擦洗。

［3］苯甲醛久置后会氧化变质,使用前需蒸馏提纯。

［4］乙醚是低沸点易燃易爆的有机溶剂,使用时要注意严禁明火,故而蒸馏时采用水浴加热。

五、思考题

（1）请写出本反应的机理,并分析本实验产物为何以反式 1,2 -二苯乙烯为主。

（2）三苯亚甲基膦能与水起反应,三苯亚苄基膦则在水存在下可与苯甲醛反应,并主要生成烯烃,试从结构上比较两者的亲核活性。

（3）若用肉桂醛代替苯甲醛与三苯亚苄基膦进行 Wittig 反应,则得到什么产物?

实验 16　对二叔丁基苯

一、实验目的

（1）学习 Friedel-Crafts 烷基化反应制备烷基苯的原理和方法。

（2）掌握回流装置的安装和操作;巩固萃取、蒸馏、抽滤等基本操作。

（3）学习有毒害气体吸收方法。

二、实验原理

Friedel-Crafts 烷基化反应是向芳环引入烃基最重要的方法之一,在合成上具有很大的实用价值。工业上通常用烯烃作烃化试剂,三氯化铝-氯化氢-烃的液态络合物、磷酸、无水氟化氢及浓硫酸等作催化剂。实验室通常是用芳烃和卤代烷在无水三氯化铝等 Lewis 酸催化下进行反应,例如对二叔丁基苯的合成反应:

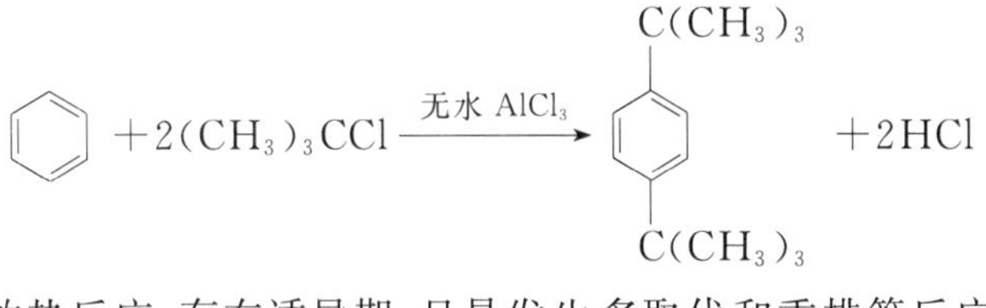

$$\text{苯} + 2(CH_3)_3CCl \xrightarrow{\text{无水 AlCl}_3} \text{对二叔丁基苯} + 2HCl$$

烷基化反应是放热反应,存在诱导期,且易发生多取代和重排等反应,所以实验操作时要注意温度的变化。

三、仪器与试剂

1. 仪器

三颈烧瓶（100 mL）、温度计、干燥管、气体吸收装置、分液漏斗、水浴锅、台秤、布氏漏斗、抽滤瓶、显微熔点测定仪。

2. 试剂

无水无噻吩苯、叔丁基氯、无水三氯化铝、无水氯化钙、乙醚、饱和食盐水、无水硫酸镁、甲醇。

实物装置图

四、实验步骤

迅速称取 1 g（0.007 5 mol）无水三氯化铝[1]置于带塞的干燥试管中备用。

在装有温度计、回流冷凝管（上端通过一氯化钙干燥管与氯化氢气体吸收装置相连[2]）的 100 mL 干燥的三颈烧瓶[3]中，加入 10 mL（0.09 mol）叔丁基氯和 5 mL（0.056 mol）无水无噻吩苯。将烧瓶置于冰水浴中，冷却至 5℃ 以下，迅速加约三分之一备用的无水氯化铝，塞紧瓶口在冰水浴中用力摇荡烧瓶[4]，使之充分混合。诱导期之后，开始发生剧烈反应，冒泡并放出氯化氢气体。反应 5 min 后，分两批加入余下的无水氯化铝（中间间隔 10～15 min），并不断摇荡，保持反应温度在 5～10℃ 之间，直至无明显的氯化氢气体放出为止，析出白色固体。

将烧瓶从冰浴中移出，在室温下放置 5 min 后，在通风橱内分两批[5]加入 20 mL 冰水分解反应物。然后用 20 mL 乙醚分两次提取反应产物，用玻璃棒或刮刀帮助溶解固体。将溶液转入分液漏斗，静置后弃去水层，醚层用等体积饱和氯化钠溶液洗涤后，加入无水硫酸镁干燥。将干燥后的溶液滤去干燥剂，转入 50 mL 烧瓶中，用水浴蒸去乙醚后[6]，再用水泵减压除去残留溶剂，得到的油状物冷却后凝固为白色固体。用甲醇（约 10 mL）重结晶粗产物，可得到针状或片状结晶，抽滤，用少量冷甲醇洗涤产物，干燥并称量。产物约 2～3 g。

纯对二叔丁基苯为白色结晶，熔点 78℃。其红外和核磁共振图谱见附录 7（图 3）。

本实验约需 4 h。

【注释】

[1] 无水三氯化铝的质量是实验成败的关键之一。无水三氯化铝应呈小颗粒或粗粉状，暴露在湿空气中立即冒雾或投入少量水中剧烈反应即为可用。研细、称量及投料均要迅速，避免长时间暴露在空气中失效。

[2] 吸收装置的玻璃漏斗应略有倾斜，使漏斗口一半在水面上，防止气体逸出和水被倒吸至反应瓶中。

[3] 由于三氯化铝遇水或潮气会分解失效，故本反应时所用仪器和试剂都应是干燥的。噻吩具有芳香性，易与叔丁基烷发生烷基化，因此要除去噻吩。

[4] 以铁架台的一个角为支点振摇装置，使固体催化剂与液体充分接触。注意防止振摇时吸收液发生倒吸。

[5] 防止因水解剧烈而发生冲料和吸入有毒氯化氢气体。

[6] 蒸馏乙醚时，不允许动用明火和电器开关。

五、思考题

（1）本实验中烷基化反应为什么要控制在 5～10℃ 进行？温度过高有什么不好？

（2）重结晶后的母液中可能含有哪些副产物？

（3）叔丁基是邻对位定位基，但本实验为何却只得到对二叔丁基苯一种产物？如果苯过量较多，如苯与叔丁基氯的摩尔比为 4∶1，则产物为叔丁基苯，试解释原因。

§3.2　卤代烃

实验 17　溴乙烷

一、实验目的

（1）学习醇与氢卤酸发生亲核取代反应的原理和方法。

（2）巩固液体萃取、低沸点液体蒸馏的基本操作。

二、实验原理

卤代烃可通过醇与氢卤酸的亲核取代反应制备。溴乙烷常通过氢溴酸与乙醇反应而制得，氢溴酸可用溴化钠与硫酸作用生成。本反应为可逆反应，为了使反应平衡向右移动，可在增加乙醇用量的同时，将反应中生成的低沸点溴乙烷及时地从反应混合物中蒸馏出去，以促进取代反应的进行。

主反应：

$$NaBr + H_2SO_4 \longrightarrow HBr + NaHSO_4$$
$$C_2H_5OH + HBr \Longleftrightarrow C_2H_5Br + H_2O$$

副反应：

$$2C_2H_5OH \xrightarrow{140℃} C_2H_5OC_2H_5 + H_2O$$
$$C_2H_5OH \xrightarrow{170℃} CH_2{=}CH_2 + H_2O$$
$$HBr + H_2SO_4(浓) \longrightarrow Br_2 + SO_2 + 2H_2O$$

三、仪器与试剂

1. 仪器

电子天平、电热套、水浴锅、普通玻璃仪器、常量标准口玻璃仪器、温度计。

2. 试剂

95％乙醇、无水溴化钠、浓硫酸。

实物装置图

四、实验步骤

在 100 mL 圆底烧瓶中加入 10 mL(0.163 mol)95％乙醇及 9 mL 水[1]，在不断振荡和冷水冷却下，缓慢加入 19 mL 浓硫酸。混合物混合均匀且冷却至室温后，加入 15 g(0.15 mol)研细的溴化钠[2]及 2～3 粒沸石。安装常压蒸馏装置（见第一章图 1 - 15），接引管支嘴接橡皮管至尾气吸收的水或稀碱液中，为了避免低沸点的溴乙烷挥发损失，在接收器中放入少量冷水，并浸入冰水浴中[3]。用电热套小火加热烧瓶，控制蒸馏速度，使反应平稳进行，约 30 min 后慢慢升高温度，直至无油状物馏出为止。趁热将反应瓶中的液体倒入废液缸中[4]。

将馏出物倒入分液漏斗中，静置分层，分出有机层[5]（哪一层？），转入干燥的 50 mL 锥形瓶中。将锥形瓶浸于冰水浴中冷却，边振荡边滴加浓硫酸[6]，直至溶液明显分层。用干燥的分液漏斗分去硫酸层(哪一层?),将有机层转入 25 mL 蒸馏瓶中,加入 2～3 粒沸石,用水浴加热,蒸馏溴乙烷。用已称量的干燥锥形瓶做接收器,并浸入冰水浴中冷却,收集 34～40℃的馏分,产量约 10 g。

纯溴乙烷为无色液体,沸点 38.4℃,折光率 n_D^{20} 1.423 8。其红外图谱见附录 7(图 4)。

本实验约需 4 h。

【注释】

[1] 加入少量的水可防止反应进行时产生大量的泡沫,减少副产物乙醚的生成和避免氢溴酸的挥发。

[2] 溴化钠要先研细,在搅拌下加入,防止结块而影响反应进行。亦可用含结晶水的溴化钠(NaBr·2H₂O),其用量按物质的量进行换算,并相应地减少加入的水量。

[3] 溴乙烷在水中溶解度甚小(1∶100),低温时又不与水作用,且沸点较低。为减少其挥发,常在接收瓶内预盛冷水。蒸馏过程要密切注意,防止倒吸。

[4] 整个反应过程需 0.5～1 h。反应结束时,烧瓶中残液由浑浊变为清澈透明。拆除热源前,应先将接引管与接液瓶分开,防止倒吸。稍冷后,应趁热将残液倒出,以免硫酸氢钠冷后结块,不易倒出。

[5] 尽可能将水分净,否则加硫酸处理时将产生较多的热量而使产物挥发损失。

[6] 加入浓硫酸可除去乙醚、乙醇及水等杂质,为防止产物挥发,应在冷却下操作。

五、思考题

(1) 粗产物中可能有什么杂质? 是如何除去的?

(2) 本实验溴乙烷产物的产率往往不高,试分析其原因。

(3) 为了减少溴乙烷的挥发损失,本实验采取了哪些措施?

实验 18　1-溴丁烷

一、实验目的

(1) 学习正丁醇与氢溴酸发生亲核取代反应制备 1-溴丁烷的原理和方法。

(2) 掌握带有吸收有害气体装置的回流操作,巩固萃取、蒸馏和干燥等基本操作。

二、实验原理

实验室中卤代烃一般采用结构上相对应的醇与氢卤酸发生亲核取代反应来制备。实验室制备 1-溴丁烷时,采用浓硫酸与溴化钠反应得到的氢溴酸作溴化剂,再与正丁醇反应。由于反应是可逆的,通过增加溴化钠的用量,同时加入过量的硫酸吸收反应中生成的水,促进反应正向进行。但硫酸的存在易使醇脱水生成烯烃、醚等副产物。

主反应:

$$NaBr + H_2SO_4 \longrightarrow HBr + NaHSO_4$$

$$n\text{-}C_4H_9OH + HBr \rightleftharpoons n\text{-}C_4H_9Br + H_2O$$

副反应:

$$2\,n\text{-}C_4H_9OH \xrightarrow{H_2SO_4} n\text{-}C_4H_9OC_4H_9\text{-}n + H_2O$$

$$n\text{-}C_4H_9OH \xrightarrow{H_2SO_4} CH_3CH_2CH=CH_2 + H_2O$$

$$2HBr + H_2SO_4 =\!\!=\!\!= Br_2 + SO_2 + 2H_2O$$

三、仪器与试剂

1. 仪器

电子天平、电热套、量筒、分液漏斗、烧杯、温度计、常量标准口玻璃仪器。

2. 试剂

正丁醇、溴化钠、浓硫酸、5%氢氧化钠溶液、饱和亚硫酸氢钠、饱和碳酸氢钠溶液、无水氯化钙。

四、实验方法和步骤

在100 mL圆底烧瓶中加入10 mL水,分批缓慢地加入14 mL浓硫酸,混合均匀后冷却至室温[1]。再依次加入7.5 g(0.1 mol)正丁醇、研细的13 g(0.13 mol)溴化钠,充分摇匀,加入2~3粒沸石,烧瓶上安装回流冷凝管,冷凝管上口接一气体吸收装置(见第一章图1-7),用5%氢氧化钠溶液做吸收剂。烧瓶用小火加热到沸腾,控制温度使反应物保持沸腾而又平稳地回流,并不时加以振摇烧瓶,促使反应进行,加热回流30~40 min[2]。反应完成后,待反应液稍加冷却后,卸下回流冷凝管,改为蒸馏装置,蒸出粗产物1-溴丁烷。仔细观察馏出液,直到无油滴蒸出为止[3]。

将馏出液转入分液漏斗中,加入等体积水洗涤,分出水层[4]。将有机层转入另一干燥的分液漏斗中,用等体积的浓硫酸洗涤[5],尽量分净硫酸层。有机层依次用等体积的水、饱和碳酸氢钠溶液和水洗涤[6]。分出粗产物1-溴丁烷,放入带有塞子的干燥锥形瓶中,加入1~2 g块状的无水氯化钙干燥,间歇摇动锥形瓶,直至液体清亮为止。

将干燥好的粗产物滤入干燥的50 mL圆底烧瓶中(注意勿使氯化钙掉入烧瓶中),加入几粒沸石,小火加热蒸馏,收集99~103℃的馏分。产量约7~8 g。

纯1-溴丁烷为无色透明液体,沸点101.6℃,折光率$n_D^{20} = 1.4399$,其红外图谱见附录7(图5)。

本实验约需6 h。

【注释】

[1] 如不充分摇动并冷却至室温,加入溴化钠后,有溴游离出,溶液往往变成红色。

[2] 回流时间太短,则反应物残留正丁醇量增加。但将回流时间延长,产率也不能再提高多少。

[3] 1-溴丁烷是否蒸完,判断方法:① 馏出液是否由浑浊变为澄清;② 反应瓶内上层油层是否消失;③ 用一支试管收集几滴馏出液,加入清水摇荡,观察有无油珠出现。若无,表示馏出液中已无有机物,反应结束;蒸馏不溶于水的粗产物时,常可用此法检验。

[4] ① 若水洗后粗产物仍呈红色,主要是因为浓硫酸的氧化作用生成游离溴的缘故,可加入几毫升饱和亚硫酸氢钠溶液洗除去。② 馏出液分为两层,通常下层为粗产物,上层为水。若未反应的正丁醇较多,或因蒸馏过久而蒸出一些氢溴酸共沸液,则液层的相对密度发生变化,油层可能悬浮或变为上层。此时,可加清水稀释使油层下沉。

[5] 浓硫酸能溶解存在于粗产物中的少量未反应的正丁醇及副产物正丁醚等杂质。因为正丁醇可与正溴丁烷形成共沸物(沸点98.6℃,含正丁醇13%),蒸馏时难以除去,因此用浓硫酸洗涤时必须充分振荡。

［6］各步洗涤,必须注意何层取之,何层弃之,可根据水溶性判断。

五、思考题

（1）本实验有哪些副反应？如何减少副反应？

（2）反应时硫酸的浓度太高或太低会有什么结果？

（3）反应后的粗产物中含有哪些杂质？试说明各步洗涤的作用。

实验 19　7,7-二氯二环[4.1.0]庚烷

一、实验目的

（1）掌握利用相转移催化制备化合物的方法。

（2）了解相转移催化剂及其催化作用的原理。

二、实验原理

在相转移催化条件下,浓氢氧化钠水溶液和氯仿作用生成二氯卡宾并进行反应是一项研究得比较多的工作,因为该方法操作方便,产率高,避免了绝对无水的实验条件。

本实验利用三乙基苄基氯化铵（TEBA）作为相转移催化剂,使水相中的氢氧根离子转移到氯仿有机相中,并与氯仿反应生成二氯卡宾,二氯卡宾与环己烯加成得到 7,7-二氯二环[4.1.0]庚烷。

$$\text{〇} + CHCl_3 \xrightarrow[\text{TEBA}]{50\% \text{ NaOH}} \text{〇}\underset{Cl}{\overset{Cl}{<}}$$

相转移催化原理

三、仪器与试剂

1. 仪器

三口烧瓶（50 mL）、球形冷凝管、温度计、搅拌器、简单蒸馏装置、减压蒸馏装置。

2. 试剂

环己烯（新蒸）、氯仿、三乙基苄基氯化铵（TEBA）、氢氧化钠（50%）、乙醚、饱和食盐水、无水硫酸镁。

四、实验步骤

在装有搅拌器[1]、球形冷凝管和温度计的 50 mL 三口烧瓶中加入 4 mL（0.04 mol）新蒸馏过的环己烯、0.2 g TEBA 和 6.5 mL（0.08 mol）氯仿。开动搅拌器,由冷凝管上口慢慢滴加 8 mL 50% 的 NaOH 溶液[2],约 10～15 min 滴完。反应放热使瓶内温度逐渐上升至 50～60℃[3],反应物的颜色逐渐变为橙黄色。滴加完毕后,在水浴上加热回流、继续搅拌 45～60 min。

将反应混合物冷却至室温,用 55 mL 水将反应混合物转入分液漏斗,分出有机层[4]。水层依次用 15 mL、10 mL 乙醚提取,合并醚层及前述有机层,用等体积的饱和食盐水洗涤两次,转入干燥的锥形瓶中用无水硫酸镁干燥。

干燥后的产物在水浴上蒸出乙醚、氯仿等低沸点溶剂[5]，然后进行减压蒸馏，收集 75～80℃/2.0 kPa(15 mmHg)或 95～97℃/4.67 kPa(35 mmHg)的馏分，产量约 3.9 g。产品也可在常压下蒸馏，收集 190～198℃馏分，但沸点时产物略有分解。

纯 7,7-二氯二环[4.1.0]庚烷的沸点 197～198℃，折光率 n_D^{20} 1.501 4。其核磁共振图谱见附录 7(图 6)。

本实验约需 6 h。

【注释】

[1] 也可用电磁搅拌代替电动搅拌，并用稍大号的搅拌子，效果更好。相转移催化反应是非均相反应，搅拌必须是有效而安全的，这是实验成功的关键。

[2] 浓碱溶液呈黏稠状，腐蚀性极强，应小心操作。与浓碱接触过的玻璃仪器使用后要立即洗干净，以免接口处、旋塞受腐蚀而黏结。

[3] 若氢氧化钠滴加过半还没有升温现象，则应停止滴加，用温水浴稍热。反应开始后，应立即撤去水浴。

[4] 中间可能出现泡沫乳化层，该乳化层不溶于水，也不溶于乙醚，可抽滤除去。

[5] 注意安全，杜绝明火。接收瓶应浸入冰水浴中，接引管支管接橡皮管，通入下水道或是室外。

五、思考题

(1) 根据相转移反应的原理，写出本反应中离子的转移和二氯卡宾的产生及反应过程。

(2) 本实验反应过程中为什么要剧烈搅拌反应混合物？

(3) 本实验中为什么要使用大大过量的氯仿？

§3.3 醇、酚、醚

实验 20 2-甲基-2-己醇

一、实验目的

(1) 学习格氏(Grignard)试剂的制备、应用及进行 Grignard 反应的条件。

(2) 掌握无水条件下的搅拌、回流、萃取、蒸馏(易燃易爆低沸点有机物)等基本操作。

二、实验原理

1. Grignard 试剂的制备

卤代烷或溴代芳烃在无水乙醚等溶剂中与金属镁反应生成的烃基卤化镁 RMgX，称为格氏(Grignard)试剂。芳香型和乙烯型氯化物因活性较差，需要在四氢呋喃等沸点较高的溶剂中才能生成 Grignard 试剂。

$$RX + Mg \xrightarrow{\text{无水乙醚}} RMgX$$

用来制备 Grignard 试剂的卤代烃和所用的溶剂都必须经过严格的干燥处理，且不能含有—COOH、—OH、—NH₂ 等含活泼氢的官能团。因为微量的水分既会阻碍卤代烃和镁之间的反应,还会破坏 Grignard 试剂。此外,Grignard 试剂还能与空气中的 O_2、CO_2 发生反应,因此格氏反应必须在无水无氧的条件下进行,Grignard 试剂也不宜长期保存。

$$RMgX + H_2O \longrightarrow RH + Mg(OH)X$$

$$RMgX + CO_2 \longrightarrow RCOOMgX \xrightarrow{H_2O} RCOOH$$

$$RMgX + O_2 \longrightarrow ROMgX \xrightarrow{H_2O} ROH + Mg(OH)X$$

$$RMgX + RX \longrightarrow R—R + MgX_2$$

Grignard 试剂的制备必须在无水条件下进行,不仅所用的仪器和试剂均需充分干燥,而且其反应装置中与大气相通的地方要连接氯化钙干燥管,防止空气中水分的侵入。要得到高产率的 Grignard 试剂,需要在惰性气体(氮气、氩气等)保护下进行反应。采用乙醚作溶剂,因醚的蒸气压较高,可以排除反应器中大部分空气。

用活泼的卤代烃和碘化物制备 Grignard 试剂时,偶合反应是主要的副反应,可以采取搅拌、控制卤代烃的滴加速度、降低溶液浓度和低温等措施减少副反应的发生。格氏反应是一个放热反应,故卤代烃的滴加速度不宜过快,必要时可用冷水冷却。当反应开始后,应调节滴加速度,使反应物保持微沸为宜。对于活性较差的卤代烃,制备 Grignard 试剂时可采取轻微加热或加入少许碘粒来引发反应。

2. 醇的制备

Grignard 反应是增长碳链的重要方法,在有机合成中用途广泛。其中 Grignard 试剂与醛或酮的作用是合成结构复杂醇的最有效方法,通常包括加成和水解两步反应。首先 Grignard 试剂与醛或酮发生加成反应,再经水解生成相应的伯醇、仲醇、叔醇;第二步水解时,通常使用稀盐酸或稀硫酸。由于水解时放热,对于酸性条件下极易脱水的醇,最好用氯化铵溶液进行水解,同时需要冷水浴冷却。

例如:2-甲基-2-己醇的合成反应式如下:

$$n\text{-}C_4H_9Br + Mg \xrightarrow{\text{无水乙醚}} n\text{-}C_4H_9MgBr$$

$$n\text{-}C_4H_9MgBr + CH_3COCH_3 \xrightarrow{\text{无水乙醚}} n\text{-}C_4H_9\underset{\underset{OMgBr}{|}}{C}(CH_3)_2$$

$$n\text{-}C_4H_9\underset{\underset{OMgBr}{|}}{C}(CH_3)_2 + H_2O \xrightarrow{H^+} n\text{-}C_4H_9\underset{\underset{OH}{|}}{C}(CH_3)_2$$

三、仪器与试剂

1. 仪器

普通玻璃仪器、标准口玻璃仪器、搅拌装置、电热套、水浴锅、折光仪。

2. 试剂

新镁条或镁屑、正溴丁烷、无水乙醚、碘、丙酮、10% 硫酸溶液、5% 碳酸钠溶液、无水碳酸钾。

实物装置图

四、实验步骤

1. 正丁基溴化镁的制备

在干燥的 250 mL 三颈瓶上,分别安装搅拌装置[1]、恒压滴液漏斗和冷凝管[2],冷凝管上方安装氯化钙干燥管[3]。瓶内放置 3.1 g(0.13 mol)镁屑[4]、15 mL 无水乙醚及 1 小粒碘。在恒压滴液漏斗中加入 15 mL(0.13 mol)正溴丁烷和 15 mL 无水乙醚。通冷凝水,先向瓶内滴入约 5 mL 混合液,数分钟后反应开始,碘的颜色消失[5],镁表面有明显的气泡形成,溶液呈微沸状态,出现轻微混浊,乙醚开始回流。若 5 min 后仍不发生反应,可用温水浴加热。若反应比较剧烈,必要时可用冷水浴冷却,维持回流速度为 2 滴/秒。待反应缓和后,自冷凝管上端补加 25 mL 无水乙醚[6]。开动搅拌,滴加剩余的正溴丁烷与无水乙醚的混合液[7]。控制滴加速度,维持反应液呈微沸状态。滴加完毕后,加热回流 20 min,使镁屑反应完全。

2. 2-甲基-2-己醇的制备

将上面制好的 Grignard 试剂在冰水浴中冷却和不断搅拌下,自滴液漏斗缓慢滴加 15 mL 无水乙醚与 10 mL(0.14 mol)丙酮的混合液。控制滴加速度,使反应液呈微沸状态。滴加完毕,在室温下继续搅拌 15 min,溶液中可能有白色黏稠状固体析出。

将反应瓶在冰水浴中冷却和搅拌下,自滴液漏斗分批加入 100 mL 10% 硫酸[8],分解产物。加酸后搅拌一定要充分,直至反应物由白色黏稠状完全转变为无色透明液体[9]。待分解完全后,将溶液倒入分液漏斗中,充分静置,分出醚层,并转入干燥的锥形瓶中。水层每次用 25 mL 乙醚萃取 2 次,合并醚层,用 30 mL 5% 碳酸钠溶液洗涤,再转入另一干燥锥形瓶中,用无水 K$_2$CO$_3$ 干燥[10]。先用水浴蒸去乙醚;再用电热套加热蒸出产品,收集 137~141℃ 的馏分,称量,计算产率。

纯 2-甲基-2-己醇的沸点为 143℃,折光率 n_D^{20} 1.417 5。其红外光谱、核磁共振氢谱图见附录 7(图 7)。

本实验约 6 h。

【注释】

[1] 反应装置参考图 1-10 或 1-11。若采用机械搅拌,预先检查搅拌器是否能正常转动? 检查四氟搅拌头内小橡皮圈是否变形? 四氟搅拌头与搅拌棒是否匹配? 恒压滴液漏斗应预先检漏。也可以采用磁力搅拌,装置搭好后,检查气密性。

[2] 所有的反应仪器及试剂必须经过严格干燥处理,正溴丁烷预先用无水氯化钙干燥并蒸馏纯化。丙酮用无水碳酸钾干燥并蒸馏纯化。所用仪器预先在烘箱中烘干,让其稍冷后,取出放在干燥器中冷却待用(或放在烘箱中冷却)。玻璃仪器取出后,在开口处立即用玻璃塞塞紧,加入反应物后,也要用玻璃塞塞紧,防止吸附空气中的水分。

[3] 装干燥管所需的棉花大小以塞住干燥管底和干燥管口为宜。棉花过大可能堵塞系统导致爆炸;干燥剂无水 CaCl$_2$ 应选用颗粒状固体。

[4] 镁屑应用新刨制的。若长期放置,镁屑表面有一层氧化膜,可用 5% 盐酸溶液浸泡数分钟,抽滤除去酸液后,依次用水、乙醇、乙醚洗涤,抽干后置于干燥器内备用。也可用镁带代替镁屑,使用前用细砂纸将其表面擦亮,剪成小段。

[5] 为使反应易于发生,开始时应使正溴丁烷局部浓度较大,故搅拌应在反应开始后进行。

〔6〕自冷凝管上端加入乙醚时，一定要防止明火。

〔7〕正溴丁烷与乙醚的混合溶液必须缓慢滴加。否则，反应过于剧烈难以控制，导致副产物增多。

〔8〕硫酸开始滴加速度宜慢，以后可逐渐加快，此时冷凝管上方的干燥管可移去。

〔9〕若 Mg 未能反应完全，Mg 与 H^+ 反应生成盐类，粗产品可能略显黄绿色。

〔10〕2-甲基-2-己醇与水能形成共沸物，因此粗产物的乙醚溶液必须用无水碳酸钾彻底干燥，否则前馏分将大大地增加。

五、思考题

（1）本实验中有哪些副反应？应如何避免？哪些步骤要求无水？你采取了什么措施？

（2）在制备正丁基溴化镁时，反应未开始，就加入了大量的正溴丁烷有什么不好？

（3）碘为什么能促进卤代烃与镁的反应？

（4）为什么本实验制得的粗产物不能用无水氯化钙干燥？

实验 21　三苯甲醇

一、实验目的

（1）了解 Grignard 试剂的制备、应用和进行 Grignard 反应的条件。

（2）掌握搅拌、回流、萃取、低沸物（易燃易爆物）蒸馏、水蒸气蒸馏等基本操作。

二、实验原理

Grignard 试剂与醛酮的反应是合成醇的一种通用方法。用溴苯和镁制得 Grignard 试剂，再通过苯基溴化镁选用下面任一方法都可以制得三苯甲醇。

方法一：由二苯甲酮与苯基溴化镁反应制备。

方法二：由苯甲酸乙酯与苯基溴化镁反应制备。

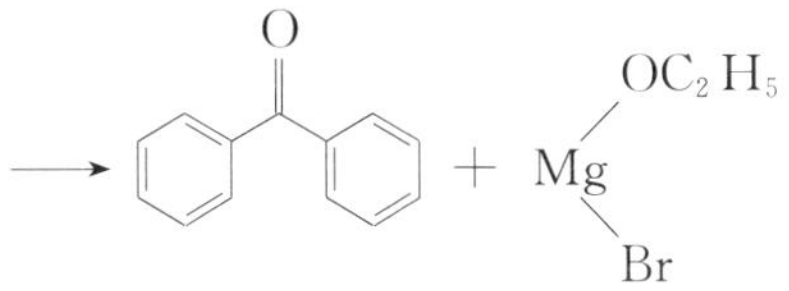

其他反应同方法一。

副反应：

三、仪器与试剂

1. 仪器

电子天平、电热套或煤气灯、水浴锅、普通玻璃仪器、常量或半微量标准口玻璃仪器、显微熔点测定仪、砂纸。

2. 试剂

镁屑、碘、溴苯、无水乙醚、二苯甲酮或苯甲酸乙酯、饱和氯化铵、石油醚（60～90℃）、无水氯化钙。

实物装置图

四、实验步骤

1. 苯基溴化镁的制备

在 100 mL 三颈瓶上分别装上搅拌器、恒压滴液漏斗和冷凝管（带无水 $CaCl_2$ 干燥管）[1]如第一章图 1-12。向反应瓶中加入 0.5 g（0.02 mol）剪碎的镁条[2]和一小粒碘，恒压滴液漏斗中加入 2.1 mL（0.02 mol）溴苯和 15 mL 无水乙醚混合均匀。从恒压漏斗滴入约 1～2 mL混合液于反应瓶中（浸没镁条），数分钟后即可见溶液微沸，碘的颜色消失[3]；开动搅拌器，继续滴加其余的混合液，控制滴加速度，维持反应呈微沸状态[4]。如果发现反应液呈黏稠状，则补加适量的无水乙醚。滴加完毕，温水浴回流至镁屑反应完全（约 30 min）。

2. 三苯甲醇的制备

方法一：二苯甲酮与苯基溴化镁的反应

把盛有苯基溴化镁的反应瓶置于冰水浴中，搅拌下从恒压漏斗中慢慢滴加 3.1 g（0.017 mol）二苯甲酮和 15 mL 无水乙醚的混合液。滴加完毕，将反应混合物温水浴回流 30 min，使反应完全，观察反应颜色的变化。反应瓶置于冰水浴中，搅拌下从恒压漏斗中慢慢滴加 20 mL 饱和氯化铵溶液，以分解加成产物，生成三苯甲醇[5]。

用分液漏斗分出乙醚层，水相用 30 mL 乙醚分两次萃取，合并有机相，无水碳酸钠干燥。干燥的溶液滤去干燥剂后用温水浴蒸馏，待瓶中有大量白色固体析出（乙醚未蒸干），加入 10 mL 石油醚[6]，搅拌，浸泡片刻，抽滤得粗产品，用 95％乙醇-石油醚重结晶[7]。干燥后，测熔点，产量约 1.5～2 g。

本方法约需 6 h。

方法二：苯甲酸乙酯与苯基溴化镁的反应

把盛有苯基溴化镁的反应瓶置于冰水浴中，搅拌下从恒压漏斗中慢慢滴加 1.2 mL

(0.008 mol)苯甲酸乙酯和 5 mL 无水乙醚的混合液,温水浴回流 20 min,使反应完全。

反应瓶置于冰水浴中,搅拌下从恒压漏斗中慢慢滴加 20 mL 饱和氯化铵溶液,以分解加成产物。将反应装置改为蒸馏装置,在水浴上蒸去乙醚,再将残余物进行水蒸气蒸馏(见第一章图 1-20),以除去未反应的溴苯和副产物联苯,瓶中的剩余物冷却后凝为固体,抽滤收集。粗产品用乙醇和水混合溶剂进行重结晶,干燥后产品产量约 1 g。

三苯甲醇为白色片状结晶,熔点 163～164℃,其红外图谱见附录 7(图 8)。

本方法约需 6 h。

【注释】

[1] 本方法所用的实验仪器和试剂必须干燥。整个实验都用乙醚,所以严禁明火。

[2] 本实验采用镁屑。若镁屑久置发黑,则用下法处理:用 5% 的盐酸与镁屑作用数分钟,过滤除去酸液,然后依次用水、乙醇、乙醚洗涤,抽干后置于干燥器内备用。

[3] 卤代芳烃或卤代烃与镁的作用较难发生时,通常温热或用一小粒碘作催化剂,所用碘的量不能太大,并且在引发过程不要开动搅拌器,确保局部碘浓度较大,保证反应能较快引发。若碘的红棕色不能褪去,可以用温水浴或用电吹风温热。

[4] 滴加速度太快或一次加入,反应过于剧烈不易控制,而且由于温度过高会增加副产物的生成。

[5] 滴加饱和氯化铵溶液是淬灭反应,使加成物水解得三苯甲醇,与此同时生成的 $Mg(OH)_2$ 在此可转变为可溶性的 $MgCl_2$,若仍见有絮状 $Mg(OH)_2$ 未完全溶解及未反应的金属镁,则可以加入少许稀盐酸使之溶解。

[6] 副产物易溶于石油醚而被除去。本实验也可以不经分液、萃取等操作,直接将水解产物蒸去乙醚,再将残余物进行水蒸气蒸馏,以除去未反应的溴苯及联苯等副产物。

[7] 重结晶时先加入适量的 95% 乙醇,加热回流使三苯甲醇粗产品溶解,慢慢加入热的石油醚(90～120℃)至刚好出现混浊,加热搅拌混浊不消失时,再小心滴加 95% 乙醇直至溶液刚好变清,放置结晶。如果已知两种溶剂的比例,也可事先配好混合溶剂,按照单一溶剂重结晶的方法进行。本实验中石油醚与 95% 乙醇的体积比例约为 1∶20 时,重结晶回收率较高,所达到 85%～90%。

五、思考题

(1) 本实验的成败关键何在? 实验中采取了哪些措施?

(2) 在制备格氏试剂苯基溴化镁时,如果溴苯滴加太快会对实验结果造成什么影响?

(3) 以 95% 乙醇和石油醚进行混合溶剂重结晶时,如何操作才是正确的?

(4) 是否可以直接用稀盐酸淬灭格氏反应?

(5) 两种制备方法有什么区别?

实验 22　异冰片

一、实验目的

(1) 学习用 $NaBH_4$ 还原樟脑制异冰片的原理和方法。

(2) 学习用减压升华提纯有机物的方法。

二、实验原理

冰片（borneol）属于双环萜烯类（仲醇）化合物，主要用于医药等方面，在立体化学的理论和应用上有重要意义。冰片有左旋和右旋两种光学异构体及其外消旋体（沸点 206～207℃）。同样，异冰片（isoborneol）也有左旋体、右旋体及其外消旋体（沸点 212℃）。本实验将外消旋樟脑用 NaBH$_4$ 进行还原时，由于 C-7 上甲基的空间阻碍，氢负离子比较容易发生内侧（endo）进攻羰基生成以异冰片为主产物和冰片为副产物的混合物。

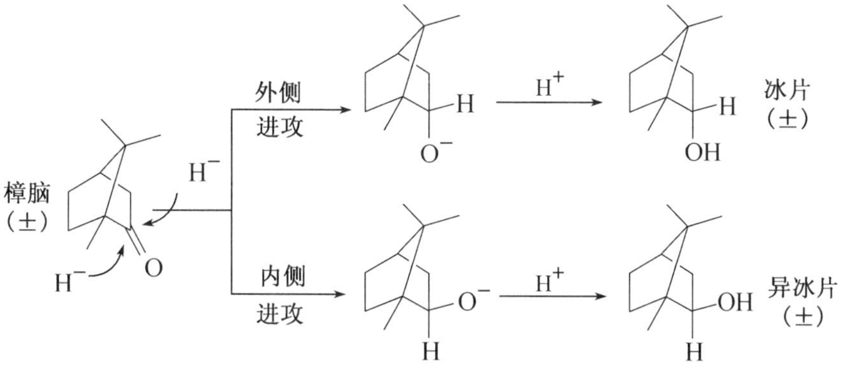

还原混合物中冰片与异冰片的百分含量，可用 ^{1}H NMR 来测定。冰片和异冰片分子中带有羟基的碳原子上 H 的化学位移 δ 分别为 4.0 和 3.6，计算产物的谱图中相应峰的积分线之比就可以确定它们的比例。

三、仪器与试剂

1. 仪器

圆底烧瓶（50 mL）、球形冷凝管、水浴锅、烧杯、抽滤装置、减压升华装置、熔点测定装置。

2. 试剂

樟脑（外消旋体）、甲醇[1]、硼氢化钠[2]。

四、实验步骤

在 50 mL 圆底烧瓶中，将 1.0 g（0.006 6 mol）樟脑溶于 10 mL 甲醇中，室温下小心地分批加入 0.5 g（0.013 mol）硼氢化钠。若反应过剧可用冰水浴冷却，使反应维持在室温。待所有硼氢化钠加完后，将反应混合物在热水浴上加热回流 10 min。

待热反应液冷却后，倒入盛有 30 g 碎冰的烧杯中，待冰融化后，可观察到有白色固体析出。抽滤，用水洗涤，压紧，并充分干燥。粗产物用减压升华进行纯化，减压升华装置见第一章图 1-24。在减压下，异冰片约在 100～130℃升华，收集产物约 0.8 g。用封闭毛细管法测熔点[3]。

产物分析：测定产物的 IR 谱并与标准谱图比较；用 ^{1}H NMR 谱测定冰片与异冰片的含量比例（通常为 1∶5）。

纯异冰片的红外和核磁共振图谱见附录 7（图 9）。

本实验约需 4 h。

【注释】

［1］也可用 95％乙醇,其余操作方法相同。

［2］硼氢化钠是强碱性试剂,具有强腐蚀性,勿与皮肤接触。

［3］由于异冰片易升华,所以用毛细管法测定熔点时,毛细管装样后,还需用酒精灯将毛细管另一端熔封。

五、思考题

请用本实验的原理解释下列反应:

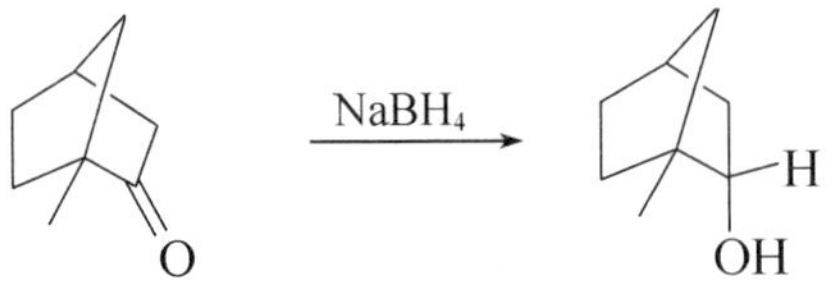

实验 23　乙　　醚

一、实验目的

(1)掌握实验室制备乙醚的原理和方法。

(2)掌握低沸点易燃液体的蒸馏等基本操作。

二、实验原理

醚是有机合成中常用的溶剂,简单醚常用醇分子间脱水的方法来制备。实验室常用的脱水剂是浓硫酸,催化剂还可用磷酸和离子交换树脂。由于反应是可逆的,通常采用蒸出反应产物(醚或水)的方法,使反应向有利于生成醚的方向移动。反应时必须严格控制反应温度,减少副产物烯及二烷基硫酸酯的生成。

制取乙醚时,反应温度比原料乙醇的沸点高得多,因此可采用先将催化剂加热至所需要的温度,然后再将乙醇直接加到催化剂中去,立即进行反应,以避免乙醇的蒸出。由于乙醚的沸点(34.6℃)较低,生成后就立即从反应瓶中蒸出。

反应式:

$$CH_3CH_2OH + H_2SO_4 \xrightarrow{100\sim130℃} CH_3CH_2OSO_2OH + H_2O$$

$$CH_3CH_2OSO_2OH + CH_3CH_2OH \xrightarrow[S_N2]{135\sim145℃} CH_3HC_2OCH_2CH_3 + H_2SO_4$$

总反应式:

$$2CH_3CH_2OH \xrightarrow[H_2SO_4]{135\sim145℃} CH_3CH_2OCH_2CH_3 + H_2O$$

副反应:

$$CH_3CH_2OH \xrightarrow{H_2SO_4} \begin{cases} \xrightarrow{170℃} H_2C=CH_2 + H_2O \\ \xrightarrow{[O]} CH_3CHO + SO_2 + H_2O \\ \qquad\quad \xrightarrow{H_2SO_4} CH_3COOH + SO_2 + H_2O \end{cases}$$

三、仪器与试剂

1. 仪器

三口烧瓶(100 mL)、温度计、锥形瓶、水浴锅、滴液漏斗、分液漏斗、简单蒸馏装置。

2. 试剂

95％乙醇、浓硫酸、饱和氯化钙溶液、饱和氯化钠溶液、氢氧化钠(5％)、无水氯化钙。

四、实验步骤

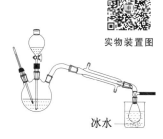

实物装置图

在 100 mL 三颈烧瓶中加入 13 mL 95％乙醇,置于冰水浴中,边振摇边缓慢加入 12.5 mL 浓硫酸,混合均匀,加入沸石。滴液漏斗中加入 25 mL 95％乙醇,按图 3-1 装配仪器[1]。加热,使温度迅速升至 140 ℃。开始由滴液漏斗慢慢滴加乙醇,使滴加速度与蒸馏液馏出速度大致相等[2],约每秒 1 滴,并维持反应温度在 135～145 ℃之间,约 30～40 min 滴加完毕。继续加热 10 min,直至温度上升至 160 ℃后停止加热[3]。馏出物移入分液

图 3-1　乙醚制备装置图

漏斗中,依次用 8 mL 5％NaOH,8 mL 饱和 NaCl 溶液洗涤,最后每次用 8 mL 饱和 CaCl₂ 溶液洗涤 2 次。分出醚层并移入干燥的锥形瓶中,加 2 g 粒状无水氯化钙干燥 0.5 h 以上[4]。干燥后的乙醚滤入干燥的 25 mL 烧瓶中,水浴(60～80 ℃)蒸馏[5],收集 33～38 ℃馏分,称量并计算产率。

纯乙醚的沸点 34.5 ℃,折光率 n_D^{20}1.352 6。其红外和核磁共振图谱见附录 7(图 10)。

本实验约需 4 h。

【注释】

[1] 滴液漏斗的末端及温度计水银球都要浸入液面以下,滴液漏斗的末端距瓶底约 5 mm,接收瓶应浸入冰水浴中冷却,接引管支管接橡皮管,通入下水道或室外。

[2] 若乙醚滴加速度过快,则大量未反应乙醇被蒸出,而且会使反应液温度骤降,减少醚的生成。

[3] 拆反应装置时附近不可有明火等高温物体。后续洗涤、蒸馏时同样要注意防火。

[4] 醚层应在带磨口塞的锥形瓶中干燥,稍做摇动。室温较高时,瓶外要用冰水冷却;干燥完全的产品应是澄清透明的。

[5] 此处蒸馏所用的仪器均需预先干燥。

五、思考题

(1) 制备乙醚时为什么不用回流装置? 滴液漏斗的下端不能伸到规定的位置时如何解决?

(2) 反应时温度过高或者过低对反应有什么影响?

(3) 粗乙醚中的杂质是如何除去的? 在用 5％ NaOH 溶液洗涤之后,用饱和 CaCl₂ 溶液洗涤之前,为何要用饱和 NaCl 溶液洗涤?

(4) 蒸馏低沸点易燃或有毒有机物时要注意哪些问题?

实验 24　正丁醚

一、实验目的

（1）掌握醇分子间脱水制备醚的原理和实验方法。

（2）学习使用分水器的实验操作。

二、实验原理

醇分子间脱水生成醚是制备简单醚的常用方法。在浓硫酸存在下，正丁醇在不同温度下脱水产物会有不同，主要是正丁醚或丁烯，因此反应必须严格控制温度。

主反应：

$$2CH_3CH_2CH_2CH_2OH \underset{134℃\sim135℃}{\overset{H_2SO_4}{=\!=\!=}} CH_3CH_2CH_2CH_2OCH_2CH_2CH_2CH_3 + H_2O$$

副反应：

$$CH_3CH_2CH_2CH_2OH \underset{>135℃}{\overset{H_2SO_4}{=\!=\!=}} CH_3CH_2CH =\!\!=CH_2 + H_2O$$

反应过程中正丁醇、反应生成的水及正丁醚能形成沸点为 90.6℃ 的三元恒沸物，经冷凝回流进入分水器中，由于正丁醇、正丁醚在水中的溶解度较小且密度也比水小，因此浮于上层。因此利用分水器就可使正丁醇自动地连续返回到反应器中继续反应，水则主要留在分水器的下部与反应体系脱离，有利于反应向生成醚的方向进行。

三、仪器与试剂

1. 仪器

三颈烧瓶（100 mL）、温度计（200℃）、球形冷凝管、分水器、分液漏斗、简单蒸馏装置。

2. 试剂

正丁醇、浓硫酸、沸石、饱和食盐水、氢氧化钠（5％）、饱和氯化钙、无水氯化钙。

实物装置图

四、实验步骤

在 100 mL 三颈烧瓶中加入 12.5 mL（约 10 g，0.136 mol）正丁醇，边摇动边滴加 1 mL 浓硫酸，充分摇匀[1]，加入沸石。在分水器中加入（V－1.2）mL 的饱和食盐水[2]，按第一章图 1-9 安装实验装置，温度计水银球必须插入液面以下，另一侧口用塞子塞紧，中口装上分水器，加热使瓶内液体微沸，开始回流分水。反应生成的水以共沸物形式蒸出，蒸气冷凝、收集于分水器中。当分水器中液面上升到支口位置时，上层的液体可自动流回烧瓶中继续反应。

继续加热，使烧瓶内反应液的温度达到 135℃ 左右[3]。当分水器基本被水充满，水层不再变化，表示反应已基本完成，约需 1 h。待反应液冷却后，将反应液及分水器中的液体一起倒入盛有 20 mL 水的分液漏斗中。充分振摇，静置，弃去下层液体。上层粗产物正丁醚依次用 10 mL 50％硫酸[4]、5 mL 5％ NaOH[5]、5 mL 饱和食盐水和 5 mL 饱和氯化钙溶液洗涤。洗涤后的粗产物用适量无水氯化钙干燥。干燥后的产物进行蒸馏，收集 140～144℃ 馏分,产量约 2～3 g。

　　纯正丁醚的沸点 142.4℃,折光率 n_D^{20} 1.399 2,其红外和核磁共振图谱见附录 7(图 11)。

　　本实验约需 4 h。

【注释】

　　[1] 正丁醇与硫酸混合后应充分振摇,使之混合均匀,否则硫酸局部过浓,加热后易使反应溶液变黑。

　　[2] V 是分水器的容积。

　　[3] 开始回流时,因有低沸点的恒沸物存在,温度不会迅速达到 135℃,随着反应的进行,温度会渐渐升高,但温度不可太高,否则反应液会炭化变黑,并有大量副产物丁烯生成。

表 3-1　正丁醇、正丁醚和水可以生成的恒沸物

恒沸物	沸点(℃)	组成比(质量分数)
正丁醇-水	93.0	55.5 : 45.5
正丁醚-水	94.1	66.6 : 33.4
正丁醇-正丁醚	117.6	17.5 : 82.5
正丁醇-正丁醚-水	90.6	35.5 : 34.6 : 29.9

　　[4] 正丁醇溶解于 50% 硫酸中,而正丁醚则溶解较少。

　　[5] 在用碱洗涤过程中,不宜激烈地摇动分液漏斗,否则会严重乳化,难以分层。

五、思考题

　　(1) 按反应式计算,生成水的量为 1.2 g,实际所分出的水层体积略大于计算值,为什么?

　　(2) 为何要在分水器中加入 $(V-1.2)$ mL 的饱和食盐水?

　　(3) 粗正丁醚中的杂质是如何除去的? 在用 5% NaOH 溶液洗涤之后,用饱和 $CaCl_2$ 溶液洗涤之前,为何要用饱和 NaCl 溶液洗涤?

实验 25　β-萘乙醚

一、实验目的

　　(1) 学习通过 Williamson 反应合成醚的原理和实验方法。

　　(2) 巩固回流、重结晶提纯等操作技术。

二、实验原理

　　β-萘乙醚又称橙花醚或橙花油,是一种合成香料,用于某些日化用品,也可用作其他香料(如玫瑰香料、柠檬香料)的定香剂。

　　β-萘乙醚是一个烷基芳基醚,可由 Williamson 醚合成法通过 β-萘酚钾盐或钠盐与溴乙烷或碘乙烷作用制备,也可由 β-萘酚与乙醇脱水制备。本实验采用第一种方法。

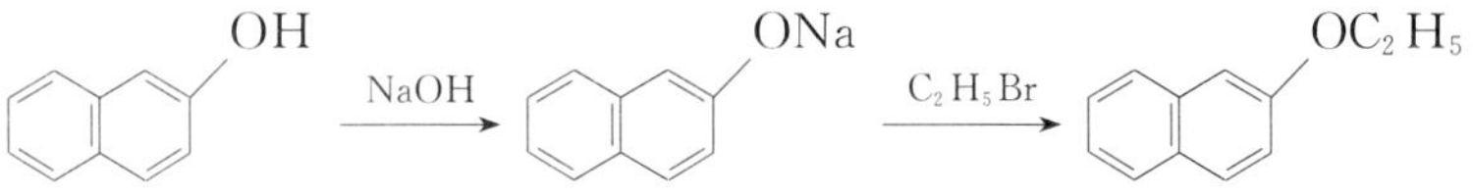

三、仪器与试剂

1. 仪器

圆底烧瓶(100 mL)、球形冷凝管、电热套、表面皿、烧杯、量筒、抽滤装置。

2. 试剂

β-萘酚、溴乙烷、无水乙醇、氢氧化钠、活性炭、95%乙醇。

四、实验步骤

在 100 mL 圆底烧瓶中加入 35 mL 无水乙醇,依次将 2.8 g(0.07 mol)氢氧化钠、3.5 g (0.024 mol)β-萘酚溶于其中,搅拌使其溶解,然后加入 3.5 mL(0.047 mol)溴乙烷,摇匀。装上球形冷凝管,在水浴上加热回流 1.5~2 h[1]。在回流过程中,间歇摇动反应瓶[2]。

反应结束后,将反应混合物转移到盛有 100 mL 冰水的 250 mL 烧杯中,同时不断地搅拌,待固体充分析出后,抽滤并用冷水洗涤。粗产物用 95%乙醇重结晶[3],晾干后称量。产量约为 2.5~3 g,熔点 37~38℃。其红外和核磁共振图谱见附录 7(图 12)。

本实验约需 4 h。

【注释】

[1] 溴乙烷的沸点为 38.4℃,易挥发,因此反应前期水浴温度不能太高,回流冷却水流量要适当加大一些,保证有足够的溴乙烷参加反应。

[2] 回流过程中烧瓶中可能有固体析出,间歇摇动可以防止出现结块。若采用电磁搅拌和油浴恒温加热,效果会更好。

[3] 如粗产物带有灰黄色,可加少许活性炭脱色。

五、思考题

(1) β-萘乙醚可否采用乙醇与 β-溴代萘反应来合成?为什么?

(2) 本实验中 β-萘酚钠的生成是用氢氧化钠的乙醇溶液,为什么不用氢氧化钠的水溶液?

实验 26　二苯醚

一、实验目的

(1) 掌握实验室制备二苯醚的原理(Ullmann 反应)和方法。

(2) 了解微波加热在有机合成中的应用,初步掌握微波反应器的使用方法。

二、实验原理

Ullmann 反应是合成二芳醚类化合物的主要方法,反应中常用一价铜盐为催化剂,加入一些含氮的配体可以提高反应收率。本实验是在微波反应器中进行湿反应,快速简便地合成二苯醚。

$$\text{I} + \text{HO} \xrightarrow[\substack{\text{Cs}_2\text{CO}_3,\text{DMF},155\sim158℃ \\ \text{MW 20 mim}}]{\substack{10\ \text{mol}\%\ \text{CuI} \\ 30\ \text{mol}\%\ N,N\text{-二甲基甘氨酸盐酸盐}}} \text{O}$$

三、仪器与试剂

1. 仪器

电子天平、常量或半微量标准口玻璃仪器、微波反应器。

2. 试剂

碘化亚铜、N,N-二甲基甘氨酸盐酸盐、碘苯、苯酚、碳酸铯、N,N-二甲基甲酰胺、乙酸乙酯、无水硫酸钠。

四、实验步骤

在 100 mL 干燥的茄形烧瓶中依次放入碘化亚铜 0.38 g（2 mmol），N,N-二甲基甘氨酸盐酸盐 0.84 g（6 mmol）[1]，碘苯 4.05 g（20 mmol），苯酚 2.9 g（30 mmol），碳酸铯 13.0 g（40 mmol）[2]和 N,N-二甲基甲酰胺 50 mL[3]，此时混合液为蓝色。将反应瓶放入微波反应器中，装上回流冷凝管，微波强度调至 300 W，开启搅拌，反应 20 min。

反应结束后，将棕色的反应混合液冷却至室温，进行薄层色谱分析[4]。然后，加等体积水稀释，用 100 mL 乙酸乙酯萃取 4～5 次，有机层用无水硫酸钠干燥。先在水浴上蒸馏回收乙酸乙酯，然后小火蒸除残留的乙酸乙酯，稍冷后改用空气冷凝管蒸馏[5]，收集 275～277 ℃馏分，产量约为 1.20 g（产率 70%）。

纯二苯醚为无色透明油状液体，bp 276.9 ℃，mp 26.5 ℃，其红外和核磁共振图谱见附录 7（图 13）。

本实验约需 3 h。

【注释】

[1] 使用其他氨基酸也可以催化该反应，如取 L-脯氨酸 0.96 g（8 mmol）。

[2] 使用碳酸铯要比使用碳酸钾的效果好，但碳酸铯比较贵。本实验也可以使用价格便宜的碳酸钾。

[3] N,N-二甲基甲酰胺（DMF）极性高，沸点高，是极好的能量传递介质。为了保证微波反应器中温控探头测温的准确性，总反应液的液面高度不得低于测温探头，因而 DMF 的使用量不能太少。

[4] 取薄板一块，在同一起点线上点样，用石油醚展开，在紫外灯下 254 nm 波段显色，记录层析结果，计算二苯醚的 R_f 值。三个样品点依次为碘苯标样、反应混合液和二苯醚标样，液体样品用石油醚配成溶液后使用。

[5] 也可以采用减压蒸馏。

五、问题

（1）Ullmann 反应有何特点？

（2）反应完成后为什么加水后再用乙酸乙酯萃取？

（3）微波反应有何特点？所有的有机化学反应都能利用微波来进行吗？

实验 27　1,1′-联-2-萘酚

一、实验目的

(1) 掌握利用 2-萘酚的氧化偶联反应合成外消旋 1,1′-联-2 萘酚的原理和方法。

(2) 了解分子识别原理及其在手性拆分中的应用。

(3) 掌握实验中涉及的萃取、重结晶、蒸馏等基本操作。

二、实验原理

光学纯 1,1′-联-2-萘酚(BINOL)是不对称合成中应用最广泛、不对称诱导效果最好的手性辅助试剂之一。1,1′-联-2-萘酚由于存在轴手性,所以存在一对对映体,其外消旋体 (rac)、(R)-型和(S)-型的结构如下:

(rac)-BINOL,1　　　　(R)-BINOL　　　　(S)-BINOL

1. 外消旋 1,1′-联-2-萘酚的合成

外消旋 1,1′-联-2-萘酚的合成主要通过 2-萘酚的氧化偶联获得,常用的氧化剂有 Fe^{3+}、Cu^{2+}、Mn^{3+} 等,反应介质大致包括有机溶剂、水或者无溶剂。本实验采用 $FeCl_3 \cdot 6H_2O$ 为氧化剂,水为反应介质的绿色反应体系。

(rac)-BINOL,1

2. 外消旋 1,1′-联-2-萘酚的拆分

外消旋体的拆分方法有多种,其中通过分子识别的方法对映选择性地形成主-客体(或超分子)络合物,从而达到拆分的目的是有效、实用而方便的手段之一。外消旋体 1,1′-联-2-萘酚的拆分是利用容易制备的 N-苄基氯化辛可宁(2)作为拆分试剂,因为它能够选择性地与(rac)-BINOL 中的(R)-BINOL 异构体形成稳定的分子络合物晶体,而(S)-BINOL 异构体则被留在母液中,从而实现(rac)-BINOL 的光学拆分。

三、仪器与试剂

1. 仪器

电子天平、水浴、油浴、煤气灯、普通玻璃仪器、常量或半微量标准磨口玻璃仪器、抽滤装置、循环水真空泵、旋光仪。

2. 试剂

2-萘酚、$FeCl_3 \cdot 6H_2O$、甲苯、N-苄基氯化辛可宁、乙腈、乙酸乙酯、稀盐酸(1 mol/L)、饱和食盐水、无水 $MgSO_4$、四氢呋喃(THF)、苯、Na_2CO_3、甲醇。

四、实验步骤

1. 外消旋 $1,1'$-联-2-萘酚的合成[1]

在 50 mL 三角烧瓶中,将 3.8 g $FeCl_3 \cdot 6H_2O$(14 mmol)溶解于 30 mL 水中,然后加入 1.0 g 粉末状的 2-萘酚(7 mmol),加热悬浮液至 50~60℃,并在此温度下搅拌 1 h。冷却至室温后抽滤得到粗产品,用蒸馏水洗涤以除去 Fe^{3+} 和 Fe^{2+}。用 10 mL 甲苯重结晶,得到白色针状晶体[2]0.95 g,收率 95%,熔点 216~218℃。

本部分实验约需 2~3 h。

2. 外消旋 $1,1'$-联-2-萘酚的拆分

在一装有回流冷凝管的 50 mL 圆底烧瓶中,加入 1.0 g (*rac*)-BINOL(3.5 mmol),0.884 g N-苄基氯化辛可宁[3](2.1 mmol)和 20 mL 乙腈。反应混合物搅拌下加热回流反应 2 h,然后冷却至室温,抽滤析出的白色固体,固体用 15 mL 乙腈洗涤 3 次(每次 5 mL)。固体是(*R*)-(+)-BINOL 与 N-苄基氯化辛可宁形成的 1:1 分子络合物[4],熔点 248℃(分解)。母液保留,用于回收(*S*)-(-)-BINOL。

将白色固体悬浮于由 40 mL 乙酸乙酯和稀盐酸水溶液(1 mol/L 盐酸 30 mL + 水 30 mL)组成的混合体系中,混合物在室温下搅拌反应 30 min,直至白色固体消失。分出有机相,水相用 10 mL 乙酸乙酯萃取一次,合并有机相,用饱和食盐水洗涤,有机相用无水 $MgSO_4$ 干燥,过滤除去干燥剂,蒸去有机溶剂,残留物用苯重结晶,得到 0.3~0.4 g 无色柱状晶体,即(*R*)-(+)-BINOL,收率 60%~80%,熔点 208~210℃,$[\alpha]_D^{27} = +32.1°$(c = 1.0,THF)。

将母液蒸干,所得固体重新溶于 40 mL 乙酸乙酯中,并用 10 mL 稀盐酸(1 mol/L)和 10 mL 饱和食盐水各洗涤一次,有机层用无水 $MgSO_4$ 干燥,过滤除去干燥剂,蒸去有机溶剂,残留物用苯重结晶,得到 0.3~0.4 g (*S*)-(+)-BINOL,收率 60%~80%,熔点 208~210℃,$[\alpha]_D^{27} = -33.5°$(c = 1.0,THF)[5]。

将上述两个萃取后的盐酸层(水相)合并,然后用固体 Na_2CO_3 中和至无气泡放出,得到白色沉淀,抽滤,固体用甲醇-水混合溶剂重结晶,得到 N-苄基氯化辛可宁,回收率 >90%,可重新用来拆分,而且不降低效率[6]。

本部分实验约需 5~6 h。

$1,1'$-联-2-萘酚的红外和核磁共振图谱见附录 7(图 14)。

【注释】

[1] 本实验第一步(*rac*)-BINOL 的合成可每人做一份,第二步拆分可两人合做一份,拆分完毕得到的(*R*)-(＋)-BINOL 和(*S*)-(－)-BINOL 的进一步纯化可分别由两位同学完成。

[2] 外消旋体 BINOL 与光学纯 BINOL 的熔点有明显的区别,晶体形状也明显不同,外消旋 BINOL 为针状晶体,而光学纯 BINOL 容易形成较大的块状晶体。

[3] *N*-苄基氯化辛可宁由辛可宁和苄氯在无水 *N*,*N*-二甲基甲酰胺中反应制得,可由教师预先完成。具体的制备方法如下:将 11.76 g 辛可宁(40 mmol)加到 7.62 g 苄氯(60 mmol)的 80 mL *N*,*N*-二甲基甲酰胺(DMF)溶液中,混合物在 80℃搅拌反应 3 h,冷却到室温后抽滤收集白色固体,固体用 20 mL 丙酮洗涤两次(每次 10 mL),干燥得到 14.24 g *N*-苄基氯化辛可宁,产率 85％,熔点 256℃(分解)。

[4] *N*-苄基氯化辛可宁与(*R*)-BI-
NOL 的分子识别模式如图所示,二者间主要通过分子间氢键作用以及氯负离子与铵正离子的静电作用结合,包括一个(*R*)-BINOL 分子的羟基氢与氯负离子间以及邻近的另一个(*R*)-BINOL 分子的羟基氢与氯负离子间的氢键作用,氯负离子在两个(*R*)-BINOL 分子间起桥梁作用,同时氯负离子与 *N*-苄基氯化辛可宁正离子的静电作用以及 *N*-苄基氯化辛可宁分子中羟基氢与(*R*)-BINOL 分子中的一个羟基氧间的氢键作用使 BINOL 部分与 *N*-苄基氯化辛可宁部分结合起来。

N-苄基氢化辛可宁

[5] 外消旋体的拆分理论上分成单一的左旋体和右旋体,但实际上可能存在不能彻底拆分开的情况。就本实验而言,右旋体中混有极少量的左旋体,所以拆分得到的右旋联萘酚的比旋度数值比左旋体的数值略小。

[6] *N*-苄基氯化辛可宁的回收可由实验指导教师统一进行,这样可以提高回收率。

五、思考题

(1) 在各步骤中用乙酸乙酯萃取的是什么物质?
(2) 在萃取后的盐酸层中是什么物质?
(3) 外消旋体的拆分方法除分子识别外还有哪些?

§3.4　醛、酮

实验 28　2-乙基-2-己烯醛

一、实验目的

(1) 学习用羟醛缩合反应制备 α,β-不饱和醛(酮)的原理和方法。
(2) 掌握减压蒸馏的仪器安装和操作方法。
(3) 巩固搅拌、回流、萃取、干燥等基本操作。

二、实验原理

在稀碱催化作用下,含有 α-活泼氢的醛(酮)产生碳负离子,与另一分子醛(酮)中的羰基发生亲核加成反应,生成 β-羟基醛(酮)类化合物,此类化合物不稳定,易脱水生成 α,β-不饱和醛(酮)。这类反应称为羟醛缩合(Aldol)反应。

本实验在稀碱催化作用下,正丁醛进行羟醛缩合反应,生成 2-乙基-3-羟基己醛,此化合物在一定反应条件下进一步脱水,生成 2-乙基-2-己烯醛,一般称为辛烯醛。在工业上,它主要用来制备辛醇(2-乙基-1-己醇),后者是合成增塑剂邻苯二甲酸二辛酯的重要原料。2-乙基-2-己烯醛的合成反应式如下:

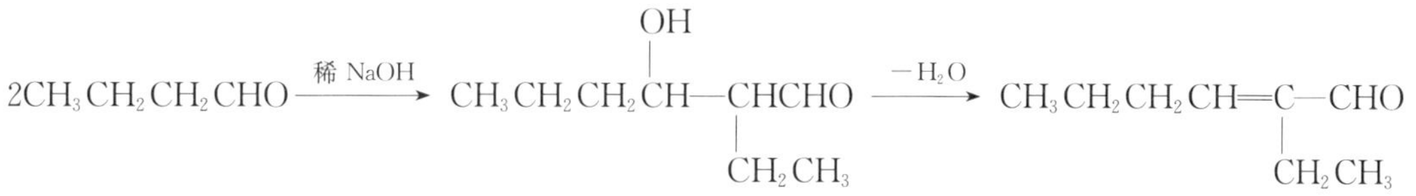

$$2CH_3CH_2CH_2CHO \xrightarrow{稀\ NaOH} CH_3CH_2CH_2\overset{OH}{\underset{CH_2CH_3}{\underset{|}{\overset{|}{CH}}}} \!\!-\!\! CHCHO \xrightarrow{-H_2O} CH_3CH_2CH_2CH\!\!=\!\!\underset{CH_2CH_3}{\underset{|}{C}}\!\!-\!\!CHO$$

三、仪器与试剂

1. 仪器

标准口玻璃仪器、磁力加热搅拌器或机械搅拌器、水浴锅、减压蒸馏装置。

2. 试剂

正丁醛、氢氧化钠(5%)、无水硫酸钠。

四、实验步骤

在装有搅拌器[1]、回流冷凝管和恒压滴液漏斗的 100 mL 三颈瓶中(见第一章图 1-10),加入 5 mL 5% NaOH 水溶液。在充分搅拌下,从滴液漏斗中不断滴入 13 mL (0.15 mol)正丁醛[2],约 10 min 滴加完毕。加完后,在 90℃ 水浴上继续加热搅拌 1 h,使反应完全,此时反应液变为浅黄色或橙色。将反应物转入分液漏斗,分去碱液(下层),油层(上层)每次用 5 mL 水洗涤 3 次。粗产物转入一个干燥的锥形瓶中,加入适量的无水硫酸钠进行干燥。过滤后,减压蒸馏,收集 60~70℃/1.33~4.0 kPa(10~30 mmHg)的馏分,产量约 6~7 g,为无色或略带淡黄色的带腥味的液体[3]。

纯 2-乙基-2-己烯醛为无色液体,沸点 177℃(略有分解)。其红外图谱见附录 7 (图 15)。

本实验约需 6 h。

【注释】

[1] 搅拌器接口处要注意密封,防止正丁醛挥发(正丁醛沸点 75℃)。

[2] 正丁醛易燃,有强烈的刺激性。应远离火种,避免吸入蒸气,勿与眼睛、皮肤接触,不要将药品倒入下水道。

[3] 辛烯醛易引起过敏反应,勿与眼睛、皮肤等接触。

五、思考题

(1) 本实验中,氢氧化钠的作用是什么? 碱的浓度过高,用量过大有什么影响?

(2) 写出过量甲醛在碱作用下,分别与乙醛和丙醛反应的最终产物。

实验 29　对甲基苯乙酮

一、实验目的

(1) 学习用 Friedel-Crafts 酰基化反应制备芳香酮的原理和方法。

(2) 掌握无水条件下的搅拌、滴加及带有尾气吸收装置的回流实验操作。

二、实验原理

对甲基苯乙酮有类似山楂子花的芳香，并有像紫苜蓿、蜂蜜或草莓的香味，花果香味尖锐而带甜，可用于配制金合欢型皂用紫丁香型香精，可作果味食品香精。

在无水三氯化铝、三氯化铁、氯化锌和三氟化硼等 Lewis 酸或多聚磷酸(PPA)的存在下，芳烃与酰氯或酸酐作用，芳环上的氢原子被酰基取代生成芳香酮的反应称为 Friedel-Crafts 酰基化反应。本实验采用甲苯在无水三氯化铝催化下与乙酸酐反应制备对甲基苯乙酮。

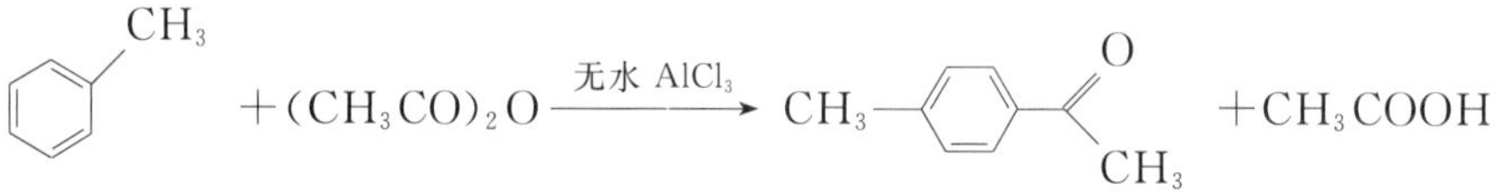

$$\text{（甲苯）} + (CH_3CO)_2O \xrightarrow{\text{无水 } AlCl_3} CH_3\text{-（苯环）-}C(=O)CH_3 + CH_3COOH$$

可能的副产物是邻甲基苯乙酮，它与主产物之比一般不超过 1:20。

三、仪器与试剂

1. 仪器

带干燥管以及 HCl 尾气吸收的回流装置、标准磨口玻璃仪器、加热套、简单蒸馏装置、减压蒸馏装置、搅拌器。

2. 试剂

无水甲苯、醋酸酐、无水三氯化铝[1]、浓盐酸、氢氧化钠(5%)、无水氯化钙。

实验装置图

四、实验步骤

在 100 mL 三颈烧瓶上安装搅拌器、滴液漏斗和上口装有无水氯化钙干燥管[2]的球形冷凝管，干燥管与 HCl 尾气吸收装置相连，见第一章图 1-12。

快速称取 13.0 g(0.098 mol)无水三氯化铝，研碎后放入三颈烧瓶中，立即加入 20 mL 无水甲苯，在搅拌下慢慢滴加 3.7 mL(0.039 mol)醋酐与 5 mL 无水甲苯的混合液[3]，约需 20 min 滴完。然后在 90～95℃下加热至无氯化氢气体逸出，约需30 min。撤去气体吸收装置，待反应液冷却后[4]，将三颈瓶置于冰水浴中，在搅拌下慢慢滴入 30 mL 浓盐酸与30 mL 冰水的混合液。当瓶中固体全部溶解后，将反应物转入分液漏斗中，分出有机层。水层每次用 5 mL 甲苯萃取 2 次，合并有机层。依次用水、5% NaOH 溶液、水各 15 mL 洗涤，最后用无水硫酸镁干燥。

将干燥后的甲苯溶液滤入蒸馏瓶，先蒸去甲苯[5]，当馏分温度升至 140℃左右时停止加热。稍冷后改用空气冷凝管进行蒸馏，收集 220～225℃的馏分。或把装置改为减压蒸馏装置,先用水泵减压蒸馏进一步除去甲苯,然后用油泵减压蒸馏,收集 112.5℃/1.46 kPa(11 mmHg)或93.5℃/0.93 kPa(7 mmHg)的馏分,可得对甲基苯乙酮4~4.5 g。

纯对甲基苯乙酮为无色液体,沸点 225℃/98.1 kPa(736 mmHg),熔点 28℃,折光率 n_D^{20} 1.533 5。其红外和核磁共振图谱见附录7(图 16)。

本实验约需 6~8 h。

【注释】

[1] 无水三氯化铝的质量是实验成功的关键,称量、研细、投料都要迅速,避免长时间暴露在空气中吸水,影响催化效率。

[2] 仪器应充分干燥,并要防止潮气进入反应体系中,以免无水三氯化铝水解,降低其催化能力。

[3] 混合液滴加速度不可太快,否则会有大量的氯化氢气体逸出,造成环境污染,并且还会增加副反应。

[4] 冷却前应先撤去尾气吸收装置,防止冷却时气体吸收装置中的水发生倒吸。

[5] 由于最终产物不多,宜选用较小的蒸馏瓶,甲苯溶液可用漏斗分批加入。

五、思考题

(1) 反应体系为什么要处于干燥的环境? 为此你在实验中采取了哪些措施?

(2) 反应完成后加入浓盐酸与冰水混合液的作用何在?

(3) 在 Friedel-Crafts 烷基化和酰基化反应中三氯化铝的用量有何不同? 为什么?

(4) 下列试剂在无水三氯化铝存在下相互作用,应得到什么产物?

① 苯和1-氯丙烷　② 苯和丙酸酐　③ 甲苯和邻苯二甲酸酐　④ 过量苯和1,2-二氯乙烷

实验 30　环己酮

一、实验目的

(1) 学习铬酸氧化法制备环己酮的原理和方法,掌握仲醇转变为酮的实验方法。

(2) 掌握电动搅拌器的使用;巩固萃取、洗涤、干燥、蒸馏和折光率测定等基本操作。

(3) 了解绿色氧化等合成方法。

二、实验原理

醇的氧化是制备醛酮的重要方法之一,六价铬是将伯醇、仲醇氧化成相应的醛酮的最重要和最常用的试剂,氧化反应可在酸性、碱性或中性条件下进行。

在酸性条件下进行氧化,可用水、丙酮、醋酸、二甲亚砜(DMSO)、二甲基甲酰胺(DMF)等作溶剂,或由它们组成的混合溶剂。如仲醇溶于醚,可用铬酸在醚-水两相中将仲醇(如薄荷醇、2-辛醇)氧化成酮。仲醇与铬酸形成铬酸酯,然后被萃取到水相,酮生成后又被萃取到有机相,从而避免了酮的进一步氧化。

铬酸长期存放不稳定,因此需要时可将重铬酸钠(或钾)或三氧化铬与过量的酸(硫酸或乙酸)反应制得。铬酸与硫酸的水溶液叫 Jones 试剂。

用铬酸氧化伯醇,得到的醛容易进一步氧化成酸和酯。若采取将铬酸滴加到伯醇中(以避免氧化剂过量)或将反应生成的醛通过分馏柱及时从反应体系中蒸馏出来,则醛的产率将提高。

近几年来,为了克服采用 $K_2Cr_2O_7$ 或 $KMnO_4$ 氧化法存在环境污染的缺点,有人研究以 30% H_2O_2 为清洁氧化剂,用价廉易得、水溶性好、无毒无害、易分离回收的 $FeCl_3$ 为催化剂,催化氧化环己醇得到产率 75% 以上的环己酮,是一条实验室绿色合成环己酮的好途径。

本实验分别用铬酸、次氯酸钠和过氧化氢作氧化剂,将环己醇氧化成环己酮:

$$\text{\Large$\bigcirc$}\!\!-\!OH \xrightarrow{[O]} \text{\Large$\bigcirc$}\!\!=\!O$$

三、仪器与试剂

1. 仪器

三颈烧瓶(250 mL)、电动搅拌器、滴液漏斗、球形冷凝管、蒸馏头、接液管、分液漏斗、空气冷凝管、温度计、普通玻璃仪器、常量或半微量标准磨口玻璃仪器、电热套。

2. 试剂

环己醇、浓硫酸、重铬酸钾、草酸、甲醇、乙醚、氯化钠、无水硫酸钠。

四、实验步骤

方法一:用铬酸作氧化剂

将 5.2 g 重铬酸钾($K_2Cr_2O_7 \cdot 2H_2O$)溶于 50 mL 水中,配制重铬酸钾水溶液,并转入滴液漏斗中。在 250 mL 三颈烧瓶中加入 30 mL 冰水,边摇边慢慢滴加 5 mL 浓硫酸,充分混合后,小心分批加入 5 g(约 5.25 mL,0.05 mol)环己醇,不断振摇。待反应瓶内溶液温度降至 30℃ 以下[1],开动搅拌器,将重铬酸钾水溶液分批慢慢滴入。氧化反应开始后,混合液迅速变热,橙红色的重铬酸钾溶液变成绿色。当烧瓶内温度达到 55℃ 时,控制滴加速度,维持反应温度在 55~60℃ 之间[2],加完后继续搅拌,直至温度有自动下降的趋势为止。然后加入少量草酸(约0.25 g)或 1~2 mL 甲醇,使溶液变成墨绿色,以破坏过量的重铬酸钾。

在反应瓶内加入 25 mL 水和几粒沸石,改为蒸馏装置[3]。将环己酮和水一起蒸出(两者的共沸蒸馏温度为 95℃)。直至馏出液不再混浊,再多蒸出约 5~7 mL。馏出液中加入氯化钠[4]使之饱和,分液漏斗分出有机层。水层用 15 mL 乙醚萃取 2 次,合并有机层和萃取液,并用无水硫酸钠干燥有机相。粗产品先经水浴加热蒸去乙醚,继续常压蒸馏收集 150~156℃ 的馏分(140℃ 以上改用空气冷凝管),产品质量约 3~3.5 g。

纯环己酮的沸点 155.6℃,密度 0.947 8,折光率 n_D^{20} 1.450 7。其红外和核磁共振图谱见附录 7(图 17)。

本方法约需 4 h。

方法二:用次氯酸钠作氧化剂

在装有搅拌器、滴液漏斗和温度计的 250 mL 三颈烧瓶中,依次加入 5.2 mL(0.05 mol)环己醇和 25 mL 冰醋酸。开动搅拌器,在冰水浴冷却下,将 38 mL 次氯酸钠水溶液(约

1.8 mol/L[5])通过滴液漏斗逐滴加入反应瓶中,并使瓶内温度维持在 30～35℃,加完后搅拌 5 min,用碘化钾淀粉试纸检验应呈蓝色。否则应再补加 5 mL 次氯酸钠溶液,以确保有过量次氯酸钠存在,使氧化反应完全。在室温下继续搅拌 30 min,加入饱和亚硫酸氢钠溶液,直至反应液对碘化钾淀粉试纸不显蓝色为止[6]。

向反应混合物中加入 30 mL 水、3 g 氯化铝[7]和几粒沸石,加热蒸馏,至馏出液无油珠滴出为止。在搅拌下向馏出液分批加入无水碳酸钠至反应液呈中性为止,然后加入氯化钠使溶液饱和,用分液漏斗分出有机层,用无水硫酸镁干燥。蒸馏收集 150～155℃ 馏分,称量。产量约 3.0～3.4 g。

本方法约需 4 h。

方法三:用过氧化氢作氧化剂

在装有回流冷凝管、温度计、滴液漏斗的 250 mL 三颈烧瓶中,加入 10.5 mL 环己醇、2.5 g 氯化铁催化剂,慢慢滴加 10 mL 30% 过氧化氢,水浴控制反应温度 55～60℃,过氧化氢滴加完后,继续反应 30 min,其间不时振摇使反应完全,反应液呈墨绿色。

反应完成后,在三颈瓶中加入 60 mL 水和几粒沸石,改成蒸馏装置,将环己酮和水一起蒸出来,直至馏出液不再浑浊后再多蒸 15～20 mL,约收集 50 mL 馏出液。馏出液用精盐饱和后,转入分液漏斗,静置分出有机层,水层用 15 mL 无水乙醚萃取一次,合并有机层与萃取液,用无水碳酸钠干燥。然后水浴蒸馏除去乙醚,蒸馏收集 150～156℃ 的馏分,称量,产率约 70%。

本方法约需 3 h。

【注释】

[1] 反应物不宜过于冷却。如果反应瓶中的重铬酸钾积聚达到一定浓度时,升温会使反应突然剧烈,产生危险。

[2] 温度太高会产生副反应,可用冷水浴适当冷却。

[3] 加水蒸馏产品实际上是一种简化了的水蒸气蒸馏,环己酮与水形成恒沸混合物,沸点 95℃,含环己酮 38.4%,馏出液中还有乙酸,沸程 94～100℃。环己酮易燃,应注意防火。

[4] 馏出液中加入氯化钠的目的是为了降低环己酮的溶解度,有利于环己酮的分层。

[5] 次氯酸钠的浓度可用间接碘量法测定。次氯酸法与重铬酸钾法相比,其优点是避免使用有致癌危险的铬盐。但此法有氯气逸出,操作时应在通风橱中进行。

[6] 约需 5 mL NaHSO$_3$,此时发生下列反应:ClO$^-$ + HSO$_3^-$ ——→ Cl$^-$ + H$^+$ + SO$_4^{2-}$

[7] 加氯化铝可预防蒸馏时发泡。

五、思考题

(1) 环己醇用铬酸氧化得到环己酮,用高锰酸钾氧化则得己二酸,为什么?

(2) 利用伯醇氧化制备醛时,为什么要将铬酸溶液加入醇中而不是反过来?

(3) 在加重铬酸钾溶液过程中,为什么要待反应物的橙红色完全消失后滴加重铬酸钾?

(4) 氧化反应结束后为什么要加入草酸或甲醇?

(5) 在整个氧化反应过程中,为什么温度必须控制在一定的范围? 如何控制?

实验 31　二苯羟乙酮(安息香缩合反应)

一、实验目的

（1）学习安息香缩合反应的原理和应用 VB₁ 为催化剂合成安息香的实验方法。

（2）巩固重结晶的操作方法。

二、实验原理

苯甲醛在氰化钠(钾)催化下于乙醇中加热回流,两分子苯甲醛之间发生缩合反应生成二苯羟乙酮(也称安息香)。有机化学中将芳香醛进行的这一类反应都称为安息香缩合。其反应机理类似于羟醛缩合反应,也是碳负离子对碳基的亲核加成反应。

由于氰化物有剧毒,使用不当会有危险,本实验用维生素 B₁ 代替氰化物催化安息香缩合,反应条件温和,无毒,产率较高。其反应式如下:

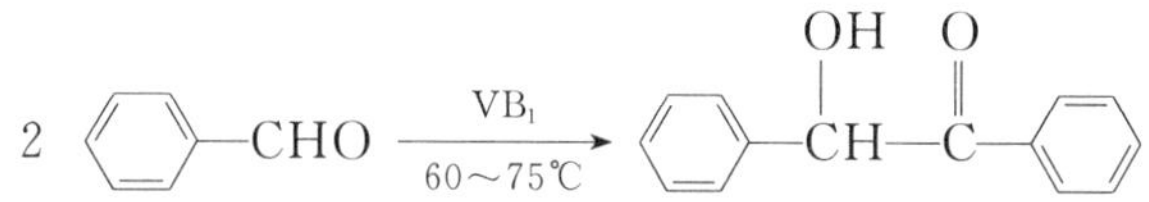

$$2 \; \text{\Large ⬡}-\text{CHO} \xrightarrow[60\sim75℃]{\text{VB}_1} \underset{}{\text{\Large ⬡}}-\overset{\text{OH}}{\underset{}{\text{CH}}}-\overset{\text{O}}{\underset{}{\text{C}}}-\text{\Large ⬡}$$

VB₁ 又叫硫胺素,是一种生物辅酶,它在生化过程中主要是对 α-酮酸的脱羧和生成偶姻(α-羟基酮)等三种酶促反应发挥辅酶的作用。VB₁ 的结构如下图:

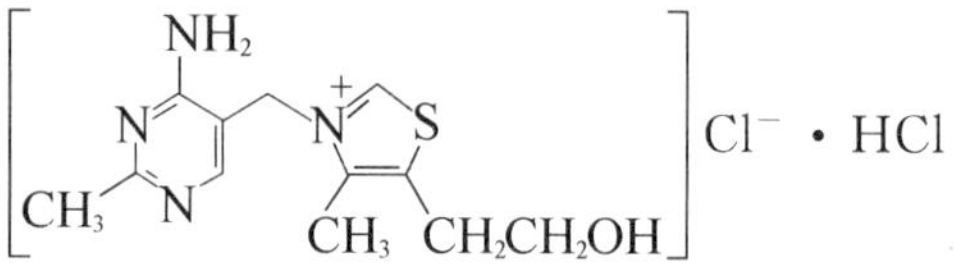

VB₁ 分子中右边噻唑环上的氮原子和硫原子之间的氢有较大的酸性,在碱作用下易被除去形成碳负离子,从而催化安息香的形成。

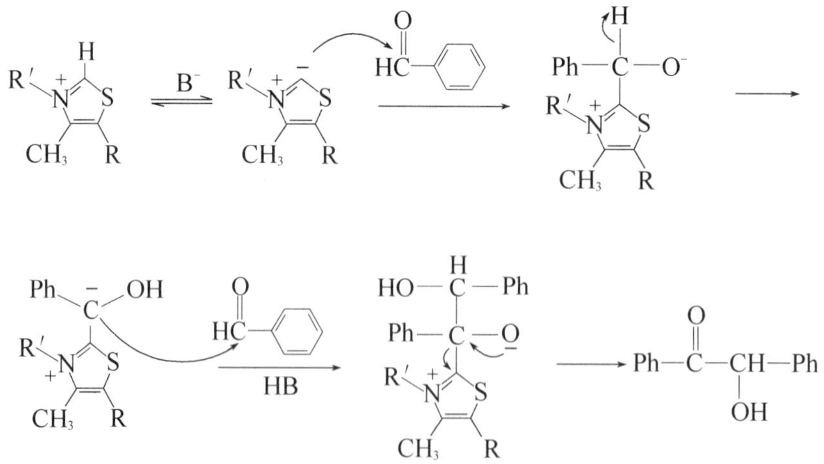

近年来,有人利用微波辐射促进安息香缩合反应,缩短反应时间,提高反应产率。

三、仪器与试剂

1. 仪器

电子天平、电热套、水浴锅、普通玻璃仪器、常量或半微量标准磨口玻璃仪器、显微熔点测定仪、布氏漏斗、抽滤瓶。

2. 试剂

苯甲醛(新蒸)、维生素 B_1(盐酸硫胺素)、95％乙醇、10％氢氧化钠溶液。

四、实验步骤

在 100 mL 圆底烧瓶中,加入 1.8 g 维生素 B_1[1]、5 mL 蒸馏水和 15 mL(0.26 mol)95％乙醇,将烧瓶置于冰浴中冷却。同时在一支试管中加入 5 mL 10％氢氧化钠溶液并置于冰浴中冷却[2]。然后在冰浴冷却下,将氢氧化钠溶液在 10 min 内滴加至硫胺素溶液中,并不断摇荡,调节溶液 pH 为 9～10,此时溶液呈黄色。去掉冰水浴,加入 10 mL(0.1 mol)新蒸的苯甲醛[3],装上回流冷凝管和几粒沸石,将混合物置于水浴上温热 1.5 h。水浴温度保持在 60～75℃,切勿将混合物加热至剧烈沸腾,此时反应混合物呈橘黄或橘红色均相溶液。将反应混合物冷至室温,析出浅黄色结晶。将烧瓶置于冰浴中冷却使结晶完全。若产物呈油状物析出,应重新加热使成均相,再慢慢冷却重新结晶。必要时可用玻璃棒摩擦瓶壁或投入晶种。抽滤,用 50 mL 冷水分两次洗涤结晶。粗产物用 95％乙醇重结晶[4]。若产物呈黄色,可加入少量活性炭脱色,产量约 5 g。

纯安息香为白色针状结晶,熔点为 137℃。其红外和核磁共振图谱见附录 7(图 18)。

本实验约需 4 h。

【注释】

[1] VB_1 的质量对本实验影响很大,应使用新开瓶或原密封、保管良好的 VB_1,用不完的应尽快密封保存在阴凉处。

[2] VB_1 溶液和 NaOH 溶液在反应前要用冰水充分冷透,否则 VB_1 的噻唑环在碱性条件下易开环失效,导致实验失败。

[3] 苯甲醛中不能含有苯甲酸,用前最好用 5％碳酸氢钠溶液洗涤,而后减压蒸馏,并避光保存。

[4] 安息香在沸腾的 95％乙醇中的溶解度为 12～14 g/100 mL。

五、思考题

(1) 实验为什么要使用新蒸馏出的苯甲醛? 为什么加入苯甲醛后,反应混合物的 pH 要保持在 9～10? 溶液的 pH 过低或过高有什么不好?

(2) 本实验中在加入苯甲醛之前为什么需在冰水浴中冷却?

(3) 安息香缩合与羟醛缩合、歧化反应有何不同?

实验 32　乙酰二茂铁

一、实验目的

(1) 通过 Friedel-Crafts 酰基化反应,学习乙酰二茂铁的合成原理与方法。

（2）掌握搅拌、滴加、重结晶、色谱分离等实验操作。

二、实验原理

二茂铁是由两个环戊二烯负离子与一个 Fe^{2+} 形成的配合物，1952 年 Wilkinson G 和 Woodward R B 等提出了二茂铁的"夹心面包"结构，即铁离子夹在两个环中间，依靠环中的 π 电子成键，10 个碳原子等同地与中间的亚铁离子键合，后者的外电子层含有 18 个电子，达到惰性气体氪的电子结构，分子中有一个对称中心，两个环是交错的，见图 3 - 2。

图 3 - 2　二茂铁"夹心面包"结构

二茂铁分子中环戊二烯负离子的 π 电子数为 6，符合休克尔规则，具有比较典型的芳香性。表现为：① 二茂铁具有反常的稳定性，加热到 470℃ 以上才开始分解；② 比苯更易发生芳环上的磺化、酰基化、烷基化等亲电取代反应。由于二茂铁分子中存在亚铁离子，对氧化剂敏感，所以不能用混酸对其硝化，而且二茂铁的反应通常在隔绝空气的条件下进行。

通过 Friedel-Crafts 酰基化反应，二茂铁酰基化可得到一取代乙酰基二茂铁或二取代的二乙酰基二茂铁。因乙酰基的致钝作用，使两个乙酰基并不在一个环上。虽然二茂铁的交叉构象占优势，但发现二乙酰基二茂铁只有一种，说明环戊二烯能够绕着与金属键合的轴旋转。二茂铁的发现与合成标志着有机金属化合物一个新领域的开始，其新奇的结构和特殊的化学性质大大促进了人们对过渡金属有机化合物的研究。由于二茂铁基团具有芳香性、氧化还原活性、稳定性和低毒性，其衍生物在聚合物、电化学、材料化学、医学等领域具有广泛应用。

本实验通过控制酰基化反应的条件，来合成单取代的乙酰基二茂铁。

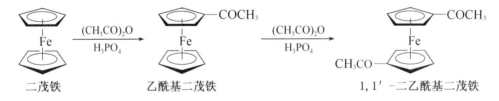

三、仪器与试剂

1. 仪器

普通玻璃仪器、标准口玻璃仪器、水浴锅、磁力搅拌器、红外灯、抽滤装置、层析缸、薄层板、显微熔点测定仪。

2. 试剂

二茂铁、乙酸酐、磷酸（85％）、无水氯化钙、碳酸氢钠、苯、乙醇、乙酸乙酯、石油醚（60～90℃）、pH 试纸。

四、实验步骤

1. 乙酰二茂铁的制备

在 100 mL 圆底烧瓶中,加入 2 g(0.010 8 mol)二茂铁和 5 mL(0.105 8 mol)乙酸酐,用冷水浴冷却,在摇荡下慢慢用滴管加入 2 mL 85% 的磷酸[1]。加料结束后,接上装有无水氯化钙干燥管的球形冷凝管,在沸水浴上加热 15 min[2],并时加摇荡。然后将反应混合物倾入盛有 40 g 碎冰的 400 mL 烧杯中,并用 10 mL 冷水涮洗烧瓶,将涮洗液并入烧杯。在搅拌下,分批加入固体 $NaHCO_3$(约 20～25 g)[3],调节溶液至中性(pH＝7～8)。将中和后的反应混合物置于冰浴中冷却 15 min,抽滤并收集析出的橙黄色固体,每次用 50 mL 冰水洗涤 2 次,抽干后在空气中干燥或在红外灯下(低于 60℃)烘干。干燥后的粗产物用石油醚(60～90℃)重结晶[4],亦可用柱色谱分离提纯[5]。称量,计算产率。

纯乙酰二茂铁的熔点为 85℃,其红外和核磁共振图谱见附录 7(图 19)。

2. 乙酰二茂铁的薄层层析

取少许干燥后的粗产物溶于石油醚,在薄层色谱硅胶 G 板上点样,用石油醚-乙酸乙酯(体积比 9:1)作展开剂,层析板上从上到下出现黄色、橙色和橙红色三个点,分别代表二茂铁、乙酰二茂铁和 1,1′-二乙酰基二茂铁[6],分别测定并计算其 R_f 值。

本实验约需 6 h。

【注释】

[1] 加入磷酸时要边搅拌边滴加。改变加料顺序会使二茂铁分解成黏稠的褐色物质。控制磷酸的滴加速度是实验成功的关键之一。

[2] 反应仪器必须预先烘干;沸水要沸腾,但加热时间不能太长,防止产物发黑,反应正常时析出橘红色结晶。

[3] 用 $NaHCO_3$ 中和粗产物时,逸出大量气体,出现激烈鼓泡,应小心操作,防止因加入速度过快导致产物逸出。也可用 Na_2CO_3 饱和水溶液(约 50～60 mL)。

[4] 将干燥后的粗产物转入 100 mL 圆底烧瓶中,加入石油醚(先少量)、沸石。加热回流,补加石油醚至粗产物刚好完全溶解。若溶液澄清透明,则可冷却、结晶、抽滤。若溶液混浊,则须在制成饱和溶液的基础上补加 20% 溶剂,加热回流 10 min,用保温漏斗快速过滤或用热的漏斗快速过滤(远离火源),收集滤液,冷却、结晶、抽滤,得纯品。

[5] 柱色谱分离提纯操作参见实验 13。以苯-乙醇(体积比 20:1)或石油醚-乙醚(体积比 3:1)溶液作为淋洗剂,首先流出的浅黄色谱带是二茂铁,然后流出的橙色谱带为乙酰基二茂铁,最后流出的红色谱带为二乙酰基二茂铁。将相应的溶液分别于旋转蒸发仪上蒸去溶剂,或置于通风橱中让其自然挥发,可得纯二茂铁、乙酰二茂铁或二乙酰基二茂铁。

[6] 可用碘蒸气或在紫外分析仪下显色。

五、思考题

(1) 二茂铁酰化形成二酰基二茂铁时,第二个酰基为什么不能进入第一个酰基所在的环上?

(2) 二茂铁比苯容易发生亲电取代反应,为什么不能用混酸进行硝化?

§3.5　羧酸及其衍生物

实验 33　肉桂酸

一、实验目的

(1) 了解 Perkin 反应制备肉桂酸的原理和方法。

(2) 掌握水蒸气蒸馏的原理和操作方法、复习回流、重结晶等基本操作。

二、实验原理

根据 Perkin 反应,芳香醛与酸酐在碱性催化剂作用下加热,可发生类似羟醛缩合的反应,生成 α,β-不饱和酸。典型的例子是肉桂酸的制备。

$$C_6H_5CHO+(CH_3CO)_2O \xrightarrow[170\sim180℃]{CH_3CO_2K} C_6H_5CH=\!\!=CHCOOH+CH_3COOH$$

该反应中,常用的碱性催化剂为相应酸酐的羧酸钾或钠盐。为了增加产率,缩短反应周期,可采用碳酸钾代替醋酸钾。碱的作用促使酸酐烯醇化,生成醋酸酐碳负离子,碳负离子再与芳香醛发生亲核加成反应,经 β 消去、酸化,生成肉桂酸。

三、仪器与试剂

1. 仪器

电子天平、电热套、回流装置、水蒸气蒸馏装置、普通玻璃仪器、布氏漏斗、吸滤瓶、水循环真空泵、热水漏斗。

2. 试剂

苯甲醛(新蒸)、乙酸酐(新蒸)、无水碳酸钾或无水醋酸钾、10%氢氧化钠溶液、浓盐酸、乙醇、刚果红试纸。

四、实验操作

方法一:在 250 mL 三颈瓶中,加入 3 g 无水醋酸钾、5.0 mL(0.05 mol)新蒸馏的苯甲醛[1]和 7.5 mL(0.078 mol)乙酸酐[2],混合均匀,搅拌加热,使反应液呈微沸状态,回流 1.5～2 h,反应液由无色变为浅橙色透明液体。反应完毕后,加入 20 mL 蒸馏水(热),再加入适量的固体碳酸钠(约 5～7.5 g),使溶液呈微碱性(pH≈8),进行水蒸气蒸馏(蒸去什么?)至馏出液无油珠为止。

残留液中加入少量活性炭脱色,加热煮沸数分钟,趁热过滤,一边搅拌,一边向热滤液中缓慢加入适量浓盐酸,呈酸性。冷却,待结晶全部析出后,抽滤收集产物,并用少量冷水洗涤、抽滤、干燥、称量。粗产物可在热水中进行重结晶。

方法二:在 100 mL 三颈烧瓶中,加入 1.5 mL 新蒸馏过的苯甲醛[1]、4 mL 新蒸馏过的乙酸酐[2]以及研细的 2.2 g 无水碳酸钾。装上回流冷凝管,加热回流 50 min。由于有二氧化碳放出,反应初期有泡沫产生。

待反应物冷却后,加入 10 mL 温水,用玻璃棒轻轻捣碎瓶中的固体,将回流装置改为水蒸气蒸馏装置(蒸出什么?),直至无油状物蒸出为止。将烧瓶冷却后,加入 10 mL 10% 氢氧化钠溶液,保证所有的肉桂酸成钠盐而溶解。抽滤,将滤液倾入 250 mL 烧杯中,冷却至室温,在搅拌下用浓盐酸酸化至刚果红试纸变蓝。充分冷却结晶,抽滤,并用少量水洗涤,粗产品在空气中晾干,称量。将粗产品可用 5:1 的水-乙醇重结晶。

纯肉桂酸(反式)为白色片状结晶,熔点为 135～136℃[3],其红外和核磁共振图谱见附录 7(图 20)。

本实验约需 6 h。

【注释】

[1] 苯甲醛放久了,由于自动氧化而生成较多的苯甲酸。这不仅影响反应正常进行,而且苯甲酸混在产品中不易除干净,将影响产品的质量。故本实验所需的苯甲醛要事先蒸馏。

[2] 醋酸酐放久了,由于吸潮和水解将变为乙酸,故本实验所需的醋酸酐必须在实验前重新蒸馏。

[3] 肉桂酸有顺反异构体,但 Perkin 反应制得的是其反式异构体。顺式异构体(熔点为 68℃)不稳定,在较高的反应温度下很容易转变为热力学更稳定的反式异构体。

五、思考题

(1) 苯甲醛和丙酸酐在无水碳酸钾的存在下相互作用后,得到什么产物?

(2) 具有何种结构的醛能进行 Perkin 反应?

(3) 用水蒸气蒸馏除去什么?为什么能用水蒸气蒸馏法纯化产品?

(4) 用碱中和时为何只能用稀碱?能否选用浓氢氧化钠?

实验 34　己二酸和己二酸二乙酯的制备

一、实验目的

(1) 学习用硝酸或高锰酸钾氧化环己醇制备己二酸的原理和方法。

(2) 学习己二酸二乙酯的制备原理和方法。

(3) 掌握气体吸收的操作技术,掌握分水器的使用方法,掌握减压蒸馏的原理、系统和操作技术。

二、实验原理

1. 己二酸的合成

氧化反应是制备羧酸的常用方法。通过硝酸、高锰酸钾、重铬酸钾的硫酸溶液、过氧化氢、过氧乙酸等的氧化作用,可将醇、醛、烯等氧化为羧酸。己二酸是合成尼龙-66 的重要原料之一,可用硝酸或高锰酸钾直接氧化环己醇来制备。

$$\text{〈〉—OH} \xrightarrow{[O]} \text{〈〉=O} \xrightarrow{[O]} HOOC(CH_2)_4COOH$$

方法一:硝酸氧化环己醇

以 50% 硝酸为氧化剂,并以钒酸铵为催化剂,环己醇先氧化成环己酮,后者再通过烯醇式被氧化开环,生成己二酸。在反应过程中产生的一氧化氮极易被空气中的氧气氧化成二氧化氮气体,用碱液吸收。

$$3 \left\langle \begin{array}{c} OH \end{array} \right\rangle + 8HNO_3 \longrightarrow 3HOC(CH_2)_4COH + 8NO + 7H_2O$$
$$\downarrow 4O_2$$
$$8NO_2$$

方法二:高锰酸钾氧化环己醇

$$3 \left\langle \begin{array}{c} \end{array} \right\rangle -OH + 8KMnO_4 + H_2O \longrightarrow 3HOOC(CH_2)_4COOH + 8MnO_2 + 8KOH$$

氧化反应一般为放热反应,因此必须严格控制反应条件,既避免反应失控造成事故,又能获得较好的收率。

2. 己二酸二乙酯的合成

己二酸二乙酯最直接的合成方法就是以己二酸和乙醇为原料,以酸为催化剂,利用羧酸和醇的酯化反应来完成。酯化反应是可逆反应,为了提高收率,本实验利用价廉易除的乙醇过量和共沸蒸馏除水的两个措施使可逆平衡向正反应方向移动,促使酯化完全。

$$\begin{array}{c} CH_2CH_2CO_2H \\ | \\ CH_2CH_2CO_2H \end{array} + 2C_2H_5OH \underset{\text{甲苯}}{\overset{H_2SO_4}{\rightleftharpoons}} \begin{array}{c} CH_2CH_2CO_2C_2H_5 \\ | \\ CH_2CH_2CO_2C_2H_5 \end{array} + 2H_2O$$

三、仪器与试剂

1. 仪器

电子天平、电热套、水浴锅、磁力加热搅拌器、普通玻璃仪器、常量或半微量标准口玻璃仪器、减压蒸馏系统。

2. 试剂

环己醇、50%硝酸或高锰酸钾、钒酸铵、稀氢氧化钠溶液、10%的碳酸钠溶液、乙醇、甲苯、浓硫酸、无水氯化钙。

四、实验步骤

1. 己二酸的合成

方法一:100 mL三颈烧瓶,分别安装温度计、回流冷凝管和恒压滴液漏斗,尾气用稀氢氧化钠溶液吸收。向反应瓶中加入6 mL(0.06 mol)50%的硝酸[1]和少许钒酸铵[2],水浴加热至50℃后移去水浴[3],缓慢滴加5~6滴环己醇[4],加以振摇至反应开始,即有红棕色二氧化氮气体逸出,维持反应温度50~60℃,将剩余的环己醇滴加完毕,总量为2 mL[5]。加完后继续振摇,并用80~90℃水浴加热10 min,直至几乎无红棕色气体逸出,反应结束。将反应液倒入50 mL烧杯中[6],充分冷却、结晶、抽滤收集析出的晶体,并用3 mL冷水洗涤,干燥后得粗产物并称重。用水重结晶可得约2 g产品。

本方法约需2 h。

方法二:在250 mL三颈烧瓶中加入2.6 mL(0.027 mol)环己醇和碳酸钠水溶液(3.8 g碳酸钠溶于35 mL温水[7])。搅拌下[8],分四批加入研细的12 g(0.051 mol)高锰酸钾,约需

2.5 h。加入时,控制反应温度始终大于 30℃[9]。加完后继续搅拌,直至反应温度不再上升为止,然后在 50℃ 水浴中加热并不断搅拌(30 min)[10]。反应过程中有大量的二氧化锰沉淀产生。

将反应混合物抽滤,用 10 mL 10% 的碳酸钠溶液洗涤滤渣[11],合并滤液和洗涤液,在搅拌下,慢慢滴加浓硫酸,直至使溶液呈强酸性(pH 为 1~2),己二酸沉淀析出,冷却,抽滤,晾干,产量约 2.2 g。

纯己二酸为白色棱状晶体,熔点 153℃,其红外图谱见附录 7(图 21)。

本方法约需 4 h。

2. 己二酸二乙酯的合成

在 50 mL 圆底烧瓶中加入己二酸 1.8 g(12 mmol),乙醇 5 mL,甲苯 5 mL 和 1 滴浓硫酸[12]。按实验装置图 1~9 装上油水分离器[13],冷凝管口连接一内装无水氯化钙的干燥管,用小火加热回流 40 min[14]。

冷却,改回流装置为蒸馏装置,小火常压蒸馏,除尽甲苯,乙醇和水的恒沸物(77~78℃),待无馏分馏出或者温度计示数下降为止[15]。将上述蒸馏残液倒入克氏烧瓶进行减压蒸馏[15],收集沸点为 138℃/2.68 kPa(20 mmHg)或者 98℃/0.66 kPa(5 mmHg)的馏分。称重,产量约 2.2~2.4 g,产率 89%~95%。

纯己二酸二乙酯为无色透明油状液体,bp 245℃,mp−19.8℃,折射率 n_D^{20} 1.427 2,其红外图谱见附录 7(图 22)。

本实验约需 4 h。

【注释】

[1] 浓硝酸和环己醇切不可用同一个量筒取用,以防两者相遇剧烈反应发生爆炸。

[2] 钒酸铵不可多加,否则产品发黄。不加钒酸铵也可以反应。

[3] 实验中要同时监测水浴温度和反应液的温度,严格控制温度。

[4] 为防止反应过快,环己醇要慢加,并注意控温,防止太多有毒的二氧化氮气体产生,来不及被碱液吸收而外逸到空气中。

[5] 此反应为强放热反应,切不可大量加入,以免反应过于剧烈,引起爆炸。另外,环己醇的熔点为 25.15℃,通常为黏稠的液体。为了减少转移损失,可用少量水冲洗量筒,并入到滴液漏斗中,这样既降低了环己醇的凝固点,也可避免漏斗堵塞。

[6] 反应结束后,装置中还有残留的二氧化氮气体,拆卸装置请至通风橱内。

[7] 水太少影响搅拌效果,使高锰酸钾不能充分反应。

[8] 可以手摇或者机械搅拌。

[9] 加入高锰酸钾后反应可能不立即开始,可用水浴温热。当温度升到 30℃ 时,必须立即撤开温水浴,该放热反应自动进行。

[10] 反应是否结束的检验方法:取一滴反应混合物于滤纸上检验是否还有高锰酸钾存在。若有,则会在棕色的二氧化锰固体周围出现紫红色环。

[11] 在二氧化锰残渣中易夹杂己二酸钾盐,故须用碳酸钠溶液把它洗下来。

[12] 加料时,最后不要忘加浓硫酸,没有催化剂反应很难进行。加好以后要摇匀,防止局部炭化。

[13] 分水器使用前建议用甲苯验漏,要确保不漏,否则使用中装置下方有明火,会有危险。开始反应前油水分离器中要装入约(V−1)mL 的甲苯。

[14] 反应开始时升温应快些,待己二酸全部溶解后,应控制好加热速度,保持回流。

[15] 减压蒸馏前,应确保低沸点的馏分已全部蒸除,否则减压蒸馏时易暴沸。

[16] 减压蒸馏必需严格遵守操作规范,佩戴护目镜。

五、思考题

（1）制备羧酸的常用方法有哪些？

（2）在方法一中,为什么要将硝酸溶液加热至 50℃后才开始滴加环己醇？否则会产生什么后果？

（3）方法二的反应体系中两次加入碳酸钠,有何作用？

（4）为什么必须控制氧化反应的温度和环己醇滴加速度？

（5）酯化反应是一个平衡反应。本实验采取哪些措施提高己二酸二乙酯的收率？

（6）在怎样的情况下才用减压蒸馏？

（7）使用油泵减压时,有哪些吸收和保护装置？其作用分别是什么？

（8）在进行减压蒸馏时,为什么必须用热浴加热,而不能用直接火加热？为什么进行减压蒸馏时须先抽气才能加热？

（9）当减压蒸完所要的化合物后,应如何停止减压蒸馏？为什么？

实验 35　乙酸乙酯

一、实验目的

（1）学习羧酸与醇发生酯化反应的原理和方法。

（2）掌握加热回流、蒸馏、萃取分离、干燥等操作。

二、实验原理

醇和羧酸在少量酸性催化剂（如浓硫酸、盐酸、磺酸、强酸性阳离子交换树脂）催化下,发生酯化反应生成酯。酯化反应的特点是速度慢、历程复杂、可逆平衡、酸性催化。为了促进反应的进行,可以用过量的酸或醇,也可以把生成的酯或水及时蒸出,或者两者并用。在乙酸乙酯的制备中,通常加入过量的乙醇,并将反应中生成的乙酸乙酯及时地蒸出。

主反应:

$$CH_3COOH + C_2H_5OH \underset{\text{浓 } H_2SO_4}{\overset{110\sim120℃\text{或回流}}{\rightleftharpoons}} CH_3COOC_2H_5 + H_2O$$

副反应:

$$2C_2H_5OH \longrightarrow C_2H_5OC_2H_5 + H_2O$$

$$CH_3CH_2OH \longrightarrow CH_2{=}CH_2$$

三、仪器与试剂

1. 仪器

普通玻璃仪器、常量标准口玻璃仪器、电子天平、电热套、水浴锅、石蕊试纸、折光仪。

2. 试剂

95%乙醇、冰醋酸、浓硫酸、饱和碳酸钠溶液、饱和食盐水、饱和氯化钙溶液、无水硫酸镁。

实物装置图

四、实验步骤

方法一：在100 mL圆底烧瓶中加入23 mL(约0.37 mol)95％乙醇、14.3 mL(约0.25 mol)冰醋酸，在冰水浴冷却条件下，边摇动边缓慢加入7.5 mL浓硫酸，充分混合均匀后[1]，加入几粒沸石。装上回流冷凝管，在水浴上加热回流30 min。稍冷后，改为蒸馏装置，水浴上加热蒸馏，直至在沸水浴上不再有馏出物为止，得粗乙酸乙酯。在摇动下慢慢向粗产物中加入饱和碳酸钠溶液，直至不再有二氧化碳气体逸出，用石蕊试纸检验酯层呈中性为止。将混合液转入分液漏斗中，摇振后静置，分去水相，有机相先用10 mL饱和食盐水洗涤，然后每次用10 mL饱和氯化钙溶液洗涤2次[2]，弃去下层液体。酯层转入一干燥的锥形瓶，用适量无水硫酸镁干燥至澄清透明，约30 min[3]。将干燥后的粗乙酸乙酯滤入50 mL圆底烧瓶中，水浴加热蒸馏，收集73～78℃馏分[4]。产量约10～12 g。

纯乙酸乙酯是具有果香味的无色液体，沸点77℃，折光率n_D^{20}1.372 1。其红外图谱见附录7(图23)。

本实验约需4 h。

方法二：在100 mL三颈烧瓶中倒入6 mL 95％乙醇，摇动下缓慢加入8.4 mL浓硫酸(必要时用冷水冷却)，充分混合均匀，并加入2～3粒沸石。三颈烧瓶的中间口安装滴液漏斗(漏斗末端用胶管连接一段玻璃管，使其能够浸入液面之下)，一个侧口插入温度计于液面下，另一侧口连接蒸馏装置(见图3-1)。配制10 mL乙醇和10 mL冰醋酸的混合液，倒入滴液漏斗中。先向瓶内滴入2～3 mL混合液，然后开始加热，使烧瓶内液体温度缓慢升高到110～120℃左右[5]。然后开始慢慢滴加乙醇和冰醋酸的混合液，控制滴加速度和馏出速度大致相等，且维持反应温度不变。滴加完毕，继续加热15 min，直至温度升高到130℃，同时不再有液体馏出为止。

后续步骤同方法一。

本实验约需4 h。

【注释】

[1]若原料混合不均匀，会导致反应液颜色变黑。

[2]饱和氯化钙除去未反应的乙醇，避免其与乙酸乙酯、水生成低沸点共沸物，影响酯的产率。

[3]也可用无水碳酸钾作干燥剂。

[4]乙酸乙酯与水形成沸点为70.4℃的二元共沸混合物(含水8.1％)；乙酸乙酯、乙醇与水形成沸点为70.2℃的三元共沸混合物(含乙醇8.4％，水9％)。如果在蒸馏前不把乙酸乙酯中的乙醇和水除尽，就会有较多的前馏分。

[5]温度过高会增加副反应发生，甚至导致有机原料炭化，降低产率。

五、思考题

(1)酯化反应有何特点，如何使酯化反应向生成物方向进行？

(2)在实验中硫酸起什么作用？

(3)蒸出的粗乙酸乙酯中主要有哪些杂质？

（4）能否用浓氢氧化钠溶液代替饱和碳酸钠溶液来洗涤蒸馏液？

（5）为什么要用饱和食盐水洗涤？是否可用水代替？

实验 36　苯甲酸乙酯

一、实验目的

（1）学习用酯化反应合成苯甲酸乙酯的原理与方法，了解共沸除水的原理。

（2）掌握分水器的使用，巩固回流、蒸馏等基本操作。

二、实验原理

羧酸酯一般是由羧酸和醇在催化剂存在下通过酯化反应进行制备的。苯甲酸和乙醇在浓硫酸催化下进行酯化反应，生成苯甲酸乙酯和水：

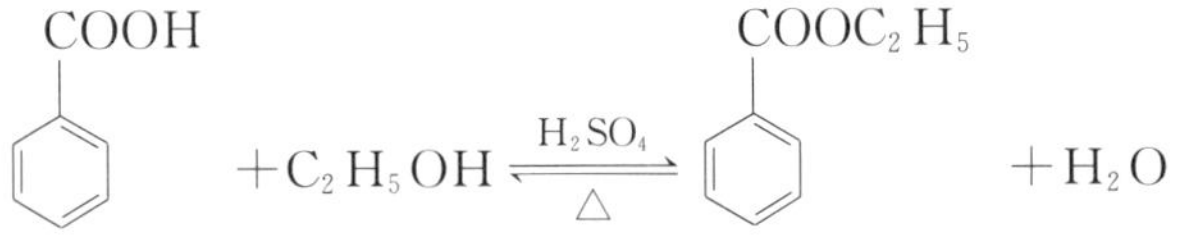

$$\underset{\text{COOH}}{\bigcirc} + C_2H_5OH \overset{H_2SO_4}{\underset{\triangle}{\rightleftharpoons}} \underset{\text{COOC}_2H_5}{\bigcirc} + H_2O$$

该反应可逆，常加入过量的乙醇使平衡向右移动。苯甲酸乙酯的沸点很高，本实验加入苯，使苯、乙醇、水组成三元共沸物（其共沸点为 64.6℃），不断除去反应中生成的水，促使酯化反应完全，提高产物收率。

三、仪器与试剂

1. 仪器

普通玻璃仪器、标准口玻璃仪器、油水分离器、水浴锅、电热套。

2. 试剂

苯甲酸、无水乙醇、苯、浓硫酸、乙醚、饱和碳酸钠溶液、无水氯化钙。

实物装置图

四、实验步骤

在干燥的 100 mL 圆底烧瓶中，加入 8 g（0.066 mol）苯甲酸、20 mL 无水乙醇、15 mL 苯和 3 mL 浓硫酸，摇匀后加入几粒沸石，安装分水器（预先检查其密封性，为了保温可将分水器侧管用纤维布包裹），从分水器上端小心加水至分水器支管处，然后再放去 6 mL 水[1]。分水器上端接一回流冷凝管（见第一章图 1-9）。用水浴缓慢加热烧瓶至回流，开始时回流速度要慢，控制回流速度 1～2 d/s。随着回流的不断进行，分水器中逐渐出现上、中、下三层液体[2]。随着反应不断进行，中层逐渐增多，回流约 2.5 h，中层液体达到 4～5 mL 左右，分水器中不再有小油珠时，停止加热，放出下层。保留分水器中的油状物，继续加热，蒸出多余的乙醇和苯。

将圆底烧瓶中液体倒入盛有 60 mL 冷水的烧杯中，在搅拌下分批加入饱和 Na_2CO_3 溶液（或研细的 Na_2CO_3 粉末）中和[3]，至无 CO_2 气体产生，pH 试纸检验烧杯内下层溶液呈中性。用分液漏斗分出粗产物[4]，水层用 20 mL 乙醚萃取。合并粗产物和乙醚萃取液，用无水 $CaCl_2$ 干燥。水层倒入公用回收瓶，回收未反应的苯甲酸[5]。干燥后的粗产物先用水浴蒸出乙醚，再改用空气冷凝管进行蒸馏，收集 210～213℃ 馏分。或减压蒸馏，收集 95～

100℃/1.995 kPa 的馏分。称量,计算产率[6]。

纯苯甲酸乙酯的沸点为 213℃,折光率 n_D^{20} 1.500 1。其红外和核磁共振图谱见附录 7 (图 24)。

本实验约需 6 h。

【注释】

[1] 根据理论计算,带出的总水量约为 2 g,因本反应是借共沸蒸馏带走反应中生成的水,根据注[2]计算,反应中形成的苯-乙醇-水三元共沸物下层的总体积约为 6 mL。

[2] 下层为原来加入的水。反应瓶中蒸出的馏出液为三元共沸物,沸点为 64.6℃,含苯 74.1%、乙醇 18.5%、水 7.4%。共沸物从冷凝管流入油水分离器后分为两层,上层占 84%(含苯 86.0%、乙醇 12.7%、水1.3%),下层占 16%(含苯 4.8%、乙醇 52.1%、水 43.1%),此下层为油水分离器中的中层。

[3] 加入饱和 Na_2CO_3 溶液的目的是除去硫酸和未反应的苯甲酸。注意用 Na_2CO_3 固体时必须研细后分批加入,否则会产生大量泡沫导致液体溢出。

[4] 若粗产物中含有絮状物难以分层,则可直接用 25 mL 乙醚分两次萃取。

[5] 可用盐酸小心酸化用碳酸钠中和后分出的水溶液,至溶液对 pH 试纸呈酸性,抽滤析出的苯甲酸沉淀,并用少量冷水洗涤后干燥。

[6] 本实验也可按照下列步骤进行:将 8 g 苯甲酸、25 mL 无水乙醇、3 mL 浓硫酸混合均匀,加热回流 3 h后,改成蒸馏装置,蒸去乙醇后处理方法同上。

五、思考题

(1) 本实验采用何种原理和哪些措施来提高苯甲酸乙酯产率的?

(2) 反应开始时,为什么回流速度要慢,加热速度不能太快?

(3) 实验中,你是如何运用化合物的物理常数来分析现象和指导实验操作的?

实验 37　乙酰水杨酸(阿司匹林)

一、实验目的

(1) 学习乙酰水杨酸的制备原理和实验方法。

(2) 了解药物研发的过程,培养科学的思维方法。

二、实验原理

乙酰水杨酸又名阿司匹林(aspirin),典型的非甾类抗炎镇痛药,临床上常用于感冒、流感等原因引起的发热、头痛、牙痛、神经痛、肌肉痛以及月经痛、术后伤口痛等慢性病痛,阿司匹林与非那西丁(phenacetin)、咖啡因(caffeine)配成的复方阿司匹林(APC)为市面上使用最广泛的复方解热止痛药。此外,由于阿司匹林还具有抗血小板的聚集作用而被用于心血管系统疾病(如心肌梗塞、脑血栓)的防治和治疗[1]。

乙酰水杨酸的合成属于酚酯的制备,即水杨酸(邻羟基苯甲酸)分子中的羟基被乙酰化。本实验以浓磷酸为催化剂,通过水杨酸与乙酸酐的酰化反应来制备阿司匹林。可用浓硫酸代替浓磷酸,但不能用乙酰氯代替乙酸酐,原因是乙酰氯过于活泼,易使水杨酸分子中的羧基同时酰化。

$$\underset{\text{OH}}{\overset{\text{COOH}}{\bigcirc}} + (CH_3CO)_2O \xrightarrow{H^+} \underset{\text{OCOCH}_3}{\overset{\text{COOH}}{\bigcirc}} + CH_3COOH$$

由于水杨酸分子中既有羧基又有羟基,因此在生成乙酰水杨酸的同时,水杨酸分子之间也可能发生缩合反应,生成少量的聚合物。

$$n\underset{\text{OH}}{\overset{\text{COOH}}{\bigcirc}} \xrightarrow{H^+} H\left[O\underset{\bigcirc}{\overset{O}{\overset{\|}{C}}}\right]_n OH + (n-1)H_2O$$

乙酰水杨酸能与 $NaHCO_3$ 反应生成水溶性钠盐,而副产物聚合物却不能溶于 $NaHCO_3$ 水溶液,故可采用过滤法除去聚合物杂质。分离后的乙酰水杨酸钠盐溶液通过酸化,即可得到产物乙酰水杨酸。

由于乙酰化反应不完全或产物在分离步骤中发生水解反应,导致产品中还有可能存在杂质水杨酸。水杨酸含量一般相对较少,它可以在各步纯化步骤或最后的重结晶过程中被除去。与大多数酚类化合物一样,水杨酸可与三氯化铁形成深紫色络合物;而乙酰水杨酸因酚羟基已被酰化,不再与 $FeCl_3$ 发生显色反应。因此可用三氯化铁水溶液检验产品中是否存在残余的水杨酸。

三、仪器与试剂

1. 仪器

普通玻璃仪器、标准口玻璃仪器、电子天平、循环水真空泵、红外灯、加热恒温磁力搅拌器、显微熔点测定仪。

2. 试剂

水杨酸、乙酸酐(新蒸)、85%磷酸、饱和碳酸氢钠、浓盐酸、1%三氯化铁溶液、乙酸乙酯。

四、实验步骤

1. 乙酰水杨酸的制备

在干燥的 100 mL 圆底烧瓶中加入 2 g(0.014 mol)水杨酸、5 mL(0.05 mol)乙酸酐[2]、10 滴 85%浓磷酸,安装回流冷凝管。磁力搅拌、水浴加热使水杨酸全部溶解,控制水浴温度在 85~90℃[3],维持 15 min。取出烧瓶并趁热立即加入 3 mL 水,使过量的乙酸酐水解。反应完毕后,将反应物转入烧杯中,加入 22 mL 水,并用冰水浴冷却,使晶体析出(若无晶体析出,可用玻璃棒摩擦烧杯内壁,促使结晶析出)。待晶体析出后,再缓慢加入 15~25 mL 水,继续用冰水浴冷却使结晶完全。抽滤,用少量冷水洗涤后,将粗产物移至表面皿,在红外灯下烘干,称量。

2. 乙酰水杨酸的提纯

将粗产物移至 250 mL 烧杯中,在搅拌下缓慢加入约 25 mL 饱和 $NaHCO_3$ 溶液,加完后继续搅拌几分钟,直至无 CO_2 气泡产生。抽滤,除去少量副产物聚合物,用 5 mL 水冲洗漏斗,合并滤液。将滤液倒入预先盛有 5 mL 浓盐酸和 10 mL 水的烧杯中搅拌均匀,即有乙酰水杨酸晶体析出。将烧杯用冰水浴充分冷却,使结晶完全。抽滤,少量冷水洗涤晶体。抽干后，将晶体转移至表面皿，在红外灯下烘干，称量。

3. 产品纯度检测

取少许产品放在点滴板上，加入 1～2 滴 1‰ $FeCl_3$ 溶液，观察有无颜色变化。若有显色现象，说明仍有未反应的水杨酸残留，产物需进一步提纯。

4. 产品的精制

为了得到更纯的产品，可将上述晶体溶于少量乙酸乙酯中（约 5～6 mL）[4]，装上冷凝管在水浴上加热回流。若有不溶物出现，可用预热过的玻璃漏斗趁热过滤（注意：避开火源，以免着火）。滤液冷却至室温，此时应有晶体析出。将溶液置于冰水浴中冷却，结晶，抽滤，干燥后称量、测熔点。

乙酰水杨酸为白色针状晶体，熔点 135～136℃[5]。其红外和核磁共振图谱见附录 7（图 25）。

本实验约需 4 h。

【注释】

[1] 阿司匹林的历史开始于 18 世纪，最初的发现是柳树皮中的提取物具有强效止痛、退热及抗炎消肿作用，不久就分离、鉴定了其中的有效成分为水杨酸。1859 年，Kolbe 反应的发现使水杨酸的大规模生产得以实现，并供医用。但随后发现水杨酸酸性强，严重刺激口腔、食道及胃壁黏膜，故试图改进之。先制成水杨酸钠试用，发现虽然改善了其酸性和刺激性，却具有令人不愉快的甜味，大多数患者不愿意服用。1893 年，合成了乙酰水杨酸，既保持了水杨酸钠的药效，又降低了刺激性、口味较好。1899 年，Bayer 公司上市了它的新产品——乙酰水杨酸，称为 aspirin。1950 年，aspirin 摘入吉尼斯世界记录，被称为商业史上最成功的药物。1971 年，英国皇家医学院 John R Vane、瑞典斯德哥尔摩的卡罗林斯卡医学院 K Sune Bergtrom 和 Bengt I Samuelsson 先后解释了 aspirin 的药理（抑制体内前列腺素及相关生物活性物的形成），并共同获得 1982 年的 Nobel 医学或生理学奖。更有趣的是，1980 年，科学家们共同确认了 aspirin 能防治心肌梗塞和脑血栓。Aspirin 的产生历史是医药发展史上新药发现成功的典范，即开始都以植物的粗提取物或以民间药物出现，再由化学家分离出其中的活性成分、测定其结构并加以改造，结果才变成比原来更好的药物。

[2] 乙酸酐应是新蒸的，收集 139～140℃的馏分，必须用干燥的量筒量取乙酸酐。

[3] 由于分子内氢键的作用，水杨酸与醋酸酐直接反应需在 150～160℃下才能生成乙酰水杨酸。加酸的目的主要是破坏氢键，使反应在较低的温度（90℃）下就可以进行，从而大大减少副产物的生成，因此实验中必须控制好温度。

[4] 乙酰水杨酸也可以用乙醇、甲苯等溶剂重结晶。

[5] 乙酰水杨酸易受热分解，其分解温度为 128～135℃。测定熔点时，应先将热载体加热到 120℃左右，然后加入样品测定。

五、思考题

（1）水杨酸与乙酸酐的反应过程中，浓磷酸的作用是什么？

（2）如何鉴定产品中是否含有未反应的水杨酸？

（3）本实验中加入碳酸氢钠的目的是什么？为何不用氢氧化钠代替碳酸氢钠？

实验 38　乙酰乙酸乙酯

一、实验目的

（1）学习 Claisen（克莱森）酯缩合反应制备乙酰乙酸乙酯的原理和方法。

（2）掌握无水操作技术、减压蒸馏原理及操作。

二、实验原理

利用 Claisen 酯缩合反应，两分子具有 α-H 的酯在醇钠作用下制得 β-酮酸酯。

$$2CH_3COOEt \underset{}{\overset{EtONa}{\rightleftharpoons}} CH_3COCH_2COOEt + EtOH$$

通常以酯及金属钠为原料，以过量的酯为溶剂，利用酯中含有的微量醇与金属钠反应来生成醇钠，随着反应的进行，由于醇的不断生成，反应能不断进行下去，直至 Na 耗尽。

但作为原料的酯含醇量不能过高，否则会影响产品的收率，因而，一般要求酯中含醇量在 3% 以下。

三、仪器与试剂

1. 仪器

电子天平、电热套、水浴锅、普通玻璃仪器、半微量标准磨口玻璃仪器、橡皮塞、减压蒸馏装置。

2. 试剂

钠、二甲苯、乙酸乙酯、无水氯化钙、50% 的醋酸、饱和食盐水、苯、无水硫酸钠。

四、实验步骤

在 50 mL 圆底烧瓶中放入 1 g 光亮的钠（约 0.04 mol）和 5 mL 干燥的二甲苯，装上回流冷凝管，加热至钠熔融成一亮白色的小球，停止加热。稍冷后取下烧瓶，用合适的橡皮塞塞紧瓶口，包在干毛巾中用力振荡 3～5 次，使钠分散成尽可能小而均匀的钠珠[1]。静置，随着二甲苯逐渐冷却，钠珠迅速固化，待二甲苯冷却至室温后，倾去二甲苯，即得新鲜钠珠。

在新制备的钠珠中加入 10 mL（约 0.1 mol）精制的乙酸乙酯[2]，迅速装上带有无水氯化钙干燥管的回流冷凝管，反应立即开始[3]，若反应很慢，用小火加热，使反应体系保持微沸，直至金属钠全部作用完毕[4]（约 1.5 h）。结束时生成的乙酰乙酸乙酯钠盐为一红棕色透明溶液（有时也可能夹带少量黄白色沉淀[5]）。

反应液稍冷却后，边振荡边加入 8～12 mL 50% 的醋酸至体系呈弱酸性（pH 为 5～6）[6]。将反应液转入分液漏斗中，加入等体积饱和食盐水，用力振荡后静置分层，分出有机层，用无水硫酸钠干燥。将干燥后有机层转入蒸馏烧瓶中，水浴蒸去未作用的乙酸乙酯，再将烧瓶内剩余液体倒入克氏烧瓶进行减压蒸馏[7]。减压蒸馏须缓慢加热，待残留的低沸物蒸出后，再升高温度，收集 54～55℃/931 Pa（7 mmHg）或者 66～68℃/1.6 kPa（12 mmHg）馏分。

纯乙酰乙酸乙酯的沸点为 180.4℃,折光率 $n_D^{20}1.419\,4$。

本方法约需 6 h。

【注释】

[1] 制备钠珠时请佩戴护目镜! 振摇前关闭冷凝水最好离开桌面,将圆底烧瓶置于胸口之下。用力快速振荡使钠珠尽可能细小,比表面积增大后有利于反应的进行。

[2] 乙酸乙酯的精制:在分液漏斗中将普通乙酸乙酯与等体积饱和氯化钙溶液混合并剧烈振荡,洗去其中所含的部分乙醇。经过这样 2~3 次洗涤后的酯层用高温烘焙过的无水碳酸钾进行干燥,最后经蒸馏收集 76~78℃的馏分,即能符合要求(含醇量 1%~3%)。如果用分析纯的乙酸乙酯则可直接使用。

[3] 反应若不立即开始,可用小火直接隔石棉网加热,促进反应开始后移去热源。若反应过于剧烈,可用冷水稍作冷却。

[4] 有极少量的金属钠没有消耗掉并不妨碍进一步操作,可以在加入醋酸之前,慢慢滴加少量乙醇将其反应完。

[5] 黄色沉淀可能是部分析出的乙酰乙酸乙酯钠盐。

[6] 由于乙酰乙酸乙酯中亚甲基上的氢活性很强,即相应的酸性比醇要大,故醇钠存在时,乙酰乙酸乙酯将转化成钠盐,这也就是反应结束时实际得到的产物。当用 50% 的醋酸处理此钠盐时,就能使其转化成乙酰乙酸乙酯。

当液体已呈弱酸性,而仍有少量固体未完全溶解时,可加入少量水使其溶解。要注意避免加入过量的醋酸,否则会增加酯在水层中的溶解度而降低产率。另外,当酸度过高时,会促进副产物“去水乙酸”的生成,也会造成产品得率的降低。

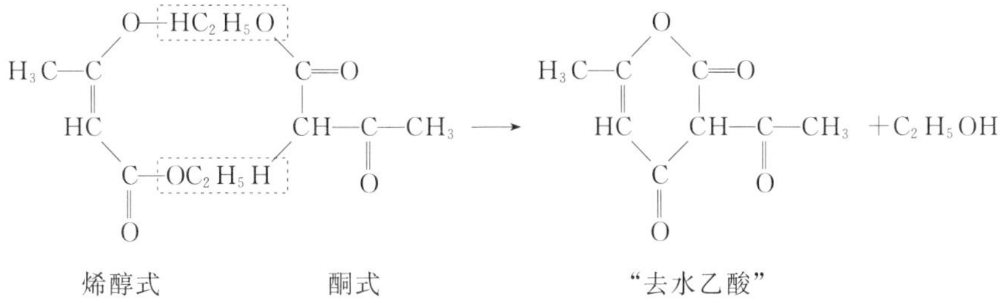

烯醇式　　　　酮式　　　　　　　“去水乙酸”

[7] 乙酰乙酸乙酯在常压下蒸馏至沸点时即分解出“去水乙酸”,影响产率,故采用减压蒸馏。“去水乙酸”通常溶解于酯内,随着过量的乙酸乙酯的蒸出,特别是最后减压蒸馏时随着部分乙酰乙酸乙酯的蒸出,“去水乙酸”就呈棕黄色固体析出。

五、思考题

(1) 本实验所用仪器未经干燥处理,对实验有何影响?

(2) 加入 50% 的醋酸及氯化钠饱和溶液的目的何在?

(3) 取 2~3 滴产品溶于 2 mL 水中,加 1 滴 1% 的三氯化铁溶液,会发生什么现象? 如何解释?

§3.6 含氮有机化合物

实验 39 己内酰胺

一、实验目的

(1) 学习实验室制备环己酮肟的原理和方法。

(2) 学习由环己酮肟通过 Beckmann 重排制备己内酰胺的原理和方法。

二、实验原理

酮与羟胺作用生成肟,肟在酸性催化剂如硫酸、五氯化磷、多聚磷酸等作用下,发生分子重排生成酰胺的反应,称为 Beckmann 重排。Beckmann 重排不仅可以测定生成酮肟的酮的结构,而且在有机合成上也有一定的应用价值。例如,环己酮肟发生 Beckmann 重排生成己内酰胺,己内酰胺开环聚合可得到聚己内酰胺树脂,即尼龙–6,是一种性能优良的高分子材料。合成反应式如下:

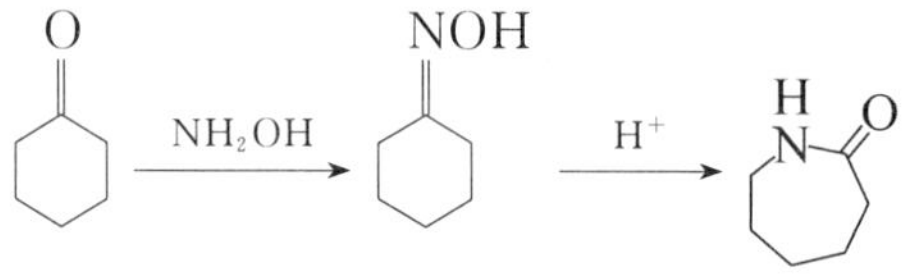

三、仪器与试剂

1. 仪器

锥形瓶(100 mL)、烧杯(100 mL)、分液漏斗、简单蒸馏装置、抽滤装置。

2. 试剂

环己酮、盐酸羟胺、结晶醋酸钠、正己烷、无水硫酸镁、硫酸(85%)、氨水(20%)、二氯甲烷。

四、实验步骤

1. 环己酮肟的制备

在 100 mL 锥形瓶中加入 3 g(0.043 mol)盐酸羟胺、5 g 结晶醋酸钠、15 mL 水,振荡使其溶解。加入 3.7 mL(0.036 mol)环己酮,加塞,剧烈振荡 2～3 min,环己酮肟以白色结晶析出[1]。冷却后抽滤,并用少量水洗涤晶体,抽干。晾干后得固体约 3.5 g,熔点89～90℃。

2. 环己酮肟重排制备己内酰胺

在 100 mL 烧杯[2]中加入 2 g(0.017 mol)环己酮肟,再加入 4 mL 85%硫酸,摇匀。小心地边加热边搅拌至有气泡时[3],立即移开热源,此时会发生强烈的放热反应,几秒钟内即可完成。冷却至室温后再放入冰水浴中冷却。慢慢滴加约 25 mL 20%氨水恰好至弱碱性[4]。将粗产物转移至分液漏斗中分出有机层,水层用二氯甲烷萃取 2 次,每次 10 mL。合并有机层,并用等体积的水洗涤 2 次后,分出有机层,用无水硫酸镁干燥至澄清透明。将干燥后的产物滤出,水浴蒸馏,浓缩。将浓缩液放置冷却,析出白色结晶(可进一步用正己烷重结晶)。抽滤,干燥,产量为 0.8~1.2 g。

纯己内酰胺的熔点为 69~70℃。其红外和核磁共振图谱见附录 7(图 26)。

本实验约需 8 h。

【注释】

[1] 振荡要剧烈,如环己酮肟呈白色小球状,说明反应还未完全,还需振荡,直至呈粉状。

[2] 由于重排反应进行剧烈,故用烧杯以利于散热。

[3] 加硫酸时必须小心,边加热边搅拌也必须小心。

[4] 用 20% 氨水进行中和时,开始要慢慢滴加,不断搅拌。由于此时溶液较粘,放热很多,若加得过快温度突然升高,会导致己内酰胺发生分解,影响产率,所以温度要控制在 20℃ 以下。

五、思考题

(1) 制备环己酮肟时加入醋酸钠的目的是什么?

(2) 反式甲基乙基酮肟经 Beckmann 重排将会得到什么产物? 某肟经 Beckmann 重排得到 N-甲基乙酰胺,试推测该肟的结构。

实验 40　乙酰苯胺

一、实验目的

(1) 掌握苯胺乙酰化反应的原理和实验操作。

(2) 掌握常压下的简单分馏操作,巩固重结晶操作。

二、实验原理

芳胺的酰基化反应在有机合成中具有重要作用,可以保护氨基,降低芳胺对氧化剂的敏感性;同时,氨基酰化后,降低了氨基在亲电取代反应中的定位能力,由很强的邻、对位定位基变为中等强度的邻、对位定位基,使反应由多元取代变为有用的一元取代。乙酰基的空间效应较大,往往选择生成对位取代产物。最后,氨基很容易通过酰胺在酸、碱催化下水解被游离出来。

芳胺可以用酰氯、酸酐或冰醋酸来进行酰化,芳胺一般为伯芳胺或仲芳胺。乙酰苯胺可通过苯胺与冰醋酸、醋酸酐或乙酰氯等试剂作用制得。其中苯胺与乙酰氯反应最激烈,醋酸酐次之;冰醋酸最慢,但用冰醋酸作乙酰化试剂价格便宜,操作方便。本实验是用冰醋酸作乙酰化试剂的。反应式为:

$$C_6H_5-NH_2 + CH_3COOH \xrightarrow{\triangle} C_6H_5-NHCOCH_3 + H_2O$$

三、仪器与试剂

1. 仪器

电子天平、常量标准口玻璃仪器、普通玻璃仪器、刺形分馏柱、电热套、温度计。

2．试剂

冰醋酸、苯胺、锌粉、活性炭。

四、实验步骤

方法一：在 50 mL 圆底烧瓶中放入 5 mL(5.1 g,0.055 mol)新蒸馏过的苯胺[1]、7.5 mL (7.8 g,0.13 mol)冰醋酸和 0.05 g 锌粉[2],装上一刺形分馏柱,柱顶装上蒸馏头和温度计,支管通过冷凝管和接引管与接收瓶相连,以收集蒸出的水和醋酸,接收瓶外部用冷水浴冷却(见第一章图 1-18)。将圆底烧瓶用电热套小火加热,使反应物保持微沸约 15 min,逐步升高温度,当温度计读数达到 100℃ 左右时,支管即有液体流出。维持温度计读数在 100~110℃ 之间,反应约 1.5 h,生成的水可完全蒸出(含少量醋酸)。当温度计的读数下降时(反应器中有时会出现白雾),说明反应已经达到终点。

在搅拌下趁热将反应混合物以细流慢慢倒入盛 100 mL 冷水的烧杯中[3]。继续剧烈搅拌,冷却,使粗乙酰苯胺完全析出,抽滤析出固体,用玻璃瓶塞把固体压碎,再用 5~10 mL 冷水洗涤以除去残留的酸液。粗产物用水重结晶,产量约 5 g。

纯乙酰苯胺是无色片状晶体,熔点 114℃。其红外图谱见附录 7(图 27)。

本实验约需 4 h。

方法二：将 2.3 mL(2.33 g,0.025 mol)新蒸馏的苯胺、5.1 g(0.05 mol)醋酸酐及少许锌粉(约 0.03 g),依次加入 50 mL 圆底烧瓶中,混匀后将其置于微波反应器中,接上回流冷凝管,设置微波辐射功率为 750 W,时间为 35 min,启动微波反应装置。辐射完毕,稍冷后趁热将反应液倒入盛有 30 mL 冷水的烧杯中,析出白色结晶,冷却后抽滤,在 70~80℃ 下干燥,产量约 3 g。

本实验约需 2 h。

【注释】

[1] 久置的苯胺色深含有杂质,会影响生成的乙酰苯胺质量,故最好用新蒸的苯胺。

[2] 锌粉的作用是防止苯胺在反应过程中氧化,生成有色的杂质。但需注意,不能加得过多,否则在后处理中会出现不溶于水的氢氧化锌。新蒸馏过的苯胺也可以不加锌粉。

[3] 反应物冷却后,固体产物立即析出,粘在瓶壁上不易处理,故须趁热在搅拌下倒入冷水中,以除去过量的冰醋酸和未反应的苯胺,苯胺此时以醋酸盐的形式存在而易溶于水。

五、思考题

(1) 为什么要控制分馏柱上端的温度在 100~110℃ 之间？温度过高有什么不好？

(2) 还可以由什么方法由苯胺制备乙酰苯胺？

(3) 在重结晶操作中,为了使产物产率高、质量好,必须注意哪几点？

实验 41 甲基橙

一、实验目的

(1) 掌握重氮化反应和偶合反应的实验操作。

(2) 巩固盐析和重结晶的基本原理和实验操作。

二、实验原理

甲基橙是一种常用的酸碱指示剂，它是通过对氨基苯磺酸重氮盐与 N,N-二甲基苯胺的醋酸盐，在弱酸性介质中偶合得到的。偶合反应首先得到嫩红色的酸式甲基橙（酸性黄），在碱性条件下，酸性黄转变为橙黄色的钠盐，即甲基橙。反应式如下：

$$H_2N\!\!-\!\!\langle\bigcirc\rangle\!\!-\!\!SO_3H + NaOH \longrightarrow H_2N\!\!-\!\!\langle\bigcirc\rangle\!\!-\!\!SO_3Na + H_2O$$

$$H_2N\!\!-\!\!\langle\bigcirc\rangle\!\!-\!\!SO_3Na \xrightarrow[\text{HCl}]{NaNO_2} \left[HO_3S\!\!-\!\!\langle\bigcirc\rangle\!\!-\!\!N^+\!\!\equiv\!\!N\right]Cl^- \xrightarrow[\text{HAc}]{C_6H_5N(CH_3)_2}$$

$$\left[HO_3S\!\!-\!\!\langle\bigcirc\rangle\!\!-\!\!N\!\!=\!\!N\!\!-\!\!\langle\bigcirc\rangle\!\!-\!\!NH(CH_3)_2\right]^+Ac^- \xrightarrow{NaOH}$$

酸性黄

$$NaO_3S\!\!-\!\!\langle\bigcirc\rangle\!\!-\!\!N\!\!=\!\!N\!\!-\!\!\langle\bigcirc\rangle\!\!-\!\!N(CH_3)_2 + NaAc + H_2O$$

甲基橙

三、仪器与试剂

1. 仪器

电子天平、电热套、普通玻璃仪器、布氏漏斗、吸滤瓶、循环真空水泵。

2. 试剂

对氨基苯磺酸、氢氧化钠溶液（5％、10％）、亚硝酸钠、浓盐酸、N,N-二甲基苯胺、冰醋酸、饱和氯化钠溶液、乙醇、乙醚。

四、实验步骤

1. 对氨基苯磺酸重氮盐的制备

在 100 mL 烧杯中，加入 2.1 g(0.01 mol)对氨基苯磺酸晶体和 10 mL(0.013 mol)5％ NaOH 溶液，在热水浴中温热使之溶解[1]。冷至室温后，加 0.8 g(0.11 mol)亚硝酸钠，溶解后，在搅拌下将该混合溶液分批滴入装有 13 mL 冰水和 2.5 mL 浓盐酸的烧杯中[2]，使温度保持在 5℃以下（冰水浴冷却）[3]，很快就有对氨基苯磺酸重氮盐的细粒状白色沉淀[4]，为了保证反应完全，继续在冰浴中放置 15 min。

2. 偶合

在一支试管中加入 1.3 mL N,N-二甲基苯胺和 1 mL 冰醋酸，振荡使之混合。在搅拌下将此溶液慢慢加到上述冷却的对氨基苯磺酸重氮盐溶液中，加完后，继续搅拌 10 min，此时有红色的酸性黄沉淀，然后在冷却下搅拌，慢慢加入 15 mL 10％ NaOH 溶液。反应物变为橙色，粗的甲基橙呈细粒状沉淀析出。

将反应物加热至沸腾，使粗的甲基橙溶解后，稍冷，置于冰浴中冷却，待甲基橙全部重新结晶析出后，抽滤收集结晶。用饱和氯化钠水溶液冲洗烧杯 2 次，每次用 10 mL，并用这些冲洗液洗涤产品。

3. 纯化

如需进一步纯化产品，可将滤饼连同滤纸转移到盛有 75 mL 热水的烧杯中，微微加热并且不断搅拌，滤饼几乎全溶后，取出滤纸让溶液冷却至室温，然后在冰浴中再冷却，待甲基橙结晶全析出后,抽滤。依次用少量乙醇、乙醚洗涤产品[5]。产品干燥后称量,约 2.5 g。

产品性能检测试验,可溶解少许合成的甲基橙于水中,加几滴稀盐酸,然后用稀氢氧化钠溶液中和,观察溶液的颜色有何变化。

本实验约需 4 h。

【注释】

[1] 对氨基苯磺酸是一种两性有机化合物,其酸性比碱性强,它能与碱作用生成盐,但不溶于酸。由于重氮化反应需要在酸性溶液中完成,因此,进行重氮化反应前,首先将对氨基苯磺酸与碱作用,变成水溶性较大的对氨基苯磺酸钠。

[2] 在重氮化反应中,亚硝酸钠经酸化生成亚硝酸,同时,对氨基苯磺酸钠转变为对氨基苯磺酸从溶液中以细粒状沉淀析出,并立即与亚硝酸作用,发生重氮化反应,生成粉末状的重氮盐。为了使对氨基苯磺酸完全重氮化,反应过程必须不断搅拌。

[3] 重氮化反应过程中,控制温度很重要,反应温度高于 5℃,则生成的重氮盐易水解成酚类化合物,降低产率。

[4] 反应终点可用淀粉-碘化钾试纸检验,若试纸显蓝色表明亚硝酸过量。析出的碘遇淀粉就显蓝色。
$$2HNO_2 + 2KI + 2HCl \Longrightarrow I_2 + 2NO + 2H_2O + 2KCl$$

这时应加入少量尿素除去过多的亚硝酸,因为亚硝酸能起氧化和亚硝基化作用,其用量过多,会引起一系列副反应。

[5] 用乙醇、乙醚洗涤的目的是使产品迅速干燥。

五、思考题

(1) 本实验中,重氮盐的制备为什么要控制在 0~5℃ 中进行? 偶合反应为什么在弱酸性介质中进行?

(2) 在洗涤粗产品时为什么要用饱和氯化钠水溶液?

§3.7　杂环有机化合物

实验 42　呋喃甲醇和呋喃甲酸

一、实验目的

(1) 通过呋喃甲醇、呋喃甲酸的制备,加深对 Cannizzaro 反应原理的认识和理解。

(2) 进一步巩固萃取、蒸馏、结晶、抽滤等操作。

二、实验原理

不含 α-H 的醛在强碱存在下,可进行氧化还原反应,即一分子醛被还原成醇,另一分子醛被氧化成酸,这类反应通称为 Cannizzaro 反应。α-呋喃甲醛经 Cannizzaro 反应,生成 α-呋喃甲醇和 α-呋喃甲酸。

$$\text{〔furan〕—CHO} \xrightarrow{\text{NaOH}} \text{〔furan〕—CH}_2\text{OH} + \text{〔furan〕—CO}_2\text{Na}$$

$$\text{〔furan〕—CO}_2\text{Na} \xrightarrow{\text{H}^+} \text{〔furan〕—COOH}$$

三、仪器与试剂

1. 仪器

电子天平、电热套、水浴锅、普通玻璃仪器、标准磨口玻璃仪器、显微熔点测定仪。

2. 试剂

呋喃甲醛、氢氧化钠(43%)、无水硫酸镁、乙醚、盐酸(25%)、刚果红试纸。

四、实验步骤

将 6 mL 43% NaOH 溶液量入烧杯中,冰水浴冷却至约 5℃,在不断搅拌下,慢慢滴加 6.6 mL 新蒸馏的呋喃甲醛[1](约 10 min 内加完),控制反应温度在约 8~12℃[2]。滴加完毕,继续于冰水浴中搅拌 20 min 反应即可完成,得到淡黄色浆状物。

在搅拌下向反应混合物加入约 10 mL 水[3],使浆状物恰好完全溶解。将溶液转入分液漏斗中,用乙醚(每次 15 mL、10 mL、5 mL)分别萃取 3 次,合并乙醚萃取液。用无水硫酸镁干燥后,先水浴蒸去乙醚[4](回收),然后再蒸馏[5]收集 169~172℃的呋喃甲醇馏分,称量,计算产率。

纯呋喃甲醇为无色透明液体,沸点为 170~171℃,折光率 n_D^{20} 1.486 8。其红外和核磁共振图谱见附录 7(图 28)。

在乙醚萃取后的水溶液中,边搅拌边滴加 25%的盐酸酸化至刚果红试纸变蓝,pH 为 2~3,冷却后有晶体析出。冷却,抽滤,固体粗产物先用少量水洗涤 1~2 次,再用水重结晶,得白色针状呋喃甲酸,干燥,称量,计算产率,测熔点。

纯呋喃甲酸的熔点为 133~134℃。其红外和核磁共振图谱见附录 7(图 29)。

本实验约需 6 h。

【注释】

[1] 纯呋喃甲醛为无色透明或浅黄色油状液体,气味刺鼻。但暴露在空气中或久置后颜色变为棕褐色,同时往往含有水分,故使用前,收集 155~162℃馏分,最好减压蒸馏,收集 54~55℃/2.27 kPa 馏分。

[2] 反应温度若高于 12℃,则反应难以控制,致使反应物变成深红色;若温度过低,则反应过慢,可能积累一些呋喃甲醛。一旦发生反应,则过于猛烈,增加副反应,影响产量及纯度。由于氧化还原是在两相间进行的,因此必须充分搅拌,亦可加少许相转移催化剂聚乙二醇(1 g,相对分子质量 400)。呋喃甲醇和呋喃甲酸的制备也可以在相同的条件下,采用反加的方法,即将氢氧化钠溶液滴加到呋喃甲醛中。

[3] 水不能多加,否则会造成呋喃甲醇的溶解损失。

[4] 蒸馏回收乙醚,注意安全。

[5] 常压蒸馏应改用空气冷凝管。呋喃甲醇也可用减压蒸馏收集 88℃/4.666 kPa 的馏分。

五、思考题

(1) 为什么反应温度需控制在 8~12℃之间? 如何控制?

（2）乙醚萃取后的水溶液用盐酸酸化,这一步为什么是影响呋喃甲酸产物收率的关键? 如何保证酸化完全? 如不用刚果红试纸,怎样知道酸化是否恰当?

（3）本实验根据什么原理来分离呋喃甲酸和呋喃甲醇的?

（4）试写出呋喃甲醛 Cannizzaro 反应的机理。

实验 43　8-羟基喹啉

一、实验目的

（1）学习用 Skraup 反应合成 8-羟基喹啉的原理和方法。

（2）进一步巩固加热回流、水蒸气蒸馏、重结晶等基本操作。

二、实验原理

Skraup 反应是合成杂环化合物喹啉及其衍生物的重要方法,反应是将芳胺类化合物与无水甘油,浓 H_2SO_4 及弱氧化剂芳香硝基化合物或砷酸等一起加热而得。浓 H_2SO_4 作用是使甘油脱水生成丙烯醛,并使芳胺与丙烯醛的加成产物脱水成环。芳香硝基化合物则将 1,2-二氢喹啉氧化成喹啉,自身被还原成芳胺,并可继续参与缩合反应。

$$\text{HOCH}_2\text{CHOHCH}_2\text{OH} \xrightarrow[-2\text{H}_2\text{O}]{\text{H}_2\text{SO}_4} \text{H}_2\text{C}=\text{CHCHO}$$

必须指出,Skraup 反应中所用的芳香硝基化合物应与所用芳胺的结构相对应,否则将导致混合产物的生成。有时也可用碘作氧化剂,并可缩短反应周期而使反应平稳进行。

三、仪器与试剂

1. 仪器

三颈烧瓶(100 mL)、滴液漏斗、回流冷凝管、水蒸气蒸馏装置、抽滤装置。

2. 试剂

邻硝基苯酚、邻氨基苯酚、无水甘油、浓硫酸、氢氧化钠、饱和碳酸钠。

四、实验步骤

100 mL 三颈烧瓶[1]中加入 1.8 g(约 0.013 mol)邻硝基苯酚,2.8 g(约 0.025 mol)邻氨基苯酚,9.5 g(约 0.1 mol)无水甘油[2],剧烈振荡,充分混匀后,在不断振荡下慢慢滴加 4.5 mL 浓硫酸[3],于冷水浴上冷却。装上回流冷凝管,缓慢加热。溶液微沸,立刻移开热源[4]。反应放出大量热,待反应缓和后,继续加热,微沸回流 1 h。冷却后,加入 15 mL 水,充分摇匀,进行简易水蒸气蒸馏,蒸出未反应的邻硝基苯酚(约 30 min),直至馏分由浅黄色变为无色为止。待瓶内残留液冷却后,慢慢滴加约 7 mL 50%氢氧化钠水溶液,于冷水中冷却,摇匀后,再慢慢滴入约 5 mL 饱和碳酸钠溶液,使混合液呈中性[5]。再加入 20 mL 水进行第二次水蒸气蒸馏,蒸出 8-羟基喹啉,直至无有机物馏出为止[6](约 25 min)。待馏出液充分冷却后,抽滤,洗涤,干燥得粗产物,产量约 3 g。

粗产物用约 25 mL 乙醇-水(体积比为 4∶1)混合溶剂重结晶[7],得纯 8-羟基喹啉,干燥,称量,计算产率[8],测熔点。

纯 8-羟基喹啉的熔点为 75～76℃。其红外和核磁共振图谱见附录 7(图 30)。

本实验约需 6 h。

【注释】

[1] 仪器必须先干燥。

[2] 甘油含水量较大时会影响产物的产率,可将普通甘油在通风橱内置于瓷蒸发皿中加热至 180℃,冷至 100℃左右,放入盛有浓硫酸的干燥器中备用。甘油在常温下是黏稠的液体,取用时注意转移中的损失。

[3] 烧瓶内混合物未加浓硫酸时,十分黏稠,难以摇动;加入浓硫酸后,黏度大为降低。但硫酸滴加速度不可太快,边滴边摇动烧瓶,并时用冷水冷却。

[4] 此反应为放热反应,溶液呈微沸时,表示反应已经开始;如继续加热,则反应过于激烈,会使溶液冲出容器。

[5] 8-羟基喹啉既溶于酸又溶于碱而成盐,且成盐后不被水蒸气蒸馏出来,为此必须小心中和,严格控制 pH 为 7～8。当中和恰当时,瓶内析出的 8-羟基喹啉沉淀最多。

[6] 产物蒸出后,检查烧瓶中 pH,必要时可加少量水再蒸一次,确保产物蒸出。

[7] 由于 8-羟基喹啉难溶于冷水,向滤液中慢慢滴入去离子水,即有 8-羟基喹啉不断结晶析出。亦可用升华操作提纯,得漂亮的针状晶体。

[8] 反应产率以邻氨基苯酚计算,不考虑邻硝基苯酚部分转化后参与反应的量。

五、思考题

(1) 为什么第一次水蒸气蒸馏要在酸性条件下进行,第二次要在中性条件下进行?

(2) 在 Skraup 合成中,若用对甲苯胺作原料,应得到什么产物?硝基化合物应如何选择?

实验 44　硝苯地平(药物心痛定)

一、实验目的

(1) 学习用 Hantzsch 反应合成二氢吡啶类心血管药物的原理和方法。

(2) 学习用薄层色谱法跟踪反应的操作。

二、实验原理

硝苯地平(Nifedipine)又名心痛定,化学名为 1,4-二氢-2,6-二甲基-4-(2-硝基苯基)-3,5-吡啶二甲酸二甲酯,是 20 世纪 80 年代末出现的第一个二氢吡啶类抗心绞痛药物,还兼有很好的高血压治疗功能,是目前仍在广泛使用的抗心绞痛和降血压药物。硝苯地平是由邻硝基苯甲醛、乙酰乙酸甲酯和氨水通过 Hantzsch 二氢吡啶合成反应缩合得到。

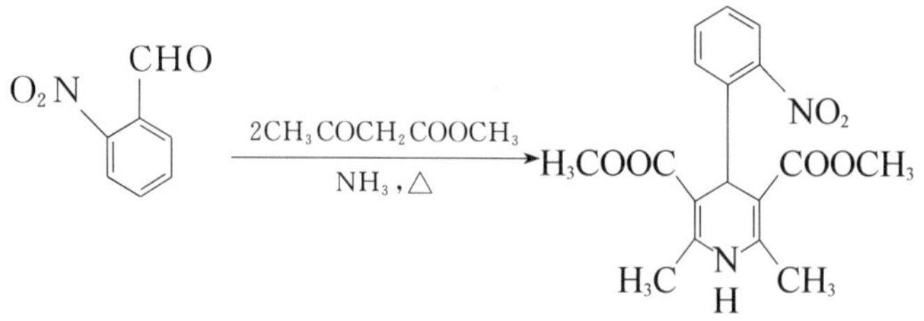

三、仪器与试剂

1. 仪器

三口烧瓶(50 mL)、电热套、磁力搅拌器、锥形瓶、球形冷凝管、薄层色谱板、层析缸、紫外分析仪、超声波清洗器。

2. 试剂

邻硝基苯甲醛、乙酰乙酸甲酯、乙醇、氨水(25%)、石油醚、乙酸乙酯。

四、实验步骤

在 50 mL 三颈烧瓶中加入 2.5 g(0.016 mol)邻硝基苯甲醛、3.8 g(0.032 8 mol)乙酰乙酸甲酯、10 mL 乙醇和 2.0 mL(0.0264 mol)25%氨水,加入搅拌磁子,装上回流冷凝管、插入温度计。搅拌下加热至回流(保持温度稳定,微沸)。用薄层色谱法(TLC)跟踪反应,3 h 后原料邻硝基苯甲醛基本消失,新点(反应主产物)显著,$R_f = 0.44$(展开剂:石油醚-乙酸乙酯,体积比为1:1)。停止反应,将反应瓶内的混合物转移到盛有 40 mL 冰水的烧杯中,静置冷却,析出黄色固体,如产物呈棕色黏状物,将烧杯置于超声波清洗器中振荡 15~20 min。抽滤,得粗产品。粗产物用乙醇重结晶,得淡黄色晶体或粉末,干燥,称量,计算产率。

纯硝苯地平为淡黄色针状晶体,熔点 172~174℃,其红外和核磁共振图谱见附录 7(图 31)。

本实验约需 6 h。

五、思考题

试写出本实验中环合反应的机理。

实验 45　2-甲基苯并咪唑

一、实验目的

(1) 了解微波辐射合成 2-甲基苯并咪唑的原理和方法。
(2) 熟练掌握微波加热技术的原理和实验操作方法。

二、实验原理

咪唑类杂环化合物是一类重要的有机中间体,通过咪唑类的还原水解及其甲基碘盐与 Grignard 试剂的加成反应得到醛、酮、大环酮以及乙二胺衍生物等,为这类化合物的合成提供了新的合成方法。通常苯并咪唑类化合物是由邻苯二胺和羧酸为原料,加热回流得到。

将微波技术用于邻苯二胺和乙酸的缩合反应,提供了 2-甲基苯并咪唑的快速合成法,反应时间比传统反应速率提高 4～10 倍,产率也有较大的提高。

反应如下:

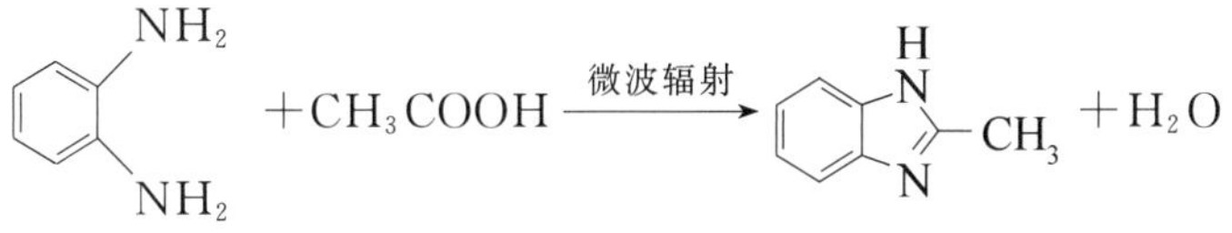

三、仪器与试剂

1. 仪器

微波炉、圆底烧瓶(25 mL)、空气冷凝管、球形冷凝管、抽滤装置、熔点测定仪、电子天平。

2. 试剂

邻苯二胺、乙酸、氢氧化钠。

四、实验步骤

在 25 mL 圆底烧瓶中放入 1 g (0.009 mol)邻苯二胺和 1.0 mL(0.017 mol)乙酸,摇动混合均匀后,置于微波炉中心,烧瓶上口接一个空气冷凝管通到炉外,其上口再接一支球形冷凝管。使用低火挡(150～200 W)[1]微波辐射约 8 min。反应完毕得淡黄色黏稠液,冷至室温,用 10%氢氧化钠溶液调节至碱性[2]。有大量沉淀析出,冰水冷却使之析出完全。抽滤,冷水洗涤,用水重结晶,干燥得无色晶体约 1.0 g。

2-甲基苯并咪唑的熔点为 176～177℃,其红外和核磁共振图谱见附录 7(图 32)。

本实验约需 40 min。

【注释】

[1] 辐射功率不宜过高,一般以 160 W 为宜,反应时间 6～8 min 较佳。

[2] 反应液的碱性一般调至 pH 为 8～9,碱性不宜过强。

五、思考题

(1) 为什么合成 2-甲基苯并咪唑的温度不能过高?

(2) 微波辐射合成有机化合物的优点是什么?

§3.8 天然产物的提取

实验 46 从茶叶中提取咖啡因

一、实验目的

(1) 掌握生物碱提取的原理和方法。

(2) 掌握用升华法提纯易升华物质的操作技术。

二、实验原理

咖啡因是存在于茶叶、咖啡、可可以及某些植物中的生物碱之一，为杂环化合物嘌呤的衍生物。咖啡因的学名为 1,3,7-三甲基-2,6-二氧嘌呤，它是具有绢丝光泽的无色针状结晶，含一个结晶水。其结构式如下：

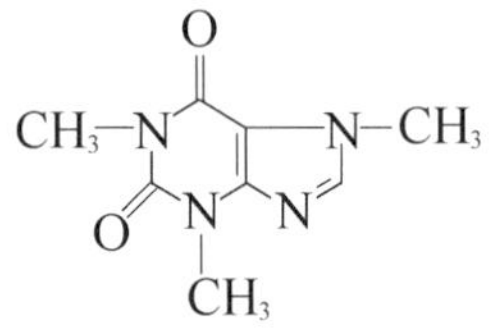

$$
\begin{array}{c}
O \\
\text{CH}_3-N \quad N-\text{CH}_3 \\
O \quad N \quad N \\
\text{CH}_3
\end{array}
$$

咖啡因呈弱碱性，常以盐或游离状态存在，能溶于氯仿、丙酮、乙醇和水（热水中溶解度更大），但难溶于冷的乙醚和苯。咖啡因在 100℃ 时失去结晶水，并开始升华，在 178℃ 可迅速升华为针状晶体。它是一种温和的兴奋剂，具有刺激心脏、兴奋中枢神经和利尿等作用。

茶叶中含有 1%～5% 的咖啡因，此外，还含有大约 11%～12% 的丹宁酸（鞣酸）和 0.6% 的色素、纤维素以及蛋白质等，其中丹宁酸也易溶于水和乙醇。因此，用水提取时，丹宁酸即混溶于茶汁中。为了除去丹宁酸，可以加碱，使丹宁酸成盐而与咖啡因分离。本实验采用索氏提取器，以 95% 乙醇为溶剂提取富集，再经浓缩、升华得咖啡因。

三、仪器与试剂

1. 仪器

索氏提取器、水浴锅、电热套、蒸馏装置、表面皿、三角漏斗、砂浴、电炉。

2. 试剂

干茶叶、生石灰、95% 乙醇、滤纸、脱脂棉。

四、实验步骤

1. 仪器装置

索氏提取器是由烧瓶、提取筒和回流冷凝管三部分组成。装置见第一章图 1-22。

索氏提取器是利用溶剂的回流及虹吸原理，使固体物质每次都被纯的溶剂所萃取，因而效率很高。萃取前，应先将固体物质研细，以增加浸润面积，然后将研细的固体物质装入滤纸套筒内，再置于提取筒中，烧瓶内盛放溶剂，并与提取筒（磨口）相连，提取筒上端接冷凝管。溶剂受热沸腾，其蒸气沿提取筒侧管上升至冷凝管处，冷凝为液体，滴入提取筒内的滤纸套筒中，并浸泡筒中样品。当液面超过虹吸管最高处时，虹吸流回烧瓶，从而萃取出溶于溶剂中的部分物质。如此多次循环，把要提取的物质富集于烧瓶内。提取液经过常压（或减压）浓缩除去溶剂后，即得产物。

2. 提取

称取干茶叶 10 g，研碎后装入折叠好的滤纸套筒内[1]，并将其放入索氏提取筒内，茶叶的高度不应超过虹吸管顶端，也不能让茶叶漏出滤纸套筒外，并将滤纸套筒上面折成凹面，以保证回流的溶剂能均匀浸润茶叶。在烧瓶内加入 120 mL 95% 乙醇[2]，2～3 粒沸石，用电热套加热，连续提取到提取液颜色很浅时为止，待冷凝液刚刚虹吸下去时，立即停止加热。

稍冷后,改装成蒸馏装置,回收大部分乙醇,然后将残留液倒入蒸发皿中,加入 4 g 研细的生石灰[3],搅拌成糊状,在蒸气浴上蒸发至干,蒸发过程中不断搅拌,压碎块状物使之成粉状,再用酒精灯焰隔石棉网小火焙炒片刻,除去全部水分[4],冷却后,擦去沾在边上的粉末,以免升华时污染产物。

将一张刺有许多小孔的圆形滤纸盖在装有粗咖啡因的蒸发皿上,取一只大小合适的玻璃漏斗罩于其上,漏斗颈部疏松地塞一小团棉花[5]。用砂浴小心地将蒸发皿加热,逐渐升高温度,使咖啡因升华[6]。当滤纸上出现白色针状晶体时,需适当控制火焰,尽可能使升华速度放慢,以提高结晶的纯度,当发现有棕色烟雾时,即可停止加热,冷至 100℃ 左右,揭开漏斗和滤纸,仔细地用小刀把附着于滤纸上下两面及器皿周围的咖啡因刮下。将蒸发皿内的残渣加以搅拌,重新放好滤纸和漏斗,用较大的火焰再加热升华一次。此时,火亦不能太大,否则蒸发皿内大量冒烟,产品既受污染又遭损失。合并两次升华所收集的咖啡因,称量,计算茶叶中咖啡因的提取率并测定熔点。

无水咖啡因的熔点为 235～236℃。

本实验约需 8 h。

【注释】

[1] 滤纸套筒大小要适中,既要紧贴提取筒壁,又要方便取放,其高度不得超过虹吸管。

[2] 乙醇适宜的量,也可根据从回流管上口加入乙醇至发生虹吸后再多加 10～20 mL 来确定。

[3] 生石灰起中和作用,以除去丹宁等酸性物质。

[4] 如留有少量水分,则升华时会在漏斗内出现水珠。若遇此情况,应迅速用滤纸擦干漏斗内的水珠并继续升华。

[5] 蒸发皿上覆盖刺有小孔的滤纸是为了避免已升华的咖啡因落入蒸发皿中,纸上的小孔使蒸气通过。漏斗颈塞棉花,以防止咖啡因蒸气逸出。

[6] 在萃取回流充分的情况下,升华操作的好坏是实验成败的关键,在升华过程中必须严格控制加热温度,温度太高,将导致被烘物和滤纸炭化,一些有色物质也会被带出来,使产品不纯。

五、思考题

(1) 索氏提取器的萃取原理是什么? 它与一般的浸泡萃取比较,有哪些优点?

(2) 本实验进行升华操作时,应注意什么?

实验 47　橙皮中柠檬烯的提取

一、实验目的

(1) 了解橙皮中提取柠檬烯的原理和方法。

(2) 复习和巩固水蒸气蒸馏的基本原理及操作。

二、实验原理

工业上常用水蒸气蒸馏的方法从植物组织中获取挥发性成分。这些挥发性成分的混合物统称精油,大都具有令人愉快的香味,其主要成分为单萜类化合物。

柠檬烯是多种水果(主要为柑橘类)、蔬菜及香料中存在的天然成分,在柑橘类水果(特别是其果皮)、香料和草药的精油中含量较高。柠檬、橙子和柚子等水果果皮通过水蒸气蒸馏得到的精油,其主要成分(90%以上)是柠檬烯。柠檬烯又称苧烯,是一种环状单萜类化合物。柠檬烯分子中有一手性碳原子,故存在光学异构体,存在于水果果皮中的天然柠檬烯通常是右旋柠檬烯。

柠檬烯可促进消化液的分泌,用于治疗消化不良,排除肠内积气等;它还具有利胆、溶石、消炎、止痛等功效,适用于胆囊炎、胆管炎、胆结石、胆道术后综合征。

三、仪器与试剂

1. 仪器

水蒸气蒸馏装置、普通蒸馏装置、三颈圆底烧瓶(250 mL)、锥形瓶(50 mL)、圆底烧瓶(50 mL)、分液漏斗(125 mL)、量筒(50 mL)、循环真空水泵。

2. 试剂

新鲜橙子皮、二氯甲烷、无水硫酸钠。

四、实验操作

将 2～3 个橙子皮剪成极小的碎片[1],放入 250 mL 三颈瓶中,加入约 30 mL 水,进行水蒸气蒸馏(见第一章图 1-20)。待馏出液达 60～70 mL 时即可停止。这时可观察到馏出液水面上浮着一层薄薄的油层。将馏出液倒入 125 mL 分液漏斗中,用二氯甲烷萃取 3 次,每次 10 mL。将萃取液合并于 50 mL 锥形瓶中,用无水硫酸钠干燥。

将干燥液滤入 50 mL 圆底烧瓶中,蒸去二氯甲烷,待二氯甲烷基本蒸完后,再用水泵减压蒸馏,除去残余的二氯甲烷,瓶中留下少量橙黄色液体即为橙油。称量,计算提取率。测定折光率和比旋光度[2]。

纯柠檬烯的沸点 176℃,折光率 n_D^{20} 1.472 7,比旋光度 $[\alpha]_D^{20}$ +125.6°。

本实验约需 4 h。

【注释】

[1] 橙皮要新鲜。如果没有,干的亦可,但效果较差。

[2] 测定旋光度时,需要将几个学生收集的橙油合并起来,并用 95% 乙醇配成 5% 的溶液,进行测定。

五、思考题

(1) 能进行水蒸气蒸馏的物质必须具备哪几个条件?

(2) 橙皮为什么要剪成细小碎片?

(3) 还可以用什么方法确定精油的主要成分和含量?

实验 48 中药槐花米中芦丁的提取和鉴定

一、实验目的

(1) 通过槐花米中提取芦丁(芸香苷),掌握简单回流提取法。

（2）了解减压蒸馏的原理及应用,掌握旋转蒸发仪的使用方法。

（3）掌握黄酮类结构和酚羟基结构的鉴定方法。

槐花米简介

二、实验原理

1. 芦丁简介

芦丁($C_{27}H_{30}O_{16}$,分子量 610.52)又名芸香苷,是由槲皮素 3 位上的羟基与芸香糖(由葡萄糖与鼠李糖组成的双糖)脱水合成的苷,是一种浅黄色针状结晶有机化合物。现已发现含芦丁的植物约有 70 余种,如烟叶、槐花米、荞麦叶、蒲公英中均含有大量的芦丁。尤以槐花米和荞麦叶中含量最高,可作为提取芦丁的原料,使用最多的是槐花米。芦丁属维生素类药,可降低毛细血管前壁的脆性和调节渗透性用,保持及恢复毛细血管的正常弹性。临床上常将其用作毛细血管脆性引起的出血症以及防治高血压病的辅助治疗药物。

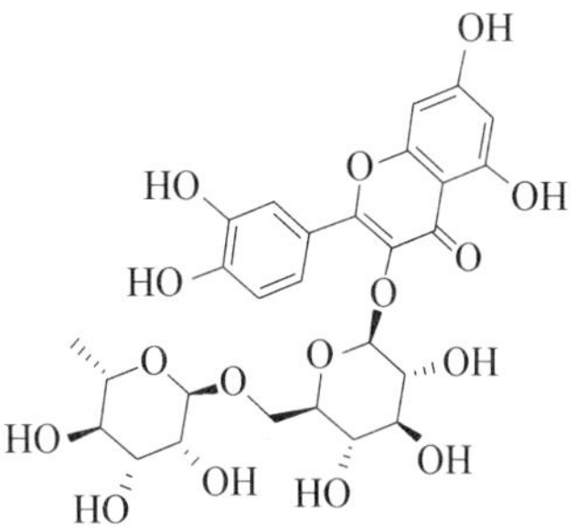

芦丁的化学名称为槲皮素-3-O-葡萄糖-O-鼠李糖,结构式如右图所示。芦丁可被稀酸水解生成槲皮素、葡萄糖和鼠李糖,反应式如下:

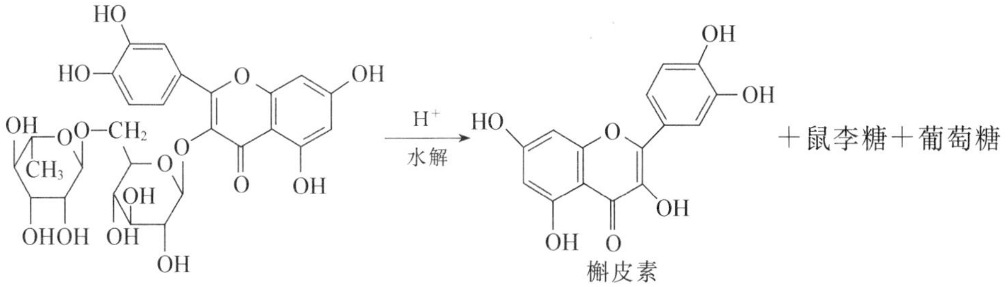

芦丁属于黄酮苷,能发生黄酮类化合物的特征反应,与浓盐酸、镁粉作用可产生红色物质,同时,其分子结构中具有较多的酚羟基,能与 $FeCl_3$ 反应,其溶液呈茶褐色。

芦丁分子中含有酚羟基,显弱酸性,可溶于稀碱液中。因此,在酸液中沉淀析出,可采用碱溶解酸沉淀的方法,从槐花米中提取芦丁。利用芦丁易溶于热水和热乙醇,较难溶于冷水和冷乙醇的性质,应用重结晶方法进行精制。具体操作中往往要加入适量的硼酸盐,来保护芦丁结构中邻二酚羟基,可得到纯净的芦丁晶体。本实验用 70%乙醇提取中药槐花米中的芦丁。

2. 简单回流提取操作

采用简单回流装置(第一章图 1-5),回流速度 1~2 滴/秒。加热方式根据瓶内液体沸腾温度可选用水浴、油浴或电热套。烧瓶内应加入沸石,防止暴沸。

3. 减压浓缩

减压蒸馏的原理、装置、操作方法及应用见教材第二章。旋转蒸发仪的组成和操作方法见教材第一章有机化学实验常用的仪器设备。

三、仪器与试剂

1. 仪器

圆底烧瓶(150 mL)、量筒(100 mL)、球形冷凝管、电热套或水浴锅、玻璃漏斗、布氏漏斗、吸滤瓶、旋转蒸发仪、循环水真空泵。

2. 试剂

70％乙醇、槐花米、浓盐酸、镁粉、1％ $FeCl_3$ 溶液。

四、实验步骤

称取槐花米 10 g 置于 150 mL 圆底烧瓶中，加入 90 mL 70％乙醇，加热回流 30 min。将烧瓶内提取液趁热过滤，用烧杯收集滤液，冷却，进行后续实验。

取提取液 1 mL，加入少许镁粉，再加入 3～4 滴浓盐酸，振摇（混匀），观察溶液颜色变化[1]。

取提取液 5 滴，加水稀释成 1 mL，加入 1～2 滴 1％ $FeCl_3$，振摇（混匀），观察溶液颜色[2]。

采用旋转蒸发仪，将烧瓶内剩余的提取液进行减压浓缩，回收乙醇。当浓缩至无乙醇味时，停止旋转蒸发。冷却后，将烧瓶内产物进行减压过滤，并用少量蒸馏水洗涤沉淀 1～2 次，抽干，得到黄色的芦丁晶体。

本实验约 3 h。

【注释】

[1] 芦丁含有黄酮类结构，黄酮类化合物与浓盐酸和镁粉作用，产生红色物质。

[2] 芦丁含有酚羟基结构，酚羟基与 $FeCl_3$ 发生显色反应。一般认为是二者在溶液中生成配合离子的缘故。

五、思考题

（1）本实验从槐花米中提取芦丁采用了哪种方法？在提取过程中，应注意哪些问题？

（2）简述黄酮结构和酚羟基结构的有机实验检验方法。

§3.9　多步骤有机合成反应

实验 49　苯佐卡因（局部麻醉剂）

苯佐卡因是外科手术所必需的麻醉剂（止痛剂），是一类已被研究得较透彻的药物。最早的局部麻醉药是从南美洲生长的古柯植物中提取的古柯生物碱或称柯卡因，但具有容易成瘾和毒性大等缺点。在研究清楚了古柯碱的结构和药理作用后，人们已经合成出数以千计的局部麻醉剂，多数是芳香酸酯类。苯佐卡因（Benzocaine）和普鲁卡因（Procaine）是广泛使用的局部麻醉剂。苯佐卡因是白色晶体粉末，熔点 90℃，制成散剂或软膏用于疮面溃疡的止痛等表面麻醉。普鲁卡因为白色针状结晶，熔点 155～156℃，常制成盐酸盐针剂，临床主要用于浸润麻醉、传导麻醉及封闭疗法等多种麻醉，因其穿透力较差，一般不用于表面麻醉。

有活性的这类药物的共同结构特点是：分子一端是苯环，另一端是仲胺或叔胺，两个结构单元之间相隔 1～4 个原子连接的中间链。苯环部分通常是芳香酸酯，与麻醉剂在人体内的解毒密切相关；氨基有助于使此类化合物形成溶于水的盐酸盐以制成注射液。芳香酸酯类局部麻醉剂的通式如下：

本实验阐述了局部麻醉剂苯佐卡因(对氨基苯甲酸乙酯)的制备,通常有三条合成路线。

第一条:对硝基甲苯首先被氧化成对硝基苯甲酸,再经还原、乙酯化后制得。这条合成路线具有实验步骤少、操作方便、产率高的优点。

第二条:对硝基甲苯首先被氧化成对硝基苯甲酸,再经酯化后还原制得。这也是一条比较经济的合成路线,但由于硝基还原时对位上的酯基较敏感,必须采用弱酸条件下加入大量锌粉或锡粉的还原方法,且回流时间较长。

第三条:首先将对硝基甲苯还原为对甲苯胺,经酰化、氧化、水解、酯化等反应合成苯佐卡因。这条合成路线中,在甲基氧化前必须将氨基保护,避免氨基的氧化。与前两条路线相比,此方法步骤较长,但原料易得,操作方便,适合于实验室小量制备。

本实验以对甲基苯胺为原料合成苯佐卡因,旨在通过芳胺的乙酰化反应,学习氧化反应中保护氨基的实验原理与操作方法。

（一）对氨基苯甲酸的制备

一、实验目的

（1）通过芳胺乙酰化保护氨基的反应，学习对氨基苯甲酸的制备原理和实验方法。
（2）掌握回流、洗涤、减压过滤等基本操作。

二、实验原理

对氨基苯甲酸是一种与维生素 B 有关的化合物（又称 PABA），它是维生素 B_{10}（叶酸）的组成部分。细菌把 PABA 作为组分之一合成叶酸，磺胺药物则具有抑制这种合成的作用。

对氨基苯甲酸的合成涉及三步反应：

第一步：将对甲苯胺用乙酸酐处理转变为相应的对甲基乙酰苯胺。其目的是保护氨基，避免氨基在第二步氧化反应中被高锰酸钾氧化。

$$p - CH_3C_6H_4NH_2 \xrightarrow[CH_3CO_2Na]{(CH_3CO)_2O} p - CH_3C_6H_4NHCOCH_3 + CH_3COOH$$

第二步：对甲基乙酰苯胺中的甲基被高锰酸钾氧化为相应的羧基。氧化过程中，紫色的高锰酸盐被还原为棕色的二氧化锰沉淀。因溶液中有氢氧根离子生成，故要加入少量 $MgSO_4$ 作缓冲剂，使溶液碱性变得不致太强而使酰氨基发生水解。反应产物是羧酸盐，经酸化后可使生成的羧酸从溶液中析出。

$$p - CH_3C_6H_4NHCOCH_3 \xrightarrow{2KMnO_4} p - CH_3CONHC_6H_4COOK + 2MnO_2 + H_2O + KOH$$

$$p - CH_3CONHC_6H_4COOK + H^+ \longrightarrow p - CH_3CONHC_6H_4COOH$$

第三步：酰胺水解，除去起保护作用的乙酰基，此反应在稀酸溶液中很容易进行。

$$p - CH_3CONHC_6H_4COOH + H_2O \xrightarrow{H^+} p - NH_2C_6H_4COOH + CH_3CO_2H$$

三、仪器与试剂

1. 仪器
普通玻璃仪器、水浴锅、电热套、循环水真空泵、pH 试纸。

2. 试剂
对甲苯胺、浓盐酸、活性炭、乙酸酐、三水合醋酸钠（$CH_3CO_2Na \cdot 3H_2O$）、七水合结晶硫酸镁（$MgSO_4 \cdot 7H_2O$）、高锰酸钾、95％乙醇、20％硫酸、18％盐酸、10％氨水、冰醋酸。

四、实验步骤

1. 对甲基乙酰苯胺的制备
在 500 mL 烧杯中，加入 7.5 g(0.07 mol)对甲苯胺，175 mL 水和 7.5 mL 浓盐酸[1]，必要时在水浴上温热搅拌促使溶解。若溶液颜色较深，可加适量的活性炭脱色过滤。同时配制 12 g 三水合醋酸钠[2]溶于 20 mL 水的溶液，必要时温热至所有的固体溶解。

将脱色后的盐酸对甲苯胺溶液加热至 50℃，加入 8 mL(8.7 g，0.085 mol)乙酸酐，并立即加入预先配制好的醋酸钠溶液，充分搅拌后，将混合物置于冰浴中冷却，此时应析出对甲基乙酰苯胺的白色固体。抽滤,用少量冷水洗涤,干燥后称量。纯对甲基乙酰苯胺的熔点为 154℃。

2. 对乙酰氨基苯甲酸的制备

在 500 mL 烧杯中,加入上述制得的对甲基乙酰苯胺(约 7.5 g)、20 g(0.08 mol)七水合结晶硫酸镁[3] 和 350 mL 水,将混合物在水浴上加热到约 85℃;同时制备 20.5 g(0.13 mol)高锰酸钾溶于 70 mL 沸水的溶液。

在充分搅拌下,将热的 KMnO₄ 溶液在 30 min 内分批加入对甲基乙酰苯胺混合物中,以免氧化剂局部浓度过高破坏产物。加完后,在 85℃下继续搅拌 15 min。混合物呈深棕色,趁热用两层滤纸抽滤除去 MnO₂ 沉淀,并用少量热水洗涤 MnO₂[4] 沉淀。若滤液呈紫色,可加入 2～3 mL 乙醇,煮沸直至紫色消失[5],将滤液再用折叠滤纸过滤一次。

冷却无色滤液,加 20% H₂SO₄ 酸化至溶液呈酸性(约 pH=3),此时应生成白色固体。抽滤,压干,干燥后的对乙酰氨基苯甲酸产量约 5～6 g,纯对乙酰氨基苯甲酸的熔点为 250～252℃。湿产品可直接进行下一步合成。

3. 对氨基苯甲酸的制备

称量上步得到的对乙酰氨基苯甲酸,将每克湿产物用 5 mL 18% 的盐酸进行水解。将反应物置于 250 mL 圆底烧瓶中,加热缓缓回流 30 min。待反应物冷却后,加入 30 mL 冷水,并用 10% 氨水中和,使反应混合物对石蕊试纸恰呈碱性(pH 为 7～8),切勿使氨水过量[6]。每 30 mL 最终溶液加 1 mL 冰醋酸,充分振摇后置于冰浴中骤冷以引发结晶,必要时用玻璃棒摩擦瓶壁或放入晶种引发结晶。抽滤收集产物,干燥后称量,以对甲苯胺为标准计算总产率,测定产物的熔点。

纯对氨基苯甲酸的熔点为 186～187℃,实验得到的熔点略低[7]。其红外和核磁共振图谱见附录 7(图 33)。

本实验约 6 h。

【注释】

[1] 加入盐酸使对甲苯胺转为盐酸盐而溶解。

[2] 加入醋酸钠溶液可中和盐酸,同时游离出氨基,确保酰化反应顺利进行。

[3] 加入结晶硫酸镁的目的是保持弱酸体系。

[4] 因为滤液是产品,吸滤瓶一定要洗净。停止抽滤时,先拔去真空橡皮管,后关水泵,防止倒吸。

[5] 滤液呈紫色,可能是因为加入 KMnO₄ 后反应不完全所致,加入乙醇是为了除去过量的 KMnO₄。若滤液几乎接近无色、淡白色或淡紫色,则不需加乙醇。

[6] 对氨基苯甲酸为两性化合物,酸碱都溶,若用 NaOH 代替氨水中和,难以控制溶液的酸度。

[7] 对氨基苯甲酸不必重结晶,对产物重结晶的各种尝试均未获得满意的结果,产物可直接用于合成苯佐卡因。

五、思考题

(1) 对甲苯胺用乙酸酐酰化反应中,为什么要加入醋酸钠?

(2) 对甲基乙酰苯胺用高锰酸钾氧化时,为什么要加入硫酸镁结晶?

(3) 在氧化步骤中,若滤液有色,需加入少量乙醇煮沸,发生了什么反应?

(4) 水解步骤中,可以用氢氧化钠溶液代替氨水中和吗? 中和后加入乙酸的目的是什么?

（二）对氨基苯甲酸乙酯（苯佐卡因）的制备

一、实验目的

（1）通过对氨基苯甲酸乙酯的制备，学习酯化反应的原理和实验方法。

（2）掌握回流、洗涤、重结晶等基本操作。

二、实验原理

对氨基苯甲酸乙酯（苯佐卡因）的合成反应式：

$$\underset{NH_2}{\underset{|}{\overset{COOH}{\overset{|}{\bigcirc}}}} + CH_3CH_2OH \underset{}{\overset{H_2SO_4}{\rightleftharpoons}} \underset{NH_2}{\underset{|}{\overset{COOC_2H_5}{\overset{|}{\bigcirc}}}} + H_2O$$

三、仪器与试剂

1. 仪器

普通玻璃仪器、标准口玻璃仪器、水浴锅、蒸馏装置、减压抽滤装置。

2. 试剂

对氨基苯甲酸、95％乙醇、浓硫酸、10％碳酸钠溶液、乙醚、无水硫酸镁、pH 试纸。

四、实验步骤

在 100 mL 圆底烧瓶中，加入 2 g（0.014 5 mol）对氨基苯甲酸和 25 mL 95％乙醇，旋摇烧瓶使大部分固体溶解。将烧瓶置于冰浴中冷却，加入 2 mL 浓硫酸，立即产生大量沉淀[1]，将反应混合物在水浴上回流 1 h，并时加摇荡。

将反应混合物转入烧杯中，冷却后分批加入 10％ Na_2CO_3 溶液中和（约需 12 mL），可观察到有气体逸出，并产生泡沫，直至加入 Na_2CO_3 溶液后无明显气体释放。反应混合物接近中性时，检查溶液的 pH 后，再加入少量 Na_2CO_3 溶液至 pH 为 9 左右[2]。在中和过程中产生少量固体沉淀。将溶液倾泻到分液漏斗中，用少量乙醚洗涤固体后，将醚层并入分液漏斗。再向分液漏斗中加入 40 mL 乙醚，振摇后分出醚层，转入干燥的带塞锥形瓶中，用无水硫酸镁干燥后，将液体转入干燥的圆底烧瓶中，水浴加热蒸去乙醚和大部分乙醇[3]，至残余油状物约 2 mL 左右为止。残余液用乙醇-水重结晶，称量，计算产率。

纯对氨基苯甲酸乙酯的熔点为 91～92℃。其红外和核磁共振图谱见附录 7（图 34）。

本实验约 4 h。

【注释】

[1] 加入浓 H_2SO_4 后出现的沉淀是对氨基苯甲酸硫酸盐，在接下来的回流中沉淀将逐渐溶解。

[2] 加入 Na_2CO_3 溶液并调节溶液 pH＝9，目的是除去未反应的对氨基苯甲酸。

[3] 采用低沸点易燃、有毒害溶剂的蒸馏装置。

五、思考题

（1）本实验中加入浓硫酸后，产生的沉淀是什么物质？

（2）酯化反应结束后，为什么要用碳酸钠溶液而不用氢氧化钠进行中和？为什么不中和至 pH＝7 而要使溶液 pH＝9 左右？

（3）设计以对氨基苯甲酸为原料制备局部麻醉剂普鲁卡因（Procaine）的合成路线？

实验 50　苯频哪醇和苯频哪酮

一、实验目的

（1）学习二苯甲酮光化学还原制备苯频哪醇的原理和方法，熟悉光化学反应实验技术。

（2）通过苯频哪醇的重排反应制备苯频哪酮，加深对 Pinacol 重排反应的认识。

二、实验原理

1. 苯频哪醇（benzpinacol）的合成

二苯甲酮的光化学还原是研究最为成熟的光化学反应之一。当二苯甲酮溶于氢给予体的溶剂（如异丙醇）中，在紫外光照射下，生成二聚体的苯频哪醇。实验证明，二苯甲酮的光化学还原是二苯甲酮的 $n{\rightarrow}\pi^*$ 三线态（T_1）的反应。二苯甲酮的异丙醇溶液用 $300{\sim}350$ nm 的紫外光照射时，异丙醇不吸收光能，而二苯甲酮中的羰基吸收光能后，外层的非键电子发生 $n{\rightarrow}\pi^*$ 跃迁，经单线态（S_1）和系间窜跃（intersystem crossing）变成三线态（T_1），由于三线态（T_1）有较长的半衰期和相当的能量（$314{\sim}334.7$ kJ/mol），可以夺取异丙醇 C_2 或 O 原子上的氢，发生共价键的均裂，各自形成自由基，再经自由基的转移，偶合形成频哪醇。

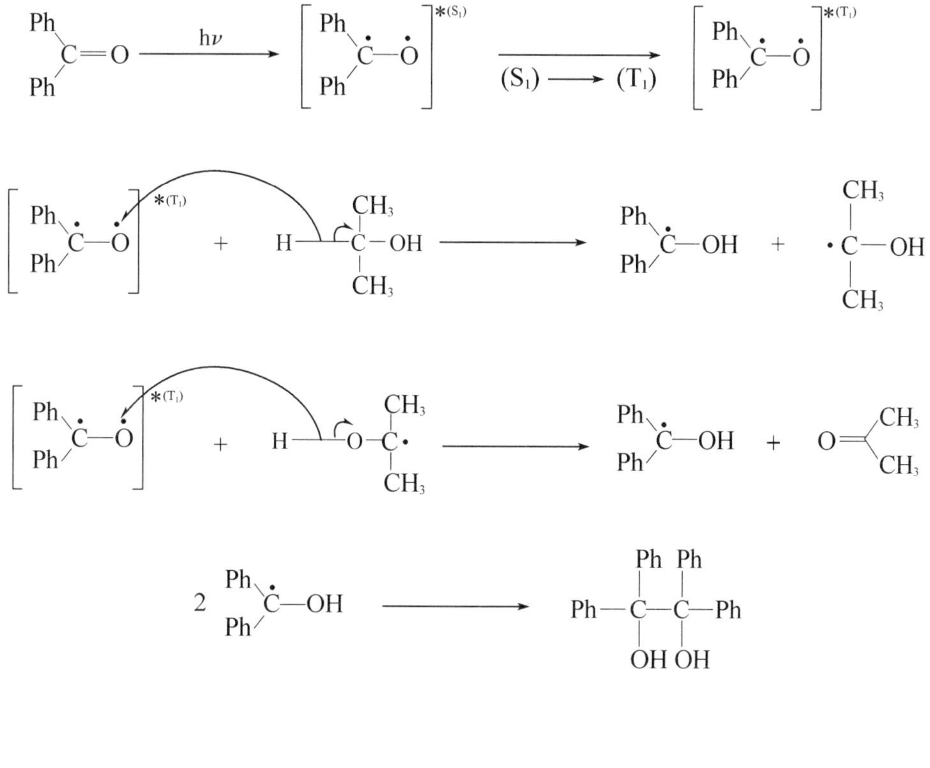

酮与镁、镁汞齐或铝汞齐在非质子溶剂中起反应后再水解，通过双分子还原，可得到频哪醇。本实验亦可由二苯酮在金属镁与碘的混合物（二碘化镁）作用下还原制备苯频哪醇。

$$2\ \underset{Ph}{\overset{Ph}{}}C=O \xrightarrow{Mg+I_2} \underset{Ph_2C-O}{\overset{Ph_2C-O}{|}}Mg \xrightarrow{H_2O} \underset{Ph-C-OH}{\overset{Ph-C-OH}{}}$$

2. 苯频哪酮（benzpinacolone）的合成

苯频哪醇与强酸共热或用碘作催化剂在冰醋酸中发生 Pinacol 重排反应生成苯频哪酮。

$$\underset{OH\ OH}{Ph-C-C-Ph} \xrightarrow{H^+} \underset{OH\ OH_2^+}{Ph-C-C-Ph} \xrightarrow{-H_2O} \underset{OH\ Ph}{Ph-C-C-Ph}^+ \underset{-H^+}{\rightleftharpoons} \underset{O\ Ph}{Ph-C-C-Ph}$$

近年来，有人利用酸性氧化铝作载体，通过微波辐射发生 Pinacol 重排反应，可避免液体酸造成的环境污染。

$$\underset{OHOH}{Ph-C-C-Ph} \xrightarrow[微波辐射]{酸性\ Al_2O_3} \underset{Ph}{Ph-C-C}\overset{O}{\underset{Ph}{}}$$

三、仪器与试剂

1. 仪器

电子天平、电热套或煤气灯、水浴锅、普通玻璃仪器、常量或半微量标准口玻璃仪器、显微熔点测定仪。

2. 试剂

二苯酮、异丙醇、冰醋酸、苯频哪醇、无水乙醚、无水苯、95％乙醇、镁屑、碘、浓盐酸、亚硫酸氢钠、氧化铝、无水硫酸钠。

四、实验步骤

1. 苯频哪醇的合成

方法一： 在一支约 20 mL 的大试管中[1]，加入 2.8 g(0.015 mol)二苯酮和 15 mL 异丙醇，在水浴上温热至二苯酮溶解。加入一滴冰醋酸[2]，充分振摇后再补加异丙醇近试管口，使得反应尽量在无空气条件下进行[3]。用干净的橡皮塞将管口塞紧，观察管内应无气泡，并用透明胶带沿橡皮塞至试管底部绕一圈加固，将试管倒置于烧杯中（见图 3-3）。标好自己的姓名，放在光照良好的窗台上，光照一周，也可置于 250 W 汞弧灯下进行照射 2 h[4]。由于生成的苯频哪醇在异丙醇中的溶解度较小，随着反应的进行，苯频哪醇晶体从溶液中析出[5]。反应结

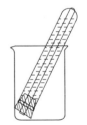

图 3-3 二苯酮的光化学还原

束后,将试管置于冰浴中冷却使结晶完全。抽滤,干燥后得苯频哪醇粗品。粗品可用冰醋酸作溶剂进行重结晶。干燥后称量,测熔点并计算产率。

纯苯频哪醇为无色针状晶体,熔点 187～189℃。其红外和核磁共振图谱见附录 7(图 35)。

本方法约需 2 h(光照时间,表征时间不计)。

方法二:在 50 mL 圆底烧瓶中加入 0.64 g(0.026 mol)镁屑、6.5 mL 无水乙醚和 8 mL 无水苯,装上回流冷凝管[6]。水浴温热后[7],自冷凝管顶部分批加入 2.0 g(0.008 mol)碘,加入速度保持溶液剧烈沸腾。大约一半镁屑消失后(上层溶液几乎是无色的),将反应物冷至室温,拆下冷凝管,加入溶有 2.2 g(0.012 mol)二苯酮的苯溶液(6.5 mL 无水苯)立即产生大量白色沉淀。塞紧瓶塞,充分摇振[8],直至沉淀溶解并形成深红色溶液,约需 10 min。此时尚有少量沉积于剩余镁屑表面的苯频哪醇镁盐不能溶解。待镁屑沉降后,将溶液通过折叠滤纸倾泻到 100 mL 锥形瓶中,再用 4 mL 乙醚和 8 mL 苯的混合液洗涤剩余的镁屑,合并滤液。向溶液中加入 3 mL 浓盐酸和 8 mL 水配成的溶液及少许亚硫酸氢钠(除去游离的碘),充分振摇,分解苯频哪醇的镁盐。将溶液移入分液漏斗,分去水层,有机层每次用 8 mL 水洗涤,洗涤 2 次后转入蒸馏烧瓶,水浴蒸去 3/4 的溶剂[9]。残液转入小烧杯,并用 3～4 mL 乙醇洗涤烧瓶。将烧杯置于冰浴中冷却,析出苯频哪醇晶体。抽滤,用少量冷乙醇洗涤。干燥后称量,测熔点并计算产率。

本方法约需 4 h。

2. 苯频哪酮的合成

方法一:在 50 mL 圆底烧瓶中放置 1.5 g(0.004 mol)苯频哪醇、8 mL 冰醋酸和一小粒碘。装上回流冷凝管,加热回流 10 min。稍冷后加入 8 mL 95％乙醇,充分振摇后让其自然冷却,结晶,抽滤,并用少量冷乙醇洗除吸附的游离碘。干燥后称量,测熔点并计算产率。

纯苯频哪酮的熔点为 182.5℃。其红外和核磁共振图谱见附录 7(图 36)。

本方法约需 2 h。

方法二:在 50 mL 三角烧瓶中加入 0.4 g(0.001 1 mol)苯频哪醇和 15 mL 乙醚,盖上磨口塞,搅拌使固体全部溶解[10]。加入酸性氧化铝 3 g,搅拌 2 min。将三角烧瓶在热水浴上温热(防明火,通风橱内进行),振摇以除去低沸点溶剂。将烧瓶放进微波炉的托盘上,中挡400 W 微波辐射 17 min[11]。反应结束后,氧化铝变为浅黄绿色。烧瓶冷却后加入 15 mL 乙醚洗下反应产物,洗液为淡黄色。过滤,滤液用少量饱和食盐水洗涤 2 次,合并滤液,分液后有机层用无水硫酸钠干燥。水浴蒸去大部分溶剂(防明火),冷却,结晶得苯频哪酮。干燥后称量,测熔点并计算产率。

本方法约需 2 h。

【注释】

[1] 该反应为双分子反应,浓度大有利于反应的进行。

[2] 加入冰醋酸的目的是为了中和普通玻璃器皿中微量的碱。碱催化下苯频哪醇易裂解生成二苯甲酮和二苯甲醇,对反应不利。

$$Ph-\underset{\underset{OH}{|}}{\overset{\overset{Ph}{|}}{C^-}} \quad \xrightarrow{H_2O} \quad Ph-\underset{\underset{OH}{|}}{\overset{\overset{Ph}{|}}{CH}} \quad + \quad OH^-$$

〔3〕二苯甲酮在发生光化学反应时有自由基产生,而空气中的氧会消耗自由基,使反应速度减慢。

〔4〕反应进行的程度取决于光照情况,但时间长短并不影响反应的最终结果。如用日光灯照射,反应时间可在 3～4 天完成。

〔5〕光化学反应主要在紧靠器壁的很薄一层溶液中进行,要经常摇动试管,防止晶体结在管壁上不利于反应继续进行。

〔6〕本方法所用的实验仪器和试剂必须干燥。

〔7〕用热水浴温热,禁用明火。

〔8〕由于瓶内蒸气压会增大,故振摇数次后,即打开瓶塞放气。

〔9〕该溶剂是乙醚和苯的混合物,故蒸馏时应用热水浴,禁明火,必要时可用水泵减压蒸去溶剂。

〔10〕如不溶解,可在温水浴上适当温热。

〔11〕这是输入功率,输出功率小于 400 W。

五、思考题

(1) 二苯酮与二苯甲醇的混合物在紫外光的照射下能否生成苯频哪醇? 说明理由。

(2) 二苯酮的光化学反应中为什么要加少许冰醋酸? 反应为什么要密闭杜绝空气?

(3) 写出苯频哪醇在酸催化下重排为苯频哪酮的反应机理。

实验 51　邻、对硝基苯胺

一、实验目的

(1) 学习芳环上氨基的保护、硝化和酰胺水解的实验方法。

(2) 掌握水蒸气蒸馏、薄层色谱及柱层析分离的操作技能。

二、实验原理

苯胺易被氧化,故不能用混酸直接进行硝化。但是可以先将氨基保护后硝化,最后脱保护实现硝基苯胺的合成。本实验以乙酰苯胺为原料,通过硝化、水解得到邻硝基苯胺和对硝基苯胺的混合物,以此来验证芳环上的亲电取代反应的定位规律,巩固硝化、酰胺的水解等基本有机反应。反应式如下:

三、仪器与试剂

1. 仪器

电子天平、电热套、水浴锅、磁力搅拌器、普通玻璃仪器、常量或半微量标准磨口玻璃仪器、显微熔点测定仪、薄层板、层析柱、载玻片。

2. 试剂

乙酰苯胺、冰醋酸、浓硝酸、浓硫酸、氢氧化钾醇溶液（1 g 氢氧化钾加入 8 mL 95％乙醇）、1％羧甲基纤维素钠水溶液、硅胶 G、二氯甲烷、无水硫酸镁、石油醚-丙酮（体积比5：3）、氧化铝。

四、实验步骤

1. 乙酰苯胺的硝化

在 50 mL 三颈瓶中放入 2.7 g(0.02 mmol)乙酰苯胺，加入 8 mL 冰醋酸[1]。安装上电磁搅拌装置，在三颈瓶口分别装上温度计、回流冷凝管、恒压滴液漏斗。在恒压滴液漏斗中加入 2.0 mL 浓硝酸和 4 mL 浓硫酸的混合液[2]。三颈瓶外用水浴控温在(55±5)℃[3]，边搅拌边慢慢加入混酸（约需 20 min)[4]，加完后在 60℃继续反应 1 h。然后将反应液倒入盛 30 g 碎冰的烧杯中，即有黄色沉淀析出，过滤、冰水洗至近中性[5]，晾干，称量，产品约1.4～1.7 g。

2. 邻、对硝基乙酰苯胺的水解

将制得的邻、对硝基乙酰苯胺 1.3 g(0.007 mol)放入 25 mL 圆底烧瓶中，加入 8.5 mL氢氧化钾的醇溶液[6]，摇匀。装上回流冷凝管，水浴加热回流 0.5 h，然后从冷凝管口加入3 mL 热水。继续在沸水浴中加热 20 min，稍冷后倒入 20 g 冰水中，过滤，用水洗至弱碱性或中性[7]，晾干[8]得水解产物，称量产品约 0.8～0.9 g。

3. 邻、对硝基苯胺的分离

将制得的邻、对硝基苯胺混合物 0.5 g 放在 100 mL 圆底烧瓶中，加入 50 mL 热水进行水蒸气蒸馏[9]。先蒸出 100 mL 馏出液，收集在锥形瓶中，继续蒸出 150～200 mL 馏出液[10]，直至无油滴馏出即可结束。用 20 mL CH$_2$Cl$_2$ 分 2 次对含较多产品的馏出液进行萃取，分出有机层[11]，用无水硫酸镁干燥，然后水浴蒸馏至烧瓶中剩余 3～5 mL[12]液体，将其倒入结晶皿中，待溶剂挥发后[13]，即有橙黄色结晶邻硝基苯胺析出。产量约 0.15～0.20 g，熔点测定为 68～70℃(文献值为 71.5℃)。

水蒸气蒸馏结束后，圆底烧瓶中剩余的溶液[14]在冷却过程中即有粗对硝基苯胺析出，抽滤，洗涤，烘干，称量。

4. 邻、对硝基苯胺的薄层层析

取少量样品溶于 1 mL 展开剂（石油醚-丙酮体积比为 5：3）中，进行薄层色谱分析[15]，分别测定邻位异构体和对位异构体的 R_f 值[16]。

三个样品进行比对，分别是约 0.05 g 邻、对硝基苯胺混合物（水解产物），水蒸气蒸馏的产品（馏出物）和粗对硝基苯胺（水蒸气蒸馏残液中的晶体）。

5. 对硝基苯胺的柱层析提纯

装柱：选择一根层析柱，关闭活塞，加入 10 mL 石油醚-丙酮（体积比 5：3），打开活塞控制流出速度每秒 1 滴[17];从柱顶加入活性氧化铝 15 g,边加边轻敲层析柱,使填装紧密、均匀,且氧化铝顶端水平;加入剩余洗脱剂,压柱。

制样:取约 0.05 g 粗品溶于 1 mL 展开剂中。

当洗脱剂的液面刚好降至氧化铝上端表面时[18],迅速用滴管沿柱壁滴加上述配好的样品溶液。当样品溶液面再次降至氧化铝表面时,用滴管沿柱壁加入展开剂淋洗。可观察到色带的形成和分离。收集洗下的黄色对硝基苯胺色层带[19]将流出液蒸馏除去大部分溶剂(在蒸馏烧瓶中尚留 3～5 mL 液体),将它倒入结晶皿中,待洗脱剂挥发后即有黄色结晶对硝基苯胺析出,熔点测定为 147～148℃(文献值为 148℃)。

邻、对硝基苯胺的红外和核磁共振图谱见附录 7(图 37、图 38)。

本实验约需 14 h。

【注释】

[1] 冰醋酸有两个作用:其一作为溶剂,其二可以抑制乙酰苯胺的水解。乙酰苯胺在低温下可以溶解于浓硫酸中,但速度很慢,加入冰醋酸可以加速其溶解。

[2] 混酸的配制:可用较大的试管作容器,将浓硫酸慢慢加入浓硝酸中,边加边振荡试管,试管外及时用冰水冷却,以防在界面上热量骤然增大,夹带浓硝酸冲出。一定要注意安全,要求学生佩戴防护镜,在通风橱内操作,切不可将头伸入橱内。

[3] 反应开始前温度控制尽量不要低于 50℃,若温度过低,可能会导致瞬间爆发反应,引起温度过高和冲料。反应开始后可以按要求维持体系温度。

[4] 该反应为放热反应,所以滴加混酸的速度不能太快,可控制约每 10 s 滴加 1～2 滴,整个过程大约需 20 min,时刻注意滴液漏斗出口处是否有积液现象。反应体系如果从黄色变成较深的绿色,要暂停滴加混酸,并注意反应温度。

[5] 产物有水溶性,所以碎冰不要多。洗涤可参照此方法:2～3 mL/次×3 次。

[6] 氢氧化钾醇溶液(1 g 氢氧化钾加入 8 mL 95%乙醇)的碱性比氢氧化钾水溶液略强,而且使用醇溶液可以得到均相反应体系。稍微增加 0.5 mL 的用量,以中和第一步未洗尽的酸。

[7] 对硝基苯胺的水溶性更大些,冰水的用量和洗涤时水的用量都要控制好,以免损失。

[8] 此时不宜用红外灯烘干,因为邻位体的熔点较低,可放置橱内自然晾干,下次实验再称量。

[9] 滤纸和表面皿上沾着的样品可留作薄层谱用。

[10] 目的是尽量除尽邻位体,确保分离效果。

[11] 萃取颜色较深的馏出液,大部分学生是第一瓶 100 mL 的馏出液。分液静置一定要充分。

[12] 用 70～80℃水浴蒸馏,留 3～5 mL 便于转移。

[13] 在通风橱里进行挥发,得到的晶体可作为纯样品留作薄层层析。

[14] 当水蒸气蒸馏接近尾声时,停止通入水蒸气,只加热蒸馏瓶中溶液并浓缩至体积小于 80 mL。将残液趁热倒入小烧杯中,自然冷却后,可析出粗对硝基苯胺晶体。

[15] 薄板的制备:在洁净的小烧杯中放 1%羧甲基纤维素钠(CMC)水溶液 6.5 mL,逐渐加入 2.3 g 硅胶 G,调成均匀的糊状,缓慢倾倒在洁净的载玻片(10 cm×3 cm 左右)上,用食指和拇指拿住玻片,作前后、左右振荡摆动,使流动的硅胶均匀地铺在玻片上,室温平放待其基本晾干,再放入烘箱中,缓慢升高温度至 110℃,恒温 0.5 h,稍冷后取出,置于干燥器中备用。

烧杯一定要洗净,不能残留杂质污染硅胶。调好的浆料要求均匀,不带团块,不含气泡,黏稠适当。为此,应将吸附剂(硅胶 G)分批慢慢地加至溶剂(CMC)中,迅速搅拌均匀。这些用量可供两位学生铺 3 块薄板。硅胶层厚度以 0.25～1 mm 为宜,太厚烘干时易裂,太薄则不易均匀,影响展开。

[16] 薄板从层析缸中取出时要标记溶剂前沿;注意准确测量得到的两个点的位置,判断哪一个是邻位

体,哪一个是对位体。

　　[17] 固定相(氧化铝)要致密,不能夹带气泡,目的是为了赶尽砂芯中的气泡。

　　[18] 整个过程都应有洗脱剂覆盖吸附剂,即:每次展开剂液面都不能下降至氧化铝顶端以下,否则可能带进大量气泡引起柱裂,影响分离效果。

　　[19] 树胶质及棕色杂质色带留在柱上弃之。如果水蒸气蒸馏不彻底,那么在柱上还会看到少量橙黄色的色带,这是邻位体。

五、思考题

　　(1) 能用混酸对苯胺直接进行硝化来制备硝基苯胺吗? 为什么?

　　(2) 说明用氢氧化钾乙醇溶液水解酰胺比用氢氧化钾水溶液水解快、产率高的原因。

　　(3) 为什么邻、对硝基苯胺可采用水蒸气蒸馏来加以分离?

　　(4) 薄层色谱有何用途? 点样、展开、显色这三个步骤各要注意什么?

　　(5) 柱色谱中的吸附剂、溶剂各应怎样选择?

　　(6) 能用重结晶方法直接分离邻硝基苯胺和对硝基苯胺吗? 为什么?

§3.10　聚合物制备

实验 52　聚乙烯醇缩甲醛的合成

一、实验目的

　　(1) 了解大分子官能团的反应特性及聚乙烯醇的一种改性方法。

　　(2) 学会正确使用机械搅拌器。

二、实验原理

　　聚乙烯醇为白色粉末,是由聚醋酸乙烯酯经水解或醇解而成。聚乙烯醇分子内含有官能团—OH,当—OH与不同醛类进行缩合反应就形成缩醛。这种缩醛化反应可以在分子内部发生,也可以在分子间发生,分子间缩醛化反应是一种高分子交联反应,反应式为:

$$\left[\text{CH}_2-\overset{\overset{\text{H}}{|}}{\underset{\underset{\text{OH}}{|}}{\text{C}}}\right]_n + \text{RCHO} \longrightarrow \left[-\text{CH}_2-\text{CH}\overset{\overset{\overset{\text{H}_2}{\text{C}}}{\diagup\diagdown}}{\underset{\underset{\text{O}}{|}\overset{}{\diagdown}\underset{\underset{\text{R}}{|}}{\overset{|}{\text{CH}}}\underset{\text{O}}{|}\diagup}{}}\text{CH}-\right]_m + \text{H}_2\text{O}$$

　　聚乙烯醇缩甲醛纤维又称维纶。工业上维纶的制造是将 15% 聚乙烯醇经 0.07 mm 左右孔径的喷丝头制成丝,经一系列处理后再与甲醛缩醛化反应。由于缩醛化反应,聚乙烯醇中的—OH 大大减少,降低了亲水性,得到耐水性维纶纤维。

　　市售的 107 胶水即为聚乙烯醇缩甲醛产物,除用作普通胶水外,还大量用于建筑内墙刷浆,能提高墙粉和水泥砂浆的黏附力及抗冻性,也可用于皮革、木材、塑料、壁纸和织物服装的黏结。聚乙烯醇缩丁醛主要用于无机玻璃黏接。

三、仪器与试剂

1. 仪器

电子天平、电热套或煤气灯、水浴锅、常量标准口玻璃仪器、电动搅拌机。

2. 试剂

聚乙烯醇、甲醛水溶液(30%)、浓盐酸、氢氧化钠溶液(10%)。

四、实验步骤

在 250 mL 三颈瓶上安装机械搅拌装置和回流冷凝管。将 2.5 g 聚乙烯醇[1]置于三颈瓶中,加水 30 mL。慢慢开启搅拌,水浴加热至 80℃,待聚乙烯醇全部溶解成透明溶液(约 25 min)。稍冷,加入 5 滴浓盐酸,搅拌 10 min,使 pH 为 1～2[2],冷却至 50℃,慢慢滴加 0.7 mL甲醛溶液[3],滴加完毕,缓慢升温并维持 80℃,继续反应 30～40 min[4],反应液逐渐变粘,趁热倒至烧杯。降温至 50℃,用 10% NaOH 溶液调节溶液的 pH 为 8～9[5],搅拌均匀,冷却至室温,产品呈透明黏稠状。

本实验约需 2 h。

【注释】

[1] 市售的聚乙烯醇有两种,即 1 788 和 1 799,其中 1 799 在较低温度下就能溶解在水中,而 1 788 只能在加热至 80～90℃时才能溶解。

[2] pH 为 1～2 时,缩醛化反应的速率适中,便于控制。

[3] 甲醛的加入量不能过多,否则在产品中会留有较强的刺鼻气味,甚至会导致实验失败。

[4] 在 80℃时缩醛化反应时间不能过长,防止出现凝胶,温度等过高也容易出现凝胶,所以控温很重要。

[5] pH 对产品的储存稳定性影响很大。

五、思考题

(1)本实验中各步温度控制很严格,反应时间也不能过长,为什么? 说明理由。

(2)本实验中 pH 的影响有哪些? 怎样影响?

实验 53 　脲醛树脂的制备

一、实验目的

学习由甲醛、尿素合成脲醛树脂的原理和方法,加深对缩聚反应的理解。

二、实验原理

脲醛树脂是由甲醛和尿素在一定条件下经缩聚反应而得,因合成过程中的反应非常复杂,至今人们对其反应机理仍不是十分清楚,一般认为其合成主要分为以下几个阶段。

第一步是加成反应,在中性或弱碱性介质(pH 为 7~8)中生成各种羟甲基脲的混合物:

$$NH_2CONH_2 \xrightarrow{\text{HCHO}} HOCH_2NHCONH_2 \text{ 或 } HOCH_2NHCONHCH_2OH$$

第二步是缩合反应,可以在氨基或亚氨基与羟甲基间发生脱水反应,也可在羟甲基与羟甲基间发生脱水缩合:

$$HOCH_2NHCONHCH_2OH + H_2NCONHCH_2OH \xrightarrow{-H_2O} HOCH_2NHCONHCH_2-NHCONHCH_2OH$$

$$HOCH_2NHCONHCH_2OH + HOCH_2NHCONHCH_2NHCONHCH_2OH \xrightarrow{-H_2O}$$

$$\begin{array}{c} CH_2NHCONHCH_2OH \\ | \\ HOCH_2NCONHCH_2NHCONHCH_2OH \end{array}$$

$$H_2NCONHCH_2OH + HOCH_2NHCONHCH_2OH \xrightarrow{-H_2O} H_2NCONHCH_2-O-CH_2NHCONHCH_2OH$$

此外,还有甲醛与亚氨基间的缩合,均可生成低相对分子量的线性和低交联度的脲醛树脂:

$$\begin{array}{c} \text{\large\textasciitilde\textasciitilde}\!-NHCH_2\!-\text{\large\textasciitilde\textasciitilde} \\ \\ \text{\large\textasciitilde\textasciitilde}\!-NHCH_2\!-\text{\large\textasciitilde\textasciitilde} \end{array} + HCHO \xrightarrow{-H_2O} \begin{array}{c} \text{\large\textasciitilde\textasciitilde}\!-NCH_2\!-\text{\large\textasciitilde\textasciitilde} \\ | \\ CH_2 \\ | \\ \text{\large\textasciitilde\textasciitilde}\!-NCH_2\!-\text{\large\textasciitilde\textasciitilde} \end{array}$$

上述中间产物中含有易溶于水的羟甲基、亚氨基,能与纤维素类物质上的羟基发生缩合反应。当进一步加热时,或者在固化剂的作用下,羟甲基与羟甲基、羟甲基与亚氨基进一步缩合,交联成复杂的网状体形结构。因而脲醛树脂可粘接木材、纸、竹、棉等类物质,用途广泛,是目前国内使用最广、用量最大的胶种之一。

三、仪器与试剂

1. 仪器

电动搅拌器、三口烧瓶(100 mL)、温度计、球形冷凝管、电子天平、水浴锅、必要的玻璃器皿、小木板条。

2. 试剂

甲醛(37%)、尿素、氢氧化钠(1%)、浓氨水、氯化铵、pH 试纸。

四、实验步骤

在 100 mL 三口烧瓶中,分别装上电动搅拌器、冷凝管和温度计,并把三口烧瓶置于水浴中。检查装置密封性后,向三口烧瓶中加入 17.5 mL 37% 的甲醛水溶液。开动电动搅拌器,用浓氨水(约 0.9 mL)仔细调节溶液 pH 至 7.5~8[1],慢慢加入全部尿素的 95%(约 5.7 g)[2],待尿素全部溶解(稍热至 20~25℃)后,缓缓升温至 60℃,保温 15 min,然后升温至 97~98℃,加入余下的尿素(约 0.3 g),保温反应约 50 min,在此期间保持 pH 为 5.5~6[3]。在保温 20 min 时开始检查反应是否到达终点[4]。到达终点后,停止加热,降温至 50℃以下,取出 5 mL 粘胶液留作黏结试验用,其余的产物用 1% 氢氧化钠溶液调至 pH 为 7~8,出料密封于玻璃瓶中。

在取出的 5 mL 脲醛树脂中加入适量的氯化铵固化剂[5],充分搅匀后均匀涂在表面干净的两块平整的小木板条上,使其吻合后加压过夜,检验黏结牢固度。

本实验约需 6 h。

【注释】

[1] 混合物的 pH 不应超过 8~9,以防止甲醛发生 Cannizzaro 反应,可用 10% 甲酸配合调节。

[2] 尿素与甲醛的摩尔比以 1∶(1.6~2) 为宜。尿素可一次加入,但以分两次加入为好,这样甲醛有充分机会与尿素反应,可大大减少树脂中的游离甲醛。尿素溶解时吸热,可使温度降至 5℃~10℃,得到的树脂浆状物不仅有些混浊而且黏度增高,因此尿素要慢慢加入。

[3] 在此期间如发现黏度骤增,出现冻胶,应立即采取措施补救。出现这种现象的原因可能有:① 酸度太高,pH 到达 4.0 以下;② 升温太快,或温度过高,超过了 100℃。补救的方法是:① 使反应液降温;② 加速搅拌,加入适量的甲醛水溶液稀释树脂;③ 加入适量的氢氧化钠水溶液,把 pH 调到 7.0,酌情确定出料或继续加热反应。

[4] 终点可用如下方法检查:① 玻璃棒蘸点树脂,最后两滴迟迟不落,末尾略带丝状,并缩回棒上,表示已经成胶;② 树脂滴到清水中呈云雾状;③ 取少量树脂放在两手指上不断相挨相离,在室温时,约 1 min 内觉得有一定黏度,则表示已成胶。

[5] 常用的固化剂有氯化铵、硫酸铵、硝酸铵等,以氯化铵和硫酸铵为最佳。固化速率取决于固化剂的性质、用量和固化温度。若用量过多,胶质变脆;用量过少,则固化时间太长。故一般室温下,树脂与固化剂的质量比以 100∶(0.5~1.2) 为宜。加入固化剂后,应充分调匀。

五、思考题

(1) 制备脲醛树脂应怎样配料? 怎样选择合适的反应条件?

(2) 在缩聚阶段有时会黏度骤增,出现冻胶现象,原因何在? 应采取什么措施补救?

(3) 可用哪些方法检查反应是否已达到终点?

第四章 有机化合物的性质实验

实验 54 烃的制备和化学性质

一、实验目的

(1) 学习甲烷、乙烯和乙炔的实验室制法。

(2) 通过甲烷和石油醚的性质试验来理解烷烃的一般性质。

(3) 通过乙烯与乙炔的性质试验来理解不饱和烃的性质。

二、实验原理

1. 甲烷(Methane)的实验室制法和烷烃的性质

烷烃是饱和的碳氢化合物,在一般条件下性质比较稳定,不与其他物质起反应。但在适当的条件下,也能发生一些反应,如氧化、自由基取代反应等。

甲烷是烷烃中最简单且重要的代表物,是天然气的主要成分。石油醚是轻质石油产品,是低级烷烃的混合物。本实验通过甲烷和石油醚的性质试验来理解烷烃的一般性质。

甲烷的实验室制法是用醋酸钠与碱石灰作用而得。其反应式为:

$$CH_3\overset{\overset{\displaystyle O}{\|}}{C}-ONa + NaOH \xrightarrow{\triangle} CH_4 + Na_2CO_3$$

此反应常有副产物乙烯产生,故制出的甲烷往往能使溴水和高锰酸钾溶液褪色。若使用含较多碳原子的羧酸盐与碱石灰共热时则产物更复杂。因而该方法不可能制得纯烷烃,如:

$$C_2H_5\overset{\overset{\displaystyle O}{\|}}{C}-ONa + NaOH \xrightarrow{\triangle} CH_4 + C_2H_6 + H_2 + 不饱和物$$

2. 乙烯(Ethene)和乙炔(Acetylene)的实验室制法和烯、炔的性质

烯烃与炔烃是不饱和的碳氢化合物,易发生亲电加成反应,也可以发生氧化反应。端基炔烃含有活泼氢,可被某些金属取代生成炔化物,如与亚铜、银或汞的离子形成炔烃金属化合物沉淀。借此可鉴别 R—C≡CH 型的炔烃。

实验室常用的烯烃制备方法是酸催化醇脱水或碱催化卤代烃脱卤化氢反应,都是 β-消除反应。本实验以浓硫酸为催化剂,乙醇发生分子内脱水制备乙烯,反应式如下:

$$CH_3CH_2OH \xrightarrow[160℃]{H_2SO_4} H_2C=CH_2 + H_2O$$

电石法是实验室制备乙炔的主要方法,反应式如下:

$$CaC_2 + H_2O \longrightarrow C_2H_2 + Ca(OH)_2$$

为使乙炔平稳而均匀地产生,使用饱和食盐水代替水效果更好。

三、仪器与试剂

1. 仪器

电子天平、电热套或煤气灯、水浴锅、黑纸或黑布、普通玻璃仪器、常量或半微量标准口玻璃仪器。

2. 试剂

无水醋酸钠、碱石灰、氢氧化钠、石油醚、汽油或煤油、1%溴的四氯化碳、0.1%高锰酸钾、10%硫酸、浓硫酸、95%乙醇、河砂、海砂、10%氢氧化钠、电石、饱和硫酸铜、饱和食盐水、5%硝酸银、2%氨水、浓氨水、氯化亚铜、硫酸汞、品红、氧气。

四、实验步骤

1. 甲烷的实验室制法和烷烃的性质

(1) 甲烷的制备

按图 4-1 所示把仪器连接好,其中作为反应器用的硬质试管(25 mm×180 mm)要干燥,试管口配一单孔橡皮塞,插入玻璃导气管,把试管斜置使管口稍低于管底[1]。在具支试管中盛约10 mL浓硫酸[2]。

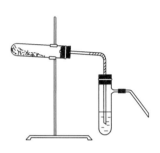

图 4-1   甲烷制备装置图

检查装置不漏气后,把 5 g 无水醋酸钠和 3 g 碱石灰[3]以及2 g粒状氢氧化钠[4]放在研钵中研细充分混合,立即倒入试管中,从底部往外铺。塞上配好的带有导气管的橡皮塞,先用小火徐徐均匀地加热整支试管,再强热靠近试管口的反应物,使该处的反应物反应后,逐渐将火焰往试管底部移动[5]。估计空气排尽后,做下列性质实验。

(2) 甲烷和烷烃的性质实验

① 与卤素反应:在 2 支小试管中分别加入 0.5 mL 1%溴的四氯化碳溶液,其中 1 支用黑布或黑纸包裹好。分别向 2 支试管中通入甲烷气体约 0.5 min,之后,取出经避光处理的试管,与另 1 支试管作比较,观察试管中液体的颜色是否相同,有什么变化[7]?再取 2 支试管加入石油醚代替甲烷做相同的实验[8]。

② 高锰酸钾试验:向 1 支试管中加入 1 mL 0.1%高锰酸钾溶液和 2 mL 10%硫酸,振荡混匀,通入甲烷气体约 0.5 min,观察颜色有什么变化?再取 1 支试管加入石油醚做相同的实验。

③ 爆炸试验:取 1 支试管,用排水集气法收集 1/3 体积的甲烷和 2/3 体积的氧气[9],塞好塞子后取出试管,用布包好试管的大部分,只留出试管口,一手拔塞子,一手迅速把试管口伸近火焰,有何现象?

④ 可燃性试验:采用安全点火法,装置见图 4-2。将导气管浸没于水槽的水面下,导气管的出口上方倒立一个小漏斗,漏斗管口连接一根滴管,当估计漏斗中的空气排尽后,在滴管口上点火,观察甲烷燃烧时火焰的颜色[10]。

本方法约需 1 h。

2. 乙烯的制备和性质

(1) 乙烯的制备

图 4-2   安全点火法

在制备前,要准备好性质试验的各种试剂。

在125 mL的蒸馏烧瓶中加入4 mL 95％乙醇,然后加入12 mL浓硫酸,边加边摇[11],加完后放入约1 g五氧化二磷粉末[12]和少量干净的海砂[13],摇匀,塞上带温度计的软木塞,温度计的水银球应浸入反应液中,蒸馏烧瓶的支管通过橡皮管和玻璃导气管与具支试管相连,具支试管中盛有15 mL 10％氢氧化钠溶液[14]。

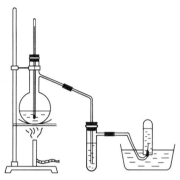

图4-3　乙烯制备装置图

按图4-3所示把仪器连接好,检查不漏气后,加强热使反应物迅速升温至160～170℃,调节火焰以保持此温度范围[15]。即可做性质实验。

(2)乙烯的性质实验

① 与卤素反应:在盛有0.5 mL 1％溴的四氯化碳溶液的试管中通入乙烯气体,边通气边振荡试管,有什么现象?取0.5 mL的汽油或煤油[16]代替乙烯实验,现象有何不同?

② 氧化反应:在盛有0.5 mL 0.1％高锰酸钾溶液及0.5 mL 10％硫酸的试管中通入乙烯气体,溶液颜色有什么变化? 取0.5 mL的汽油或煤油代替乙烯实验,现象有何不同?

③ 可燃性试验:用安全点火法做燃烧实验,观察火焰的颜色、火焰的明亮程度、有没有浓烟等现象。

本方法约需1.5 h。

3. 乙炔的制备和性质

(1)乙炔的制备

在制备前要准备好性质试验的各种试剂。

在100 mL干燥的蒸馏烧瓶中加入少许干净的河砂,平铺于瓶底,沿瓶壁小心地放入5 g块状电石(碳化钙),瓶口装上一个恒压漏斗,内盛15 mL饱和食盐水[17]。蒸馏烧瓶的支管连接盛有饱和硫酸铜溶液的具支试管[18],装置见图4-4。小心地旋开恒压漏斗活塞使食盐水慢慢地滴入蒸馏烧瓶中,即有乙炔生成,注意保持乙炔气体均匀地产生。

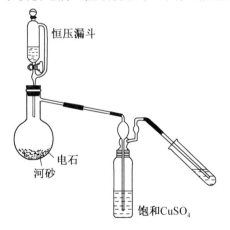

图4-4　乙炔制备装置图

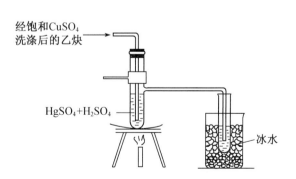

图4-5　乙炔水化反应装置图

(2)乙炔的性质实验

① 乙炔的水化:装置见图4-5,将盛有3 mL硫酸汞溶液(2 g氧化汞与10 mL 20％的硫

酸作用而得)的具支试管固定在石棉网上,支管通过橡皮管与导气管相连,导气管插入的试管内盛有 2 mL 水,并滴入 1~2 滴 Schiff 试剂,外面用冷水(冰)冷却。

用小火加热具支试管,煮沸 10 min 后[19]通入经过饱和硫酸铜溶液洗涤过的乙炔。在硫酸汞的催化下,乙炔与水作用生成乙醛。而乙醛受热蒸出,进入右边的试管并溶解于水中,当溶液呈桃红色表明有乙醛生成[20],停止通入乙炔。

② 与卤素反应:将乙炔通入盛有 0.5 mL 1%溴的四氯化碳溶液的试管中,观察有什么现象?

③ 氧化反应:将乙炔通入盛有 1 mL 0.1%高锰酸钾溶液及 0.5 mL 10%硫酸的试管中,观察有何现象?

④ 乙炔银的生成:取 0.3 mL 5%硝酸银溶液,加入 1 滴 10%氢氧化钠溶液,再滴入 2%氨水,边滴边摇直至生成的沉淀恰好溶解,得到澄清的硝酸银的氨溶液。通入乙炔气体,观察溶液的变化[21]。

⑤ 乙炔亚铜的生成:将乙炔通入氯化亚铜氨溶液中,观察有没有沉淀生成? 与实验④比较。

⑥ 可燃性试验:用安全点火法进行燃烧试验,观察燃烧情况,并与乙烯燃烧作比较。

本方法约需 1.5 h。

【注释】

[1] 在醋酸钠加热产生甲烷的同时,也有副产物丙酮的生成,反应式如下:

$$2 CH_3\overset{O}{\overset{\|}{C}}-ONa \xrightarrow{\triangle} H_3C-\overset{O}{\overset{\|}{C}}-CH_3 + Na_2CO_3$$

将试管口稍向下倾斜,生成的丙酮蒸气受热汽化后冷却积留在试管口,既减少了丙酮蒸气混入甲烷的机会,同时又可避免丙酮倒流回试管底部,引起试管破裂。

[2] 气体通过浓硫酸后逸出,其中的不饱和物部分可与浓硫酸作用而被除去。

[3] 碱石灰是由氢氧化钠和生石灰共热而得。使用前应烘干,再与无水醋酸钠混合。用碱石灰比用氢氧化钠好,有三个优点:① 碱石灰容易粉碎,易与醋酸钠混匀,同时使生成的甲烷气体也容易逸出;② 减少对试管的腐蚀;③ 氢氧化钠的吸湿性很强,但有水存在时不利于甲烷的生成,使用碱石灰可以克服这个缺点。

[4] 适当添加氢氧化钠混合研细可加快反应速率。

[5] 若先在试管底部加热,再移至试管口,则生成的甲烷气体常会冲散反应物,采用从管口移至管底的加热方法则可避免上述缺点。

[6] 用黑布或黑纸包裹的目的是做避光处理。甲烷在光照条件下经自由基反应进行溴代,溶液逐渐褪色,而没有光照不能引发自由基历程,故该试管中依然呈现溴的红棕色。

[7] 石油醚是烷烃的混合物,但常含有少量不饱和烃。故用石油醚作烷烃的性质试验时,必须先除去不饱和烃,方法是用浓硫酸洗涤。

[8] 甲烷和氧气都用排水法收集。在水下塞好后取出,颠倒混匀。当甲烷在空气中占 5.3%~14%(体积比)时即发生爆炸。故按照实验配比,混合气体伸近火焰立即发出尖锐的爆鸣声。为防止试管炸裂发生意外,请用布包好试管的大部分,只留试管口。

[9] 在导气管口直接点燃甲烷容易引起爆炸,故本实验采用安全点火法,并且在做完了甲烷的①、②、③实验后,排尽漏斗中的空气后才进行,这样方能保证甲烷的纯度。实验结束,应先将导气管移出水面,才能停止加热,防止水倒流而使试管破裂。

纯甲烷的火焰是淡蓝色的。夹杂有丙酮蒸气的甲烷火焰带有黄色。

〔10〕乙醇与浓硫酸作用,首先生成硫酸氢乙酯,反应放热,故必要时可浸在冷水中冷却片刻。边加边摇可防止乙醇炭化。

$$CH_3CH_2OH + HOSO_2OH \longrightarrow CH_3CH_2OSO_2OH + H_2O$$

〔11〕五氧化二磷可吸收反应过程中产生的水分,保持反应能快速平稳的进行,减缓乙醇的炭化和二氧化硫的生成。

〔12〕如果用河砂应先用稀盐酸洗涤,除去可能夹杂着的石灰质(因为石灰质与硫酸作用生成的硫酸钙会增加反应物沸腾的困难);然后再用水洗涤,干燥备用。河砂既可以作催化剂,促进硫酸氢乙酯分解为乙烯,又可以减少泡沫的生成,使反应顺利进行。

〔13〕因为浓硫酸是氧化剂,会使乙醇氧化成一氧化碳、二氧化碳等,同时,硫酸自身被还原成二氧化硫。这些气体随乙烯一起出来,通过氢氧化钠溶液,可除去二氧化碳和二氧化硫等。在乙烯中虽然有一氧化碳混杂,但它与溴和高锰酸钾溶液均不起反应,故不会干扰反应。

〔14〕硫酸氢乙酯与乙醇在170℃分解生成乙烯,但在140℃时则生成乙醚,故实验中要加强热使温度迅速升至160℃以上,这样便可减少乙醚生成的机会。但当乙烯开始生成时,则加热不宜过剧。否则,将会产生大量泡沫,使实验难以顺利进行。

〔15〕通常的汽油、煤油中含有少量不饱和烃,若是石油裂化的产品,不饱和烃的含量则更多,故可作为烯烃性质实验的样品,但有色的汽油或煤油需蒸馏为无色产品方能使用。

〔16〕实验证明,使用饱和食盐水能平稳而均匀地产生乙炔。

〔17〕电石(碳化钙)中常含有硫化钙、磷化钙和砷化钙等杂质,它们与水作用,产生硫化氢、磷化氢等气体夹杂在乙炔中,使乙炔具有恶臭。产生的硫化氢能与硝酸银作用生成黑色的硫化银沉淀,它又能和氯化亚铜作用生成硫化亚铜,往往影响乙炔银和乙炔亚铜及乙炔水化实验的结果,故需要用饱和硫酸铜溶液除去这些杂质。

〔18〕先加热煮沸约10 min,使氧化汞与硫酸作用生成硫酸汞。然后开始通入乙炔,导入硫酸汞溶液的导气管要尽量插至底部,使乙炔充分反应。

〔19〕乙炔水化生成乙醛,乙醛遇 Schiff 试剂呈桃红色。

〔20〕乙炔银和乙炔亚铜沉淀在干燥状态时均有爆炸性,故实验结束后,金属乙炔化合物的沉淀不得倒入废液缸,而应加入 2 mL 稀硝酸分解后再倒入指定缸中,未经处理乱倒乱放可能引起危险。

五、思考题

(1) 在光照条件下烷烃能否与溴起反应?用游离基反应历程作解释。

(2) 甲烷进行酸性高锰酸钾试验目的是什么?在甲烷的高锰酸钾试验中往往出现紫色消褪,是什么原因?

(3) 制备乙烯的实验要注意哪些问题?为什么要迅速升温至160~170℃,并且维持此温度范围?

(4) 本实验制备乙烯可能产生哪些杂质,如何一一除去?

(5) 电石法制备乙炔可能产生哪些杂质,在实验中是如何除去的?如果使用粉末状电石结果会怎样?

(6) 安全点火法有何优点?比较甲烷、乙烯和乙炔的燃烧试验。

实验 55　芳烃的化学性质

一、实验目的

（1）掌握芳烃的化学性质，重点掌握亲电取代反应的条件。

（2）了解游离基的存在及化学检验方法。

（3）掌握芳烃的鉴别方法。

二、实验原理

芳香烃具有芳香性。苯是最典型的芳香烃，化学性质相当稳定，容易发生亲电取代反应，如卤代、硝化、磺化和烷基化及酰基化反应。当苯环上有取代基时，会影响取代反应的反应速率，供电子基团使苯环活化，容易进行亲电取代反应；吸电子基团使苯环钝化，导致苯环较难进行亲电取代反应。

苯不易被氧化，但苯的同系物较易发生氧化反应，结果是苯环不会被破坏，而带有 α-H 的侧链被氧化为羧基。

三、仪器与试剂

1. 仪器

煤气灯或酒精灯、水浴锅、普通玻璃仪器、一端封闭的玻管（φ 5 mm×300 mm）、橡皮套管或黑纸筒、棉花、点滴板、蓝色石蕊试纸。

2. 试剂

苯、甲苯、二甲苯、萘、环己烯、0.5％高锰酸钾溶液、10％硫酸溶液、20％溴的四氯化碳溶液、铁粉或铁屑、10％氢氧化钠溶液、去离子水、氨水、硝酸银溶液、浓硫酸、饱和食盐水、浓硝酸、无水三氯化铝、氯仿。

四、实验步骤

1. 高锰酸钾溶液氧化

在 3 支洁净的试管中，各加入精制苯[1]、甲苯、环己烯各 0.5 mL，再分别加入 1 滴 0.5％高锰酸钾溶液和 5 滴 10％硫酸溶液，剧烈振荡，必要时在 60～70℃水浴上加热 10～15 min，观察并比较现象。

2. 芳烃的取代反应

（1）溴代反应

① 烷基苯侧链的光照溴代反应：在 3 支玻管中，分别加入等体积的苯、甲苯和二甲苯，使液柱高度约占管高的 5/6，把每支玻管套上橡皮管或黑纸筒，使样品免受光照。

在每支玻管中各加入 4～5 滴溴的四氯化碳溶液，加塞，颠倒混匀。将每支玻管拔出一截，使玻管上半部露在日光或光源下，并使光照强度基本相等[2]。观察露在日光中的玻管内溶液颜色的变化，并且比较褪色的快慢。小心拉出玻管，包在套筒中的溶液仍然呈现红棕色，可观察到明显的界面[3]。管口用湿润的蓝色石蕊试纸测试，有何现象？

② 溴苯的生成——亲电取代反应：在 1 支洁净的试管中，加入 3 mL 苯、0.5 mL 20% 溴的四氯化碳溶液，再加少量铁屑或铁粉，按照图 4-6 所示搭好装置[4]。在 3 个小烧杯中分别加入碱液（10% 氢氧化钠溶液）、去离子水和氨水各 10 mL。水浴加热试管，使之微沸[5]，然后分别用上述 3 个小烧杯的液体吸收，观察各有何现象[6]？分别从 3 个小烧杯中取 1 mL 液体移入小试管中，各滴入 2～3 滴硝酸银溶液，观察有何现象？待反应完毕后，将反应液倒入盛有 10 mL 水的小烧杯中，振荡片刻，静置几分钟，观察有何现象？

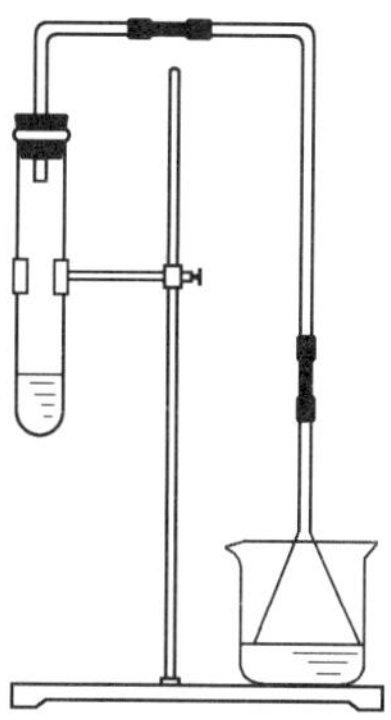

图 4-6　苯的溴代
反应装置

（2）磺化反应

在 4 支洁净的试管中，分别加入 1.5 mL 苯、甲苯、二甲苯和萘（0.5 g），各加入 2 mL 浓硫酸，将试管在水浴中加热到 75℃ 左右（不能超过 80℃）[7]，随时强烈振荡，当反应液不分层时表示反应完成。观察比较各样品反应活性的差异。把各反应后的混合物分成两份，一份倒入盛 10 mL 水的小烧杯，另一份倒入盛 10 mL 饱和食盐水的烧杯，观察各有何现象[8]？

（3）硝化反应

① 一硝基化合物的制备：在干燥的大试管中加入 1.5 mL 浓硝酸，在冷却下逐滴加入 2 mL 浓硫酸，振荡冷却，然后将混酸分成两份，分别在冷却下滴加 10 滴苯、甲苯，充分振荡，必要时放在 60℃ 以下水浴中加热数分钟，再分别倒入 5 mL 冷水中，搅拌、静置、观察生成物为浅黄色油状物，并注意比较反应快慢，以及辨别有无苦杏仁味[9]？

② 二硝基化合物的制备：在干燥的大试管中加入 1 mL 浓硝酸，在冷却下逐滴加入 2 mL 浓硫酸，振荡冷却，再逐滴加入 1 mL 苯，充分振荡，在沸水浴中加热 10 min，并且不断振荡使硝化完全。冷却，将反应混合物倒入 20 mL 冷水中，观察现象。

3. 芳烃的显色反应——无水三氯化铝-氯仿实验

具有芳香结构的化合物通常在无水 AlCl₃ 存在下与氯仿反应生成有颜色的产物[10]。

取 1 支干燥的大试管，加入 0.1～0.2 g 无水 AlCl₃，试管口放少许棉花，加热升华 AlCl₃ 并使结晶在棉花上。取升华的 AlCl₃ 粉末少许置于点滴板孔内，滴加 2～3 滴样品（用氯仿溶解），即可观察到特征颜色的产生，如表 4-1 所示。

表 4-1　化合物及其特征颜色

化合物	颜色
苯及其同系物	橙色
芳烃的卤化物	橙色到红色
萘	蓝色
联苯和菲	紫红色
蒽	绿色

本实验约需 2 h。

【注释】

[1] 苯中一般含有噻吩,会干扰实验结果。在苯中加入高锰酸钾后回流至不褪色,蒸出即得精制苯。

[2] 如有阳光,可用阳光直接照射,也可用日光灯或镁条燃烧的强光作为光源。

[3] 烷基苯样品的上半部露在日光中发生游离基取代反应,产生褪色;而下半部没有经过光照,仍然是溴的四氯化碳溶液的红棕色。小心地拉出玻管,界面不受震动会很明显。

[4] 整套装置所用导管必须干燥,否则现象不明显。

[5] 要控制好加热速度,保持微沸,防止苯的挥发。可以采用酒精灯进行间歇式加热。

[6] 漏斗应距离液面约 1 cm 处,切勿浸入液面下。用水或碱液吸收都可以吸收 HBr,后者更易吸收,而氨水则与 HBr 生成白色的 NH_4Br,不用氨水吸收时也可看到漏斗内出现白雾,主要是反应所产生的 HBr 溶于空气中的水蒸气所造成的。

[7] 为了防苯的挥发,可以采取两项措施:其一,加热水浴温度不超过 80℃;其二,可以在试管上加一个单孔塞,插入一段玻管,做成一个简易的回流装置。

[8] 磺酸是一种水溶性的有机强酸,其钠盐将从水中析出。

[9] 配置混酸时特别注意加料的次序,不能颠倒。等混酸冷却后加料。生成的硝基化合物比水重,沉于烧杯底部,具有苦杏仁味。如反应不完全,则有剩余的苯残留于硝基苯中,当倒入水中后以油状物浮于水面,并且搅拌后仍不能沉于水底。

[10] 具有芳环结构的化合物通常在无水 $AlCl_3$ 存在下与氯仿反应,生成有颜色的物质。以苯为例:

$$9C_6H_6 + 4CHCl_3 \xrightarrow{AlCl_3} 3(C_6H_5)_3CCl + 9HCl + CH_4$$

$$(C_6H_5)_3CCl + AlCl_3 \longrightarrow (C_6H_5)_3C^+ AlCl_4^-$$

无色　　　　　　　　有色

由生成物的颜色可以初步推测芳香烃的种类,或对照已知物进行试验。

五、思考题

(1) 分别写出甲苯侧链光照取代反应的历程和铁粉催化的溴代反应历程,并进行比较。

(2) 硝化反应的成败关键何在? 如何控制?

实验 56　卤代烃的化学性质

一、实验目的

(1) 熟悉卤代烃的主要化学性质。

(2) 了解烃基结构及不同卤原子对卤代烃反应活性的影响。

二、实验原理

卤代烃的反应主要是 C—X 键断裂,主要包括亲核取代反应、消除反应、与金属生成格氏试剂的反应。由于卤原子所连接的烃基结构不同或同一烃基所连接的卤原子不同,卤代烃化学活性也不同。

硝酸银醇溶液与足够活泼的卤代烃反应,生成硝酸酯和卤化银沉淀,可用来比较卤代烃的活性。烯丙基型、苄基卤代烃和叔卤代烃在室温下与硝酸银醇溶液能迅速反应,生成卤化银沉淀;孤立型卤代烯烃、仲卤代烃和伯卤代烃与硝酸银醇溶液在加热条件下可起反应;芳香卤代烃和乙烯型卤代烃与硝酸银醇溶液即使加热也不发生反应。当烃基结构相同时,不同卤素活性次序为:RI>RBr>RCl>RF。

碘化钠丙酮溶液与卤代烃反应产生沉淀[1],可用于鉴别卤代烃。不同卤代烃析出沉淀的先后顺序为:苄基卤代烃>伯卤代烃>仲卤代烃>叔卤代烃。

三、仪器与试剂

1. 仪器

试管、水浴锅。

2. 试剂

1%硝酸银乙醇溶液、1-溴丁烷、2-溴丁烷、2-甲基-2-溴丙烷、溴苯、5%硝酸、1-氯丁烷、1-碘丁烷、15%碘化钠丙酮溶液、溴化苄、叔丁基氯。

四、实验步骤

1. 与硝酸银乙醇溶液的反应[2]

(1) 不同烃基的卤代烃反应

在5支洁净干燥的试管中,各加入1 mL 1%硝酸银乙醇溶液,再分别加入2~3滴1-溴丁烷、2-溴丁烷、2-甲基-2-溴丙烷、溴化苄和溴苯[3],摇匀后,观察有无沉淀析出并记录时间。若5 min后仍无沉淀,在水浴上加热煮沸,再观察实验现象。写出上述卤代烃活性顺序及相关反应式。

(2) 不同卤原子的卤代烃反应

在3支洁净干燥的试管中,各加入1 mL 1%硝酸银乙醇溶液,再分别加入2~3滴1-氯丁烷、1-溴丁烷和1-碘丁烷。操作方法同前,摇匀后,观察沉淀析出速度。若无沉淀,加热煮沸片刻,再观察实验现象。写出上述卤代烃反应活性顺序及相关反应式。

2. 与碘化钠丙酮溶液的反应

在5支洁净干燥的试管中,各加入2 mL 15%碘化钠丙酮溶液,分别加入3~4滴1-溴丁烷、2-溴丁烷、2-甲基-2-溴丙烷、溴苯和叔丁基氯,摇匀后,观察并记录生成沉淀所需的时间。必要时将试管置于50℃水浴中加热片刻,记录实验结果。

【注释】

[1] 碘离子是良好的亲核试剂,而丙酮是极性较小的溶剂,碘化钠可溶于丙酮,一旦发生卤素交换,则生成相应的氯化钠或溴化钠,但氯化钠或溴化钠不溶于丙酮,所产生的氯离子和溴离子便可从溶液中以沉淀析出。这样,生成卤化钠沉淀的倾向有利于向卤素交换的方向移动。不同卤代烃析出沉淀的时间不同,活泼卤代烃通常在3 min生成沉淀,中等活性的卤代烃温热时才产生沉淀,乙烯型和芳基卤代烃即使加热后也不产生沉淀。

〔2〕硝酸银乙醇溶液配制见附录 4。活泼卤代烃与硝酸银乙醇溶液反应,生成硝酸酯和卤化银沉淀。用乙醇溶液的目的是使反应在均相体系中进行,加快反应速度。若为固体试样可配成乙醇溶液。

〔3〕样品也可采用 1-氯丁烷、2-氯丁烷、氯苯、氯化苄。

五、思考题

（1）卤代烃与硝酸银乙醇溶液反应时,不同烃基的活泼性是 $3° > 2° > 1°$,根据实验结果说明原因。本实验中能否用硝酸银的水溶液,为什么?

（2）不同卤原子的反应活性顺序为什么总是 $I > Br > Cl$?

实验 57　醇、酚、醚的化学性质

一、实验目的

（1）熟悉醇、酚的主要化学性质,比较醇和酚性质的差异。

（2）掌握醇、酚的鉴别方法以及醚中过氧化物的检验方法。

二、实验原理

醇和酚均含有—OH 官能团,但醇羟基与烃基直接相连,酚羟基与芳环直接相连,两者的性质存在很大差异。醇的主要化学性质包括与金属钠作用、亲核取代反应、脱水反应、氧化反应和酯化反应,此外,多元醇还能与氢氧化铜等反应生成金属螯合物。酚的主要化学性质包括弱酸性、芳环上的亲电取代反应与三氯化铁的显色反应。醚通常条件下化学性质不活泼。

三、仪器与试剂

1. 仪器

试管、酒精灯、水浴锅、软木塞(3 个)、秒表(1 只)、点滴板(1 块)、pH 试纸、玻璃棒。

2. 醇化学性质的试剂

无水乙醇、95％乙醇、异丙醇、正丁醇、仲丁醇、叔丁醇、Lucas 试剂、乙二醇、甘油、苄醇、环己醇、乙酰氯、硝酸铈铵试剂、0.5％高锰酸钾溶液、5％碳酸钠溶液、5％$CuSO_4$ 溶液、5％NaOH 溶液、碳酸氢钠粉末、酚酞试剂。

3. 酚化学性质的试剂

饱和苯酚水溶液、饱和 α-萘酚水溶液、饱和 β-萘酚水溶液、饱和间苯二酚溶液、饱和对苯二酚溶液、5％氢氧化钠溶液、15％硫酸、饱和碳酸氢钠溶液、5％碳酸钠溶液、0.5％高锰酸钾溶液、1％三氯化铁溶液、95％乙醇、饱和溴水、苯、苯酚、1％碘化钾溶液。

4. 醚化学性质的试剂

浓硫酸、乙醚、2％碘化钾溶液、2 mol/L 稀盐酸、淀粉溶液、硫酸亚铁溶液。

四、实验步骤

1. 醇的性质与鉴别

（1）与 Lucas 试剂的反应

在 3 支洁净干燥的试管中,各加入 0.5 mL 正丁醇、仲丁醇、叔丁醇,再分别加入 2 mL Lucas 试剂[1],立即用塞子塞住管口,充分振荡后静置(温度最好控制在 26～27℃)。观察并记录混合物出现浑浊及出现分层的时间。根据实验现象判断反应进行的难易程度。

(2) 氧化反应

在 3 支洁净的试管中,分别加入 3 滴 0.5％高锰酸钾溶液和 3 滴 5％碳酸钠溶液,摇匀,再分别加入 3 滴 95％乙醇、异丙醇和叔丁醇,振荡混匀后,在水浴中微热,观察试管中混合液颜色的变化,写出相关化学反应式。

(3) 多元醇与氢氧化铜的反应

在 3 支洁净干燥试管中,各加入 3 滴 5％$CuSO_4$ 溶液和 6 滴 5％$NaOH$ 溶液,配制成新鲜的氢氧化铜。待沉淀完全后,在振荡下分别加入 5 滴 95％乙醇、乙二醇和甘油,摇匀后,观察试管中混合液颜色的变化。

(4) 与硝酸铈铵的反应[2]

在 4 支洁净干燥的试管中,各加入 2 滴乙醇、甘油、苄醇、环己醇(或固体样品 50 mg),加入 2 mL 水制成溶液(不溶于水的样品,以 2 mL 二氧六环代替),再加入 0.5 mL 硝酸铈铵试剂[3],摇匀后,观察溶液颜色变化,检验是否有羟基存在。

2. 酚的性质与鉴别

(1) 酚的弱酸性

① 在 1 支洁净的试管中,加入 3 mL 饱和苯酚水溶液,用玻璃棒蘸取 1 滴试液于 pH 试纸检验其酸性。然后向试管中逐滴滴加 5％氢氧化钠溶液,边滴加边振荡,直至溶液澄清为止,解释溶液澄清的原因。继续向澄清液中加入 15％硫酸酸化,又有何现象发生? 为什么?

② 在另 1 支洁净的试管中,加入 0.5 mL 饱和苯酚水溶液,再加入 1 mL 饱和碳酸氢钠溶液,振荡试管,观察现象,解释原因。

(2) 与高锰酸钾的氧化反应

在 1 支洁净的试管中,加入 5 滴饱和苯酚水溶液,再加入 5 滴 5％碳酸钠溶液和 1～2 滴 0.5％高锰酸钾溶液,振荡试管,观察现象,解释原因。

(3) 与三氯化铁的显色反应[4]

在点滴板上各滴加 5 滴苯酚、对苯二酚、间苯二酚、α-萘酚、β-萘酚的饱和水溶液和 95％乙醇(作对照),再各加 3 滴 1％三氯化铁溶液,观察并记录实验现象。

(4) 与溴水的反应[5]

在 1 支洁净的试管中,加入 2 滴饱和苯酚水溶液,用水稀释至 2 mL,逐滴加入饱和溴水,观察有无白色沉淀析出? 当白色沉淀转变为淡黄色时,停止滴加。然后将混合物煮沸 1～2 min,除去过量的溴,冷却后又有沉淀析出;再在此混合物中滴入 1％碘化钾溶液数滴及 1 mL 苯,用力振荡,观察沉淀是否溶解? 析出的碘使苯层呈紫色。

3. 醚的性质

(1) 锌盐的生成

在 1 支洁净干燥的试管中,加入 1 mL 浓硫酸,浸在冰中冷却至 0℃,再缓慢地分次滴加乙醚约 0.5 mL,边滴加边振荡,观察实验现象。把试管内的液体小心地倒入 2 mL 冰水中,振荡、冷却,观察现象。

(2) 过氧化物的检验与除去

　　在 1 支洁净干燥的试管中,加入 0.5 mL 乙醚,再加入 0.5 mL 2%碘化钾溶液和几滴 2 mol/L的稀盐酸,振荡,再加几滴淀粉溶液,观察并记录现象。若溶液显蓝色或紫色,说明乙醚中存在过氧化物,为什么?[6]过氧化物的除去方法:分液漏斗内用相当于 20%乙醚体积的新制硫酸亚铁溶液萃取洗涤,剧烈振荡,保证洗涤彻底。

【注释】

　　[1] Lucas 试剂的配制见附录 4。该试剂仅仅适用于含 3~6 个碳原子的伯、仲、叔醇的鉴别,叔醇能立刻反应,仲醇需数分钟后反应,伯醇在室温下不发生反应。

　　[2] 含 10 个碳原子以下的醇与硝酸铈铵作用生成红色的络合物,溶液颜色由橘黄色变为红色,$(NH_4)_2Ce(NO_3)_6 + ROH \longrightarrow (NH_4)_2Ce(OR)(NO_3)_5 + HNO_3$,此反应可用于鉴别化合物中是否含有羟基。

　　[3] 硝酸铈铵溶液的配制见附录 4。

　　[4] 酚类、含有酚羟基的化合物和含有烯醇结构(—C=C—OH)的化合物能与三氯化铁溶液发生各种特有的颜色反应,主要原因是生成了电离度很大的酚铁盐:

$$FeCl_3 + 6C_6H_5OH \longrightarrow [Fe(OC_6H_5)_6]^{3-} + 6H^+ + 3Cl^-$$

　　某些酚如 α-萘酚及 β-萘酚等由于在水中溶解度很小,其水溶液与三氯化铁不产生颜色反应,若采用它们的乙醇溶液则呈正反应。但是大多数硝基酚类、间位和对位羟基苯甲酸与 $FeCl_3$ 不发生颜色反应。

　　[5] 苯酚与溴水反应生成 2,4,6-三溴苯酚白色沉淀:

滴加过量溴水,则白色的三溴苯酚就转化为淡黄色的难溶于水的四溴化物:

该四溴化物易溶于水,它能氧化氢碘酸,本身则被还原为三溴苯酚:

$$KI + HBr \longrightarrow KBr + HI$$

　　[6] 若乙醚中存在过氧化物,无色的 I^- 被氧化成棕色的 I_2,I_2 遇到淀粉呈蓝色。

五、思考题

　　(1) 如何鉴别乙醇、异丙醇和叔丁醇? Lucas 试剂能否鉴别 6 个碳原子以上的不同种类的醇？为什么？

（2）怎样鉴别酚类和醇类？

实验 58 醛、酮的化学性质

一、实验目的

（1）熟悉醛、酮的主要化学性质，比较其结构与性质的异同点。

（2）掌握醛、酮的鉴别方法。

二、实验原理

醛和酮都含有羰基，化学性质相似。例如，醛和酮都能与苯肼、2,4-二硝基苯肼、羟胺、氨基脲、亚硫酸氢钠等许多试剂发生亲核加成反应。醛和酮在酸性条件下能与2,4-二硝基苯肼作用，生成黄色、橙色或橙红色2,4-二硝基苯腙沉淀。2,4-二硝基苯腙是具有固定熔点的不同颜色的晶体，易从溶液中析出，故该反应可用于定性检验醛、酮。

醛、脂肪族甲基酮、低级环酮（环内碳原子数小于8）能与饱和亚硫酸氢钠溶液发生反应，生成不溶于饱和亚硫酸氢钠溶液的加成物。该加成物能溶于水，当它与稀酸或稀碱共热时又可得到原来的醛、酮。故该反应可用于区别和提纯醛、酮。

醛和酮结构上的差异使两者化学性质有所不同。醛易被氧化，甚至可以被弱氧化剂氧化为酸。例如，醛能被 Tollens 试剂氧化发生银镜反应。醛还能与无色的 Schiff 试剂反应，显紫红色，甲醛除外，其余的醛与 Schiff 试剂的加成产物所显示的颜色在加入硫酸后都消失。脂肪族醛与 Fehling 试剂或 Benedict 试剂反应，生成砖红色的氧化亚铜沉淀。但是，酮一般不易被氧化，只有在强氧化剂作用下才被分解。因此，Tollens 试剂、Fehling 试剂、Benedict 试剂和 Schiff 试剂常用于鉴别醛和酮。

此外，铬酸试剂也可用来区别醛和酮。因为铬酸在室温下很容易将醛氧化为相应的羧酸，溶液由橘黄色变为绿色，酮在类似条件下不发生此反应。

$$3RCHO + H_2Cr_2O_7 + 3H_2SO_4 \longrightarrow 3RCOOH + Cr_2(SO_4)_3 + 4H_2O$$
橘黄   绿

注意：伯醇和仲醇也可被铬酸氧化，因此铬酸不能作为鉴别醛的特征试剂。只有先通过2,4-二硝基苯肼鉴别出羰基后，才能用铬酸试剂进一步鉴别醛和酮。

凡是具有 $CH_3CO—$ 的醛或酮，以及含有 $CH_3—CH(OH)—$ 结构的醇，例如：乙醛、甲乙酮、苯乙酮、乙醇、2-戊醇等都能与次碘酸钠作用，生成黄色的碘仿沉淀，称为碘仿反应。

三、仪器与试剂

1. 仪器

试管、水浴锅。

2. 试剂

甲醛、乙醛、正丁醛、苯甲醛、丙醛、丙酮、苯乙酮、环己酮、3-戊酮、甲酸、95％乙醇、异丙醇、叔丁醇、2,4-二硝基苯肼溶液、饱和亚硫酸氢钠溶液、碘-碘化钾溶液、Schiff 试剂、浓盐酸、浓硫酸、5%硝酸银溶液、5%氢氧化钠溶液、6 mol/L 氨水、Fehling A 和 Fehling B 试剂、Benedict 试剂、铬酸试剂、饱和亚硝酰铁氰化钠溶液、浓氨水。

四、实验步骤

1. 与 2,4-二硝基苯肼的亲核加成

在 4 支洁净的试管中,各加入 0.5 mL 2,4-二硝基苯肼溶液[1],再分别加入 5 滴乙醛、丙酮、苯甲醛、环己酮(可加入 2 滴酒精促使溶解),边滴加边振荡,摇匀后静置片刻,观察是否有沉淀产生及沉淀的颜色[2]。若无沉淀析出,可微热 0.5 min,摇匀,静置后冷却,再观察,写出相关反应式。

2. 与亚硫酸氢钠的亲核加成

在 4 支洁净的试管中,各加入 1 mL 新制的饱和亚硫酸氢钠溶液[3],再分别滴加 0.5 mL 乙醛、丙酮、苯甲醛、3-戊酮,用力振荡摇匀后,置于冰水浴中冷却数分钟,观察有无沉淀析出,比较沉淀析出的相对速度[4]。

3. 碘仿反应

在 5 支洁净的试管中,各加入 3~5 滴乙醛、正丁醛、丙醛、丙酮、95%乙醇,分别加入 2~3 滴碘-碘化钾溶液[5],再滴加 5%氢氧化钠溶液。边滴加边振摇试管,至碘的棕红色刚好消失为止,溶液呈浅黄色;继续振荡,溶液的浅黄色逐渐消失,观察是否有淡黄色沉淀析出。若无沉淀析出或出现白色乳浊液,将试管放在 50~60℃温水浴中加热几分钟,冷却后,观察实验现象。

4. 与希夫(Schiff)试剂的反应

在 4 支洁净的试管中,各加入 1 mL Schiff 试剂[6],再分别滴加 5 滴甲醛、乙醛、丙酮、苯乙酮,振荡摇匀后,静置数分钟,观察颜色变化。然后在有颜色变化的试管中逐滴加入浓盐酸或浓硫酸,边滴边摇,注意观察溶液颜色变化。

5. 与 Tollens 试剂的反应(银镜反应)[7]

在 1 支十分洁净的大试管中,加入 4 mL 5%硝酸银溶液,加入 2 滴 5%氢氧化钠溶液,出现棕黑色沉淀。边振荡边缓慢滴加 6 mol/L 氨水,直至沉淀刚好全部溶解为止(注意氨水不能多加,否则影响试验灵敏度),溶液澄清透明,制得 Tollens 试剂。将制得的 Tollens 试剂分别置于 4 支洁净的试管中,然后分别加入 5 滴乙醛、丙酮、苯甲醛、甲酸,摇匀后静置数分钟,观察现象。若无变化,将试管置于 50~60℃的水浴中温热几分钟,观察实验现象,写出相关反应式。

6. 与 Fehling(或 Benedict)试剂的反应

在 4 支洁净的试管中,各加入 0.5 mL Fehling A 和 0.5 mL Fehling B 或 1 mL Benedict 试剂[8],再分别滴加 5 滴甲醛、乙醛、苯甲醛、丙酮,边滴加边振荡,振荡摇匀后,沸水浴上加热 3~5 min,观察实验现象,写出相关反应式。

7. 与铬酸试剂的反应[9]

在 6 支洁净的试管中,分别加入 1~2 滴乙醛、苯甲醛、苯乙酮、乙醇、异丙醇、叔丁醇,再加入 1 mL 经过纯化的丙酮[10],振荡摇匀,然后加入数滴铬酸试剂,边滴加边振荡。观察试管颜色变化,记录时间。

8. 丙酮与亚硝酰铁氰化钠的反应

在 1 支洁净的试管中,加入 1 滴丙酮,再加入 4~6 滴新配制的饱和亚硝酰铁氰化钠溶液,摇匀后,将试管倾斜,小心地沿着试管内壁逐滴加入 10 滴浓氨水。注意观察两种液体交界面处是否出现紫色环。

【注释】

[1] 2,4-二硝基苯肼试剂的配制见附录 4。

[2] 沉淀的颜色通常与醛、酮分子中的共轭键有关。若醛、酮分子中的羰基与双键或苯环形成共轭链时,生成橙红色的 2,4-二硝基苯腙沉淀;共轭链较长的羰基化合物则生成红色沉淀。若羰基不与其他结构或官能团形成共轭链时,生成黄色的 2,4-二硝基苯腙沉淀。要弄清沉淀的真实颜色,可将沉淀分离出来并加以洗涤。

[3] 饱和亚硫酸氢钠溶液的配制见附录 4。

[4] 若无沉淀析出,可用玻璃棒摩擦试管壁或加入 2~3 mL 乙醇并摇匀,静置 2~3 min,再观察现象。醛、脂肪族甲基酮及不超过七个碳的环酮易与亚硫酸氢钠发生亲核加成反应,羰基化合物的结构和位阻效应对亲核加成反应速率的影响很大。如乙醛、丙酮、丁酮与亚硫酸氢钠反应 30 min,反应产率分别为 88%、47% 和 25%;而位阻较大的 2-戊酮、3-甲基-2-丁酮、3,3-二甲基-2-丁酮则分别为 14.8%、7.5% 和 5.6%。

[5] 碘-碘化钾溶液的配制见附录 4。

[6] Schiff 试剂的配制见附录 4。

$$H_2N^+ \!=\!\!=\!\!=\!\! C(\text{—}\!\!\!\!-\!\!\text{—}NH_2)_2 Cl^- + 3H_2SO_3 \longrightarrow H_3N^+ \text{—}\!\!\!\!-\!\!\text{—} C(\text{—}\!\!\!\!-\!\!\text{—}NHSO_2H)_2 Cl^-$$

品红(桃红色)　　　　　　　　　　　　　　　　　　　　Schiff 试剂(无色)

醛与 Schiff 试剂作用后呈现紫红色。加入大量无机酸(盐酸或硫酸),将使醛类与 Schiff 试剂的作用物分解而褪色;只有甲醛和 Schiff 试剂的作用物在强酸存在下仍不褪色。据此可鉴别甲醛和其他醛类。注意该反应过程中不能加热,且必须在弱酸性溶液中进行,否则无色的 Schiff 试剂分解后呈现桃红色。酮通常不与 Schiff 试剂作用,但是甲基酮如丙酮能与二氧化硫作用,故它与 Schiff 试剂接触后能使试剂脱去亚硫酸,此时,反应液就出现品红的桃红色。Schiff 试剂可区别醛酮。

[7] Tollens 试剂的配制见附录 4。Tollens 实验的成败与试管是否洁净密切相关。若试管不洁净,易出现黑色絮状沉淀。解决方法是将试管依次用硝酸、水和 10% 氢氧化钠溶液洗涤,再用大量水冲洗。试验过程中,加热不宜太久,更不能在火焰上直接加热。因为试剂受热分解会生成爆炸性的雷酸银(Ag_3N)。实验完毕,用过的试管及时依次用稀硝酸、水、蒸馏水洗净。Tollens 试剂可用于区别醛和酮。

[8] Fehling 试剂和 Benedict 试剂的配制见附录 4。这两种试剂可用于鉴别脂肪醛、芳香醛和酮,更多用于还原糖的鉴别。

[9] 铬酸试剂的配制见附录 4。铬酸试剂是鉴别醛、酮的较好方法。伯醇、仲醇及所有脂肪醛遇铬酸试剂,铬酸的橘红色在 5 s 内消失并形成绿色、蓝绿色沉淀或乳浊液,芳香醛需 30~60 s;相同条件下,叔醇和酮数分钟内无明显变化。Tollens 试剂、Fehling 试剂或 Benedict 试剂可用来鉴别醛和伯醇、仲醇。

[10] 为确保试验准确性,应检查丙酮的纯度。方法是:试管内加入 1 mL 丙酮,滴加铬酸试剂,摇匀后静置 3~5 min,观察铬酸的橘红色是否消失。若消失且形成绿色、蓝绿色沉淀或乳浊液,说明丙酮内含有醛或醇,需进行纯化处理。方法是:在 100 mL 丙酮中加入 0.5 g 高锰酸钾进行回流,若紫色很快褪去,再加

少量高锰酸钾,继续回流,直到紫色不再褪去时,停止回流,将丙酮蒸出,用无水碳酸钠干燥 1 h 后,蒸馏,收集 55~56.5℃馏分,得到纯化丙酮。

五、思考题

(1) 发生银镜反应时,试管为什么一定要洁净?
(2) 哪些化合物能够发生碘仿反应?

实验 59　羧酸及其衍生物、取代羧酸的化学性质

一、实验目的

(1) 掌握羧酸及其衍生物和取代羧酸的主要化学性质。
(2) 熟悉酮式-烯醇式互变异构现象。

二、实验原理

羧酸是含有羧基(—COOH)的一类化合物,具有酸的通性。主要化学性质包括:与氢氧化钠和碳酸氢钠发生成盐反应、脱羧反应。甲酸和乙二酸(草酸)结构特殊,能被高锰酸钾氧化生成二氧化碳和水。

羧酸衍生物主要包括酯、酰胺、酰卤、酸酐。它们均能发生水解反应、醇解反应、氨解反应,分别生成羧酸、酯和酰胺,其反应活性顺序是:酰卤>酸酐>酯>酰胺。

取代羧酸属于多官能团化合物,其化学性质一方面反映了分子内部各单个官能团的性质,例如:—COOH 有酸性,取代羧酸易成盐;水杨酸的酚羟基易和 $FeCl_3$ 发生显色反应;酒石酸中,两个相邻的—OH 能与氢氧化铜作用,生成深蓝色的酒石酸二钾铜。另一方面因官能团之间相互影响,表现出特性反应。例如:水杨酸易脱羧;羟基酸中的—OH 比醇分子中的—OH 容易氧化。

羧酸衍生物中乙酰乙酸乙酯不仅具有酯的一般化学性质,而且在常温下存在酮式-烯醇式互变异构现象,两者处于动态平衡之中。因此,它既能与 2,4 -二硝基苯肼、亚硫酸氢钠反应;也能与 $FeCl_3$ 溶液发生显色反应,而且能使饱和溴水褪色。

三、仪器与试剂

1. 仪器

试管、软木塞、直角导气管、酒精灯、石蕊试纸、pH 试纸、玻璃棒、水浴锅。

2. 试剂

甲酸、乙酸、5%草酸、草酸晶体、苯甲酸晶体、无水乙醇、冰醋酸、浓硫酸、乙酸乙酯、苏丹Ⅲ、苯胺、乙酰氯、乙酰胺、5%氢氧化钠溶液、20%氢氧化钠溶液、20%盐酸、0.5%高锰酸钾溶液、饱和石灰水、稀硫酸(6 mol/L)、5%硝酸银溶液、10%硫酸、10%碳酸钠溶液、20%碳酸钠溶液、粉状氯化钠、10%酒石酸溶液、饱和水杨酸溶液、水杨酸晶体、0.1%三氯化铁溶液、2%氨水、2,4 -二硝基苯肼溶液、乙酰乙酸乙酯、饱和溴水。

四、实验步骤

1. 羧酸的性质

（1）酸性

① 用洁净的玻璃棒分别蘸取甲酸、乙酸及 5％草酸于 pH 试纸上，记录各自的 pH，比较三者酸性的强弱顺序，予以适当解释。

② 在 2 支洁净的试管中，各加入 1 mL 10％碳酸钠溶液，然后分别滴加 5 滴甲酸和乙酸，观察现象并解释，写出相关反应式。

③ 取 0.2 g 苯甲酸晶体放入盛有 1 mL 水的试管中，振荡，观察其是否溶解；加入 20％氢氧化钠数滴，振荡并观察其现象；再加入数滴 20％盐酸，振荡，有何现象？并解释原因。

（2）脱羧反应

在装有导气管的干燥大试管中，加入 1 g 草酸晶体，用带有导气管的软木塞塞紧，将导气管插入盛有适量饱和石灰水的小试管中，并将大试管加热，观察石灰水的变化，写出反应式。

（3）氧化反应

在 3 支洁净的试管中，各加入 0.5 mL 甲酸、乙酸以及 5％草酸，然后分别加入 2 mL 稀硫酸（6 mol/L）及 2～3 滴 0.5％高锰酸钾溶液，水浴加热，观察现象，说明原因，写出反应式。

（4）成酯反应

在 1 支干燥洁净的试管中，加入 1 mL 无水乙醇和 1 mL 冰醋酸，再加入 0.2 mL 浓硫酸，振荡均匀后浸在 60～70℃ 的热水浴中约 10 min；然后将试管浸入冷水中冷却；最后向试管内再加入 5 mL 水。观察试管中是否有酯层析出并浮于液面上，注意所生成酯的气味。

2. 羧酸衍生物的性质

（1）水解作用

在 2 支洁净的试管中，各加入 5 滴乙酸乙酯和 10 滴水，加入 1 滴苏丹Ⅲ[1]，剧烈振荡，观察其是否水解？然后在其中一支试管中加入 5 滴 20％氢氧化钠，振荡 1 min，观察酯层是否消失。然后将两试管放在水浴中加热，观察哪一支试管酯层先消失，为什么？

（2）醇解作用

在 1 支洁净的试管中，加入 1 mL 无水乙醇，慢慢滴加 1 mL 乙酰氯，试管置于冷水浴冷却并不断振荡。反应结束后先加入 1 mL 水，然后小心地加入 20％碳酸钠溶液中和反应液，使之呈中性，可以观察到有酯层浮于液面上。若无酯层浮起，可在溶液中加入粉状氯化钠直至使溶液饱和为止，观察现象并闻其气味。

（3）氨解作用

在 1 支洁净干燥的试管中，加入 5 滴新蒸馏过的苯胺，然后慢慢滴加 8 滴乙酰氯，反应结束后，加入 5 mL 水，并用玻璃棒搅拌均匀，观察现象。

可用乙酸酐代替乙酰氯重复实验（2）和（3），注意反应较乙酰氯难，要用热水浴加热，需要较长时间才能完成。

3. 取代羧酸的性质

（1）水杨酸的性质

① 与三氯化铁的显色反应：在 1 支洁净的试管中，加入 5 滴饱和水杨酸溶液，再加入 1～2 滴 0.1％三氯化铁溶液，观察溶液颜色的变化。

② 脱羧反应：在 1 支带导管的干燥洁净试管中，加入少量水杨酸晶体，用带导管的软木塞塞紧，将导管一端插入盛有 2 mL 饱和石灰水的试管内，然后加热水杨酸晶体，使之熔化并继续煮沸，观察两支试管各有什么变化？再嗅盛有水杨酸的试管中有何特殊气味？

（2）α-羟基酸的氧化及 α-酮酸脱羧

在 1 支洁净的试管中，加入 0.5 mL 5％硝酸银溶液，加入 1 滴 5％氢氧化钠，然后逐滴滴加 6 mol/L 氨水，直至生成的沉淀刚好溶解；然后在此试管中加入 2 滴 10％酒石酸，振荡试管，将试管置于水浴（60～70℃）中加热[2]，观察并记录现象。

4. 乙酰乙酸乙酯的酮式-烯醇式互变异构

（1）与 2,4-二硝基苯肼的反应

在 1 支洁净的试管中，加入 10 滴 2,4-二硝基苯肼溶液和 2～3 滴乙酰乙酸乙酯，振荡试管，观察实验现象，并给予解释。

（2）与三氯化铁溶液及饱和溴水的反应[3]

在点滴板上，加入 1～2 滴 0.1％三氯化铁溶液和 2～3 滴乙酰乙酸乙酯，观察实验现象，说明乙酰乙酸乙醇分子中含有什么结构？再加入数滴饱和溴水，观察溶液颜色有何变化？放置数分钟后，溶液颜色又有何变化？解释上述实验现象。

【注释】

[1] 加入苏丹Ⅲ，使酯层显红色，这样酯层的厚薄比较明显。苏丹Ⅲ配法：配成 1％的酒精溶液。

[2] α-羟基酸易被氧化成 α-酮酸，后者脱羧生成醛，故能发生银镜反应。

[3] 乙酰乙酸乙酯溶液中滴加三氯化铁溶液则有紫红色出现，说明分子含有烯醇式结构；若在此溶液中加入溴水，溴水在双键处发生加成作用，烯醇式结构消失，紫红色褪去。但稍待片刻，酮式结构的乙酰乙酸乙酯又有一部分转变为烯醇式结构，故紫红色又重复出现。

五、思考题

（1）硫酸是羧酸酯化反应的催化剂，酯化反应为什么必须控制在 60～70℃，温度过高或过低有何影响？浓硫酸过量对实验结果有何影响？

（2）通过上述实验，总结羧酸衍生物的化学活性顺序。

实验 60　胺、酰胺和尿素的化学性质

一、实验目的

（1）掌握胺类化合物的化学性质及其鉴别方法。

（2）掌握脂肪胺和芳香胺化学性质的异同点。

二、实验原理

胺类化合物具有碱性，能与酸作用生成铵盐。

胺可分为伯、仲、叔胺三种。伯胺、仲胺能与酸酐、酰氯发生酰化反应。但叔胺氮原子上没有氢原子，故叔胺不发生酰化反应。

胺与磺酰化试剂作用生成磺酰胺的反应叫作磺酰化反应,即 Hinsberg 反应。常用的磺酰化试剂有苯磺酰氯和对甲苯磺酰氯两种。

亚硝酸试验也可用来鉴别脂肪族胺类和芳香族胺类以及伯胺、仲胺和叔胺。

芳胺具有一些特殊的化学性质,特别是苯胺,例如:苯胺室温下能与溴水发生苯环上的亲电取代反应,生成 2,4,6 -三溴苯胺白色沉淀。可用于鉴别苯胺,而且其重氮化反应也非常重要。

酰胺既可以看成是氨的衍生物,又可以看成是羧酸的衍生物,一般呈中性。与其他羧酸衍生物类似,可以发生水解等反应。但水解速度较慢,在酸或碱的催化作用下,能加速反应,生成羧酸或羧酸盐。

尿素是碳酸的二酰胺。尿素在碱溶液中受热水解,放出氨气并生成碳酸钠。把固体尿素加热到沸点以上(150～160℃)时,两分子尿素脱去一分子氨,生成缩二脲。缩二脲分子中含有两个酰胺键(肽键—CO—NH—),在碱性溶液中,可与铜盐生成紫红色配合物,称为缩二脲反应。

三、仪器与试剂

1. 仪器

试管、带有导管的试管、水浴锅、酒精灯、滴管、玻璃棒、烧杯、试管夹、淀粉-碘化钾试纸、红色石蕊试纸。

2. 试剂

苯胺、N-甲基苯胺、N,N-二甲基苯胺、6 mol/L 盐酸、20％氢氧化钠溶液、饱和氢氧化钠溶液、苯磺酰氯(或对甲基苯磺酰氯)、5％氢氧化钠溶液、浓盐酸、20％亚硝酸钠溶液、饱和重铬酸钾溶液、饱和溴水、10％硫酸、15％硫酸、乙酸酐、乙酰胺、30％尿素水溶液、尿素、1％硫酸铜溶液。

四、实验步骤

1. 胺的性质实验

(1) Hinsberg 反应

在 3 支洁净的试管中,各加入 3 滴苯胺、N-甲基苯胺和 N,N-二甲基苯胺。再分别加入 3 滴苯磺酰氯或少量对甲基苯磺酰氯,用力振摇试管 3～5 min,然后加入 5 mL 5％氢氧化钠溶液,塞住管口,并在水浴中温热至试管中苯磺酰氯的特殊气味消失为止[1]。观察是否有沉淀或油状物出现? 若溶液中无沉淀析出,加入 6 mol/L 盐酸酸化,并用玻璃棒摩擦试管壁,析出沉淀的为伯胺;若溶液中析出油状物或沉淀,加入 6 mol/L 盐酸酸化后,不溶解的为仲胺;若溶液仍为油状物,加浓盐酸后,溶解为澄清溶液,则为叔胺。

(2) 与亚硝酸的反应

① 脂肪族伯胺的反应:取脂肪族伯胺 0.5 mL 放入试管中,加盐酸使成酸性,然后滴加 5％亚硝酸钠溶液,观察有无气泡放出? 液体是否澄清?

② 芳香族伯胺的反应:在 1 支洁净的大试管中,加入 6 滴苯胺、15 滴水和 1 mL 6 mol/L 盐酸,混合均匀,将试管浸在盛有冰水浴的烧杯中冷却至 0～5℃[2];在此温度下逐滴加入 20％亚硝酸钠溶液,不时用玻璃棒搅拌,使溶液充分混合。从加入第 4 滴亚硝酸钠溶液开始,每加 1

滴搅拌约 1 min;取出反应液数滴,用淀粉-碘化钾试纸测试,直至混合液呈深蓝色为止[3],此溶液即重氮盐溶液。将制成的重氮盐溶液分装两个试管并浸在冰浴中供后续试验备用。

③ 仲胺的反应:在 1 支洁净的试管中,加入 5 滴 N-甲基苯胺,再加入 10 滴浓盐酸和 1 mL 水,摇振试管,并放入冰水浴中冷却至 0～5℃,然后再逐滴加入 20％亚硝酸钠溶液,振荡,观察是否有黄色油状物出现?

④ 叔胺的反应:在 1 支洁净的试管中,加入 5 滴 N,N-二甲基苯胺和 3 滴浓盐酸,混合后浸入冰水浴中冷却至 0～5℃,然后再逐滴加入 20％亚硝酸钠溶液,振荡,观察现象。

(4) 重氮盐的反应

① 水解反应:取其中一支盛有自制的重氮盐溶液的试管,放在温水浴中加热,观察有无气泡产生? 待气泡几乎完全逸出后,在试管上安装导管,再直接加热,通过导管使酚随着水蒸气蒸出,用 1％三氯化铁溶液检验馏出液中酚的存在。

② 偶联反应:在另一支盛有自制的重氮盐溶液的试管(仍浸在冰浴中)中,加入 10 滴 10％氢氧化钠溶液,再加入约 0.1 g β-萘酚,观察并解释实验现象。

(5) 苯胺的溴代反应

在 1 支洁净的试管中,加入 10 滴 1％苯胺水溶液,加入 4～6 滴饱和溴水,振摇,观察并解释实验现象。

(6) 苯胺的氧化反应[4]

在 1 支洁净的试管中,加入 3 mL 水和 1 滴苯胺,然后滴加 2 滴饱和重铬酸钾溶液和 0.5 mL 15％硫酸。振荡试管,静置 10 min,观察实验现象。

(7) 乙酰化反应[5]

在 3 支干燥的试管中,各加入 3 滴苯胺、N-甲基苯胺和 N,N-二甲基苯胺,再分别加入 3～4 滴乙酸酐,振荡试管,观察有何现象。若无反应,将试管微热半分钟,然后再加入 20 滴蒸馏水,并加入 10％氢氧化钠溶液使之呈碱性,观察并解释实验现象。

2. 酰胺的性质实验

(1) 碱性水解

在 1 支洁净的试管中,加入 0.1 g 乙酰胺和 1 mL 20％的氢氧化钠溶液,混合均匀并用小火加热至沸腾。用湿润的红色石蕊试纸在试管口检验所产生的气体性质。

(2) 酸性水解

在另 1 支洁净的试管中,加入 0.1 g 乙酰胺和 2 mL 10％的硫酸,混合均匀,沸水浴加热沸腾 2 min,注意有醋酸味产生。冷却后加入 20％氢氧化钠溶液至反应液呈碱性,再次加热,用湿润的红色石蕊试纸在试管口检验所产生的气体性质。

3. 尿素(脲)的性质实验

(1) 水解反应

在 1 支洁净的试管中,加入 5 滴 30％尿素溶液和 10 滴 10％氢氧化钠溶液,将试管用小火加热,并将润湿的红色石蕊试纸放在试管口,观察溶液的变化和石蕊试纸的变化,放出的气体有何气味,并解释实验现象。

(2) 与亚硝酸的反应

试管内加入 1 mL 30％尿素水溶液和 0.5 mL 20％亚硝酸钠水溶液,混合均匀,然后逐滴加入 10％硫酸,振摇试管,观察并解释实验现象。

（3）尿素缩合与缩二脲反应

在 1 支洁净干燥的试管中，加入 0.3 g 尿素，小火加热试管内固体[6]，至尿素熔融，并有气体放出，将润湿的红色石蕊试纸放在试管口，观察试纸的变化，判断是何种气体？继续加热，试管内的物质又逐渐凝固[7]，生成的产物为缩二脲。待试管冷却后，加热水 2 mL，并用玻璃棒小心搅拌，尽可能使缩二脲全部溶解。用滴管吸取上层清液放入另一支试管中，加入 3～4 滴 10% 氢氧化钠溶液和 3～4 滴 1% 硫酸铜水溶液，观察实验现象。

【注释】

[1] 若苯磺酰氯水解不完全，它与 N,N-二甲基苯胺混溶在一起，若此时加入盐酸酸化，则 N,N-二甲基苯胺虽然溶解，但苯磺酰氯仍以油状物存在，常常得出错误结论，因此酸化前苯磺酰氯必须水解完全。

[2] 重氮化反应在低温条件下进行是为了降低亚硝酸和重氮盐的分解速度。因为重氮盐很不稳定，温度高时易分解，且分解速度随着温度升高而加快，故必须严格控制反应温度。制备时一般不从溶液中分出，保存在 0～5℃冰浴中备用。

[3] 重氮化反应中，亚硝酸钠不要过量。

[4] 苯胺被重铬酸钾氧化的产物较复杂，但最终氧化产物是苯胺黑。

[5] 选用无色或淡黄色的胺类做酰化实验，否则因含深色杂质，产物也呈深色。

[6] 尿素加热制备缩二脲过程中，加热火力若过猛过快，尿素分子内部脱氨生成三聚氰酸(HOCN)₃等副产物，后者能与缩二脲发生深色反应，影响正常反应颜色变化的观察。但三聚氰酸水溶性极小，而缩二脲较易溶于热水中，故可用热水提取缩二脲。

[7] 开始是尿素熔化，再受热，尿素缩合为熔点较高的缩二脲，因此呈固态。

五、思考题

（1）重氮化反应的必要条件是什么？

（2）淀粉-碘化钾试纸为什么可以用来指示重氮化反应的终点？

实验 61　脂类的化学性质及胆固醇的鉴定

一、实验目的

掌握脂类化合物的性质。

二、实验原理

脂类是脂肪酸的酯或与这些酯有关的物质，一般可分成油脂和类脂两大类。

油脂是油和脂肪的总称，一般都是甘油与高级脂肪酸所形成的酯。油脂在碱性溶液中能水解成甘油和高级脂肪酸的盐——肥皂，这种水解称为皂化。油脂皂化所得到的甘油溶解于水，而肥皂在水中则形成胶体溶液，但加入饱和食盐水以后，肥皂就被盐析出，由此可将甘油和肥皂分开。由于不饱和脂肪酸的双键能与溴水发生加成反应，使溴水褪色，故油脂的不饱和性可用溴的四氯化碳溶液来检验。

胆固醇在氯仿溶液中和乙酸酐及浓硫酸作用，则溶液先呈浅红色，再呈蓝色、紫色，最后变为绿色。反应所生成颜色的深浅和胆固醇含量成正比，颜色愈深表示含量愈高。根据这个原理测定血清胆固醇的含量。

三、仪器与试剂

1. 仪器

试管、大试管、小量筒、试管夹、吸量管、烧杯、分光光度计。

2. 试剂

棉籽油(或食油)、0.01％胆固醇的氯仿溶液、40％氢氧化钠溶液、乙醇、乙酸酐、浓硫酸、10％盐酸、氯化钙溶液、饱和食盐水、熟猪油、植物油、四氯化碳、3％溴的四氯化碳溶液。

四、实验步骤

1. 油脂的皂化

在一大试管中,加入 8 滴棉籽油、1 mL 乙醇、1 mL 40％氢氧化钠溶液,塞上一个带有 65 cm 长玻璃管的软木塞,将试管置于水浴中加热回流 45 min。取出试管待稍冷后,取 1 mL 已皂化完全[1]的溶液,放入一试管中,留作实验 2 用。其余的皂化液倒入盛有 1 mL 饱和食盐水的小烧杯中,边倒边搅拌,此时有肥皂析出。如肥皂未析出,可将溶液冷却,即可析出。

2. 油脂中脂肪酸的检查

在 1 支洁净的试管中,加入 0.5 mL 实验 1 自制的皂化液,加 1 mL 水稀释,加热,使之成溶液,再缓缓滴加 10％盐酸,直至淡黄色或白色脂肪酸析出为止。余下的一半皂化液也用 1 mL 水稀释,滴加氯化钙溶液,观察结果。

3. 胆固醇的鉴定

在 1 支干燥的离心管中,加入 10 滴 0.01％的胆固醇氯仿溶液、10 滴乙酸酐,摇匀后沿试管壁加入浓硫酸 4～5 滴,静置,立即注意观察溶液颜色的逐渐变化。

【注释】

[1] 皂化是否完全的检验方法:取一滴反应液置于 1 支小试管中,加入 4 mL 热蒸馏水,若无油滴析出,表示皂化已经完全,可停止回流。反之,则需继续回流,直至棉籽油完全皂化为止。

五、思考题

油脂的皂化值的含义是什么? 简述油脂的组成特点。

实验 62　糖类化合物的化学性质

一、实验目的

(1) 熟悉糖类化合物的主要化学性质。

(2) 掌握糖类化合物的主要鉴别方法。

二、实验原理

糖类化合物是指多羟基醛、多羟基酮或者能水解成多羟基醛、多羟基酮的化合物。检验糖类的通用试验一般采用莫里许(Molish)反应。浓 H_2SO_4 与 α-萘酚的混合物称作莫里许试剂。

若用浓 H_2SO_4 作脱水剂,糖转变成糠醛或其衍生物,此物与 α-萘酚作用产生紫红色产物。

糖根据所含羰基种类不同可分为醛糖和酮糖两类。浓盐酸与间苯二酚的混合物称为谢里瓦诺夫试剂。酮糖与间苯二酚及浓盐酸共热时,迅速产生鲜红色产物;醛糖在同样条件下显色极慢。因此谢里瓦诺夫(Seliwanoff)反应可用于鉴别醛糖和酮糖。

糖类按能否水解及水解产物,通常可分为单糖、双糖和多糖。单糖一般具有还原性,能将托伦试剂和斐林(或班氏)试剂还原。临床上常用班氏试剂检查糖尿病,根据蓝色的班氏试剂与尿共热,变成绿色、黄色或红色,判断尿中糖的含量,分别用＋、＋＋、＋＋＋表示。还原性糖还能与过量苯肼生成脎,根据各种糖脎的晶形和熔点不同,可以用于鉴别糖类。葡萄糖和果糖与过量的苯肼能生成相同的脎,但反应速度不同,两者成脎的时间不同。

双糖可以分为还原性双糖和非还原性双糖。还原性双糖分子中还有一个半缩醛羟基(—OH),有变旋光现象和还原性。非还原性双糖分子中没有半缩醛羟基(—OH),无还原性,也不能成脎。

多糖是由上千个单糖以糖苷键相连形成的高聚物;淀粉是由 α-D-葡萄糖以 α-1,4 苷键连接而成的链状聚合物;纤维素是由 β-D-葡萄糖以 β-1,4-糖苷键结合而成的链状聚合物。它们没有还原性,但水解后的产物具有还原性。淀粉遇碘显蓝色,反应很灵敏,可用于检验碘或淀粉。

三、仪器与试剂

1. 仪器

试管、试管架、水浴锅、吸管、显微镜、点滴板、锥形瓶。

2. 试剂

2％葡萄糖溶液、2％果糖溶液、2％乳糖溶液、2％麦芽糖溶液、2％蔗糖溶液、2％淀粉溶液、α-萘酚试剂、谢里瓦诺夫试剂、Tollens 试剂、Fehling 试剂 A 和 Fehling 试剂 B、Benedict 试剂、苯肼试剂、浓硫酸、10％硫酸、20％NaOH 溶液、3 mol/L H_2SO_4、碘试液。

四、实验步骤

1. 糖的鉴定

(1) 萘酚(Molish)反应

在 4 支洁净的试管中,各加入 1 mL 2％葡萄糖、2％果糖、2％蔗糖和 2％淀粉溶液,再分别加入 2 mL 新配置的 α-萘酚试剂[1],混合均匀,将试管倾斜 45°,沿着试管内壁缓缓注入 1 mL 浓硫酸,不要振摇! 小心地将试管竖起,硫酸与糖液之间明显分层,静置 10～15 min,观察两层之间有何现象发生。若无紫色环出现,可将试管在热水浴中温热 3～5 min,切勿摇动,再仔细观察。

(2) 谢里瓦诺夫(Seliwanoff)反应

在 2 支洁净的试管中,各加入 1 mL 2％葡萄糖、2％果糖溶液,再分别加入 0.5 mL 新配制的谢里瓦诺夫试剂[2],摇匀后,同时将 2 支试管放在沸水浴中加热 2 min,观察并记录实验现象。

2. 糖的还原性[3]

(1) Tollens 试剂反应

在 5 支洁净的试管中,各加入 1 mL 2％葡萄糖、2％果糖、2％麦芽糖、2％蔗糖和 2％淀粉溶液,再分别加入 1 mL Tollens 试剂,摇匀后,将试管置于 50℃ 水浴中温热 1～2 min(时间不可太长),观察并解释实验现象。

(2) Benedict 试剂反应

在 2 支洁净的试管中,分别加入 0.5 mL 2% 葡萄糖和 2% 果糖,再各加 0.5 mL Benedict 试剂,混合均匀后,置于沸水浴中加热数分钟,观察并解释实验现象。

(3) 双糖还原性的试验

在 3 支洁净的试管中,各加入 0.5 mL 2% 乳糖、2% 麦芽糖和 2% 蔗糖溶液,再分别加入 0.5 mL Benedict 试剂,振摇均匀后,将试管置于沸水浴中加热 3 min,观察并解释实验现象。

3. 成脎反应

在 5 支洁净干燥的试管中,各加入 2 mL 2% 葡萄糖、2% 果糖、2% 乳糖、2% 麦芽糖和 2% 蔗糖[4],再分别加入 0.5 mL 新配制的苯肼试剂[5],摇匀,在沸水浴中加热 30 min,观察是否有晶体析出,并比较各试管内晶体析出的快慢[6]。注意有的糖需要冷却后才析出黄色针状结晶。将所得糖脎用吸管分别吸少量置于载玻片上,在显微镜下观察糖脎的结晶形状。

4. 蔗糖的水解

在 1 支洁净的试管中,加入 1 mL 2% 蔗糖溶液,再滴加 5 滴 10% 硫酸,将试管置于沸水浴中加热 10 min 取出,冷却后滴加 3～4 滴 20% NaOH,直至呈弱碱性,再滴加 5 滴 Benedict 试剂,在沸水浴中加热数分钟,观察实验现象。

5. 淀粉的性质

(1) 淀粉与碘的作用[7]

在 1 支洁净的试管中,加入 10 滴 2% 淀粉溶液,再加 2 滴碘试液,观察有何变化? 在另 1 支洁净的试管中,加入 5 滴 2% 淀粉溶液,再加入 10 滴 Benedict 试剂,将试管置于沸水浴中加热 2～3 min,观察是否有变化?

(2) 淀粉的水解[8]

在 1 只锥形瓶中,加入 10 mL 2% 淀粉溶液,再加入 1 mL 3 mol/L H_2SO_4,在石棉网上直接加热,并不断补充蒸发掉的水分,以免淀粉烧焦。每隔 1～2 min 取 1 滴热的反应液,置于点滴板上,加 1 滴碘试液,记录颜色变化。

待反应液不再使碘液变色时(因碘液本身有色,在点滴板上加 1 滴碘液和 1 滴蒸馏水作对照),取出锥形瓶冷却。取最终水解液 1 mL 置于试管中,用 20% NaOH 溶液调节至弱碱性,加 5 滴 Benedict 试剂,再在沸水浴中加热 4～5 min,观察实验现象。

【注释】

[1] α-萘酚试剂的配制见附录 4。

[2] 谢里瓦诺夫试剂的配制见附录 4。

[3] Tollens 试剂、Fehling 试剂、Benedict 试剂的配制见附录 4。

[4] 蔗糖不与苯肼作用生成脎,但经长时间加热,可水解成葡萄糖和果糖,故也有少量糖脎产生。

[5] 苯肼试剂的配制见附录 4。配制过程中,苯肼盐酸盐与醋酸钠经复分解生成苯肼醋酸盐,后者是弱酸弱碱盐,在此溶液中易水解,与苯肼达成平衡。

$$C_6H_5NHNH_2 \cdot HCl + CH_3COONa \longrightarrow C_6H_5NHNH_2 \cdot CH_3COOH + NaCl$$

$$C_6H_5NHNH_2 \cdot CH_3COOH \rightleftharpoons C_6H_5NHNH_2 + CH_3COOH$$

由于苯肼试剂久置后易变质,故也可以将 2 份苯肼盐酸盐与 3 份醋酸钠混合研匀后,用时取适量混合物溶于水,直接使用。苯肼毒性较大,操作时应小心,防止试剂溢出或沾到皮肤上,如果不慎触及皮肤,先用稀醋酸洗,继之以水洗。

[6] 各种糖脎的颜色、熔点(或分解温度)、糖脎析出时间和比旋光度如下:

糖的名称	析出糖脎所需时间(min)	糖脎颜色	糖脎熔点(或分解温度)(℃)	比旋度(°)
果糖	2	深黄色结晶	204	−92
葡萄糖	4~5	深黄色结晶	204	+47.7
麦芽糖	冷却后析出			+129.0
蔗糖	30(转化糖生成)	黄色结晶		+66.5
木糖	7	橙黄色结晶	160	+18.7
半乳糖	15~19	橙黄色结晶	196	+80.2

[7] 淀粉与碘的作用十分复杂,主要是碘分子与淀粉之间借范德华力联系在一起,形成一种配合物,加热时分子配合物不易形成而使蓝色褪去,这是一个可逆过程,是淀粉的一种鉴定方法。

[8] 淀粉在酸性水溶液中受热分解,随着水解度的增大,淀粉就分解为较小的分子,生成糊精混合物。糊精颗粒随着水解的不断进行而逐渐变小,它们与碘反应的颜色变化如下:蓝色→紫色→红色→碘液原色。当淀粉水解为麦芽糖后,对碘液则不起显色反应,但对 Fehling 试剂、Benedict 试剂和 Tollens 试剂显还原性。

五、思考题

(1) 糖类化合物有哪些性质? 糖分子中的羟基、羰基与醇分子中的羟基及醛、酮分子中的羰基有何联系与区别?

(2) 还原糖在结构上有何特征? 能使班氏试剂还原的试样是否就可以肯定它含有还原糖? 不能使班氏试剂还原的试样是否就可以肯定它不含还原糖?

实验 63　氨基酸和蛋白质的化学性质

一、实验目的

(1) 熟悉氨基酸和蛋白质的化学性质。
(2) 掌握氨基酸和蛋白质的鉴别方法。

二、实验原理

自然界存在的氨基酸大多为 α-氨基酸,具有羧基和氨基,是两性化合物,具有等电点,并起特殊的颜色反应。蛋白质是生命的物质基础、细胞的重要组分,是由许多 α-氨基酸分子缩聚而成的天然高分子化合物。它可水解,易变色,并起特殊的颜色反应。

绝大多数蛋白质与 α-氨基酸一样,都能与茚三酮水溶液反应,生成蓝紫色化合物(脯氨酸和羟脯氨酸呈黄色),称为"茚三酮反应",反应灵敏度非常高。

蛋白质在碱性环境中遇硫酸铜溶液,则显示紫色或紫红色(颜色因蛋白质种类不同略有差别),这是因为肽键和氢氧化铜生成了复杂化合物。对于含两个以上肽键的蛋白质而言,称为缩二脲反应。

　　凡是含苯环的氨基酸(苯丙氨酸、酪氨酸、色氨酸等)及由它们组成的蛋白质,遇浓硝酸后,因苯环被硝化而形成黄色硝基化合物,加碱后,黄色变为橙黄色,此反应称为蛋白黄反应。

　　用同一种盐进行盐析时,不同蛋白质需要的盐的浓度不同,进行分段盐析。如果向含有清蛋白和球蛋白的混合液中(临床上常见的是血清蛋白),加硫酸铵到一定浓度时(未饱和),球蛋白首先沉淀析出,继续加硫酸铵至饱和时,清蛋白才沉淀析出。

　　一些重金属的盐(Hg^{2+}、Pb^{2+}、Cu^{2+}、Ag^+ 等)与蛋白质结合,生成不溶于水的蛋白盐,而且沉淀是不可逆的。而在酸性条件下,某些酸(鞣酸、苦味酸、钨酸、钼酸、三氯乙酸等)则能与蛋白质结合,生成不溶于水的蛋白盐。临床上解除重金属盐中毒时,常内服大量蛋白质;生化检验中利用三氯乙酸等来制备无蛋白血滤液,都是根据这个原理。

三、仪器与试剂

　　1. 仪器

　　试管、试管架、试管夹、离心机、离心管、酒精灯、水浴、玻璃棒、毛细吸管。

　　2. 试剂

　　1%甘氨酸溶液、1%酪氨酸溶液、1%色氨酸溶液、蛋白质溶液(1∶8 及 1∶3 两种)、茚三酮溶液、20%NaOH 溶液、1%$CuSO_4$ 溶液、2%碱性醋酸铅溶液、3%硝酸银溶液、浓硝酸、2%$HgCl_2$ 溶液、10%三氯乙酸溶液、硝酸汞试剂、饱和硫酸铵溶液、硫酸铵粉末。

四、实验步骤

　　1. 氨基酸和蛋白质的显色反应

　　(1) 茚三酮反应[1]

　　在 4 支洁净的小试管中,加入 10 滴 1%甘氨酸、1%酪氨酸、1%色氨酸和蛋白质溶液,再加 3～4 滴茚三酮溶液,在沸水浴中加热 5～10 min,观察实验现象。

　　(2) 缩二脲反应[2]

　　在 1 支洁净的小试管中,加入 10 滴蛋白质溶液,再加入 15 滴 20%NaOH 溶液及 2 滴 1%$CuSO_4$ 溶液,振荡试管,观察颜色变化。

　　(3) 蛋白黄反应[3]

　　在 1 支洁净的试管中,加入 20 滴蛋白质溶液,再加入 3～5 滴浓硝酸,小火加热,观察现象。待冷却后,小心加入过量的 20%氢氧化钠溶液(约 10 滴),观察颜色变化。

　　(4) Millon 反应[4]

　　在 2 支洁净的试管中,加入 2 mL 蛋白质溶液和 1%酪氨酸,再加入 2～3 滴硝酸汞试剂,观察现象。小心加热,观察原先析出的白色絮状物是否聚成块状,并观察颜色变化。

　　2. 蛋白质的沉淀反应

　　(1) 分段盐析

　　在 1 支离心管中,加入 2 mL 蛋白质溶液(1∶3)及 2 mL 饱和$(NH_4)_2SO_4$ 溶液,混合后静置 10 min,离心(200 prm, 3 min),所得沉淀为何种蛋白质的沉淀?

　　用毛细吸管将离心后的上层清液移置另一离心管内,慢慢加入硫酸铵粉末,每加一次均用细玻璃棒充分搅拌,直至粉末不再溶解为止,静置 10 min 后,离心,弃去上层清液。所得第二次沉淀物又为何种蛋白质的沉淀?

在上述二次沉淀物中分别加入 2 mL 蒸馏水,玻璃棒搅拌,沉淀能否溶解? 为什么?

(2)重金属盐和某些酸沉淀蛋白质

在 5 支洁净的试管中,分别加入 10 滴蛋白质溶液,再各加入 4～6 滴 2%HgCl₂ 溶液(小心有毒)、1%CuSO₄ 溶液、2%碱性醋酸铅溶液、3%硝酸银溶液、10%三氯乙酸溶液,振荡试管,观察现象。

【注释】

[1] 茚三酮水合物的配制方法见附录 4。其组成如下:

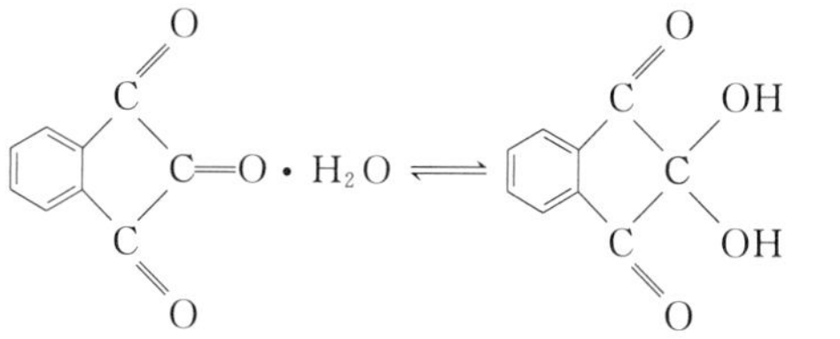

[2] 蛋白质溶液配制见附录 4。任何蛋白质或其水解中间产物都含有肽键,均能发生缩二脲反应。因生成铜的配合物,使蛋白质在缩二脲反应中常显紫色。操作过程中应防止加入过多的铜盐。否则生成过多的氢氧化铜,妨碍紫色或红色的观察。

[3] 蛋白黄反应说明蛋白质分子中含有单独的或并合的芳环,即含有 α-氨基-β-苯丙酸、酪氨酸和色氨酸等,这些化合物中芳环发生硝化反应,生成硝基化合物,显示黄色;加碱后因生成醌式结构化合物,颜色加深变为橙黄色。例如:蛋白质分子中酪氨酸的残基与硝酸作用,反应如下:

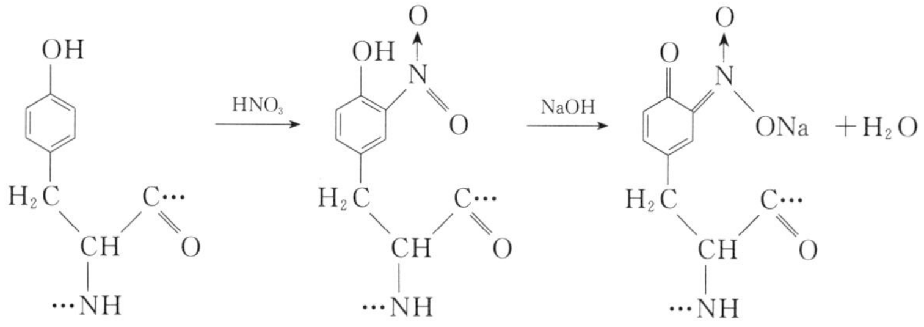

[4] Millon 试剂即硝酸汞试剂,配制方法见附录 4。只有含有酚羟基的蛋白质与硝酸汞试剂作用,显砖红色,如酪氨酸。

五、思考题

(1)氨基酸能否发生缩二脲反应? 为什么?

(2)蛋白质的盐析和变性有何区别?

实验 64　有机化合物立体化学模型实验

一、实验目的

(1)深刻理解有机化合物的分子结构,尤其是同分异构现象与同分异构体。

(2)通过对几何异构与旋光异构的认识,熟练掌握分子结构的空间概念。

二、实验原理

有机化合物的同分异构现象分为构造异构(结构异构)和立体异构两大类。构造异构是指分子式相同,分子中原子或原子团相互连结的次序和方式不同而产生的异构现象。主要分为碳链异构、位置异构、官能团异构和互变异构四种。

立体异构是指分子组成和构造均相同,因分子中原子或原子团在空间的排列方式不同而产生的异构现象。主要分为构象异构和构型异构。构型异构可分为顺反异构(几何异构)和对映异构两类。构象异构是指同一构型的化合物,由于碳碳单键可以自由旋转,使分子中原子或基团在空间产生不同的排列方式,形成不同构象。

三、实验仪器

塑料或木制球棒模型即 Kekule 模型。球代表原子或原子团,直棒代表单键,两根弯曲棒代表双键。

四、实验步骤

1. 一些分子的结构

搭出乙烷、乙烯、乙炔、丙炔及苯的分子模型。指出哪些是平面分子? 哪些是直线分子? 哪些碳-碳键可绕键轴自由旋转?

2. 构造异构

搭出 C_5H_{12} 和 C_5H_{10} 开链烃类的异构体模型,写出它们的结构式。

3. 立体异构

(1) 构象异构

① 搭出 $CH_2Cl—CH_2Cl$ 的分子模型,并采用产生构象异构的基本操作方法,演变出四种具有典型意义的构象模型,然后画出它们的 Newman 投影式,指出其中的优势构象。

② 搭出环己烷的船式构象模型,并采用产生构象异构的基本操作方法,演变出环己烷椅式优势构象,画出船式及椅式构象式[1]。

③ 搭出甲基环己烷优势构象模型,画出其透视构象式。

(2) 构型异构

① 对映异构

(a) 搭出 D-乳酸和 L-乳酸分子模型,试问其能否重叠? 分别写出其 Fischer 投影式[2]。将某一个投影式中手性碳原子上连接的原子或原子团,经奇次交换后,得到的投影式与另一个投影式相比,是否相同? 说明原来两个分子模型构型是否相同? 如经偶次交换后,得到的投影式与另一个投影式相比,是否相同? 说明原来两分子模型构型是否相同? 用模型操作说明。

(b) 搭出内消旋酒石酸和 2-氯丁烷分子模型,观察有无对称因素存在。

(c) 搭出异柠檬酸的全部异构体模型,写出相应的 Fischer 投影式。将手性碳原子用"＊"标记,并以 $R-S$ 法标记构型。

(d) 搭出 2,3-戊二烯的所有构型异构体模型,写出构型式,观察其能否重叠? 有无对称因素存在? 属于什么构型异构?

② 顺反异构

（a）搭出丁烯二酸的顺反异构模型，写出相应的构型式，并用 $Z-E$ 法标记构型。

（b）搭出椅式环己烷-1,4-二羧酸的顺反异构体模型，写出两种顺反异构体表达式：椅式构象式和平面环式。

模型图

（c）搭出顺、反-十氢萘的分子模型（全椅式），画出透视式。

4．综合练习

（1）环己烷-1,2-二羧酸既存在顺反异构，又存在对映异构现象，搭出所有构型异构体的模型，并写出构型式（平面环式及透视式）。

（2）试判断下列几种投影式哪些是相同构型？哪些互为对映异构体？再用模型验证。

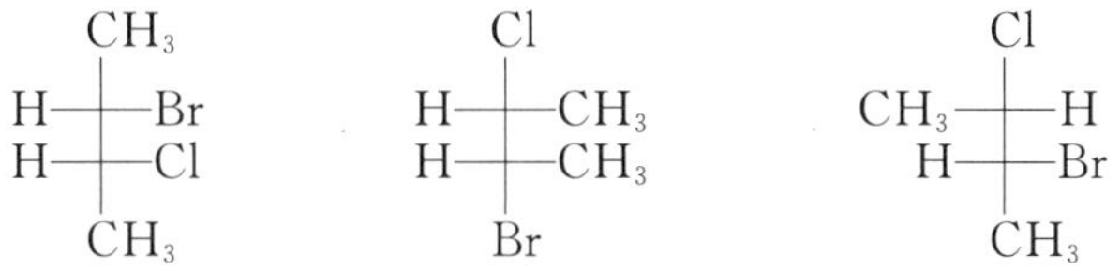

$$
\begin{array}{ccccccc}
& CH_3 & & & Cl & & & Cl \\
H & \!-\! & Br & & H & \!-\! & CH_3 & & CH_3 & \!-\! & H \\
H & \!-\! & Cl & & H & \!-\! & CH_3 & & H & \!-\! & Br \\
& CH_3 & & & Br & & & CH_3
\end{array}
$$

（3）用模型操作证明下面两个投影式是否代表同一构型。

$$
\begin{array}{ccccc}
& CHO & & & H \\
H & \!-\! & OH & & HOCH_2 & \!-\! & CHO \\
& CH_2OH & & & OH
\end{array}
$$

【注释】

［1］透视构象式。

［2］$D-L$ 法所需 Fischer 投影式。

五、思考题

（1）何谓构型和构象？它们的异同点是什么？

（2）两个模型能重叠说明什么？两个 Fischer 投影式相对应的模型能重叠说明了什么？两个 Fischer 投影式相对应的模型不能重叠又说明了什么？

（3）试判断 1,3-丁二烯是否具有构型异构和构象异构？

附　录

附录 1　常用元素相对原子质量表

元素名称		相对原子质量	元素名称		相对原子质量
银	Ag	107.868 2	镁	Mg	24.305 0
铝	Al	26.981 538	锰	Mn	54.938 049
溴	Br	79.904	氮	N	14.006 74
碳	C	12.010 7	钠	Na	22.989 770
钙	Ca	40.078	镍	Ni	58.693 4
氯	Cl	35.452 7	氧	O	15.999 4
铬	Cr	51.996 1	磷	P	30.973 761
铜	Cu	63.546	铅	Pb	207.2
氟	F	18.998 4	钯	Pd	106.42
铁	Fe	55.845	铂	Pt	195.078
氢	H	1.007 94	硫	S	32.066
汞	Hg	200.59	硅	Si	28.085 5
碘	I	126.904 47	锡	Sn	118.710
钾	K	39.098 3	锌	Zn	65.39

附录 2　常用有机溶剂的物理常数

溶剂	熔点 （℃）	沸点 （℃）	密度 （g/cm³）	折光率 （n_D^{20}）	介电常数 （ε）	摩尔折光率 （R_D）	偶极矩 （D）
乙醇	−114	78.5	0.789 3	1.361 1	24.6	12.8	1.69
乙醚	−117	34.51	0.713 78	1.352 6	4.33	22.1	1.30
乙腈	−44	82	0.787 5	1.346 0	37.5	11.1	3.45
乙酸	17	118	1.049 2	1.371 6	6.2	12.9	1.68
乙酸乙酯	−84	77.06	0.900 3	1.372 4	6.02	22.3	1.88
二乙胺	−50	56	0.707	1.386 4	3.6	24.3	0.92
N,N-二甲基甲酰胺	−60	152	0.948 7	1.430 5	36.7	19.9	3.86
N,N-二甲基乙酰胺	−20	166	0.937	1.438 4	37.8	24.2	3.72
二甲基亚砜	18.5	189	1.095 4	1.478 3	46.7	20.1	3.90

溶　　剂	熔　点（℃）	沸　点（℃）	密　度（g/cm³）	折光率（n_D^{20}）	介电常数（ε）	摩尔折光率（R_D）	偶极矩（D）
二氯乙烷	−95	40	1.325 5	1.424 6	8.93	16	1.55
1,2-二氯乙烷	−36	83.7	1.253	1.444 8	10.36	21	1.86
1,4-二氧六环	12	101.5	1.033 7	1.422 4	2.25	21.6	0.45
1,2-二甲氧基乙烷	−68	85	0.863	1.379 6	7.2	24.1	1.71
三乙胺	−115	90	0.726	1.401 0	2.42	33.1	0.87
三氯乙烯	−86	87	1.465	1.476 7	3.4	25.5	0.81
三氟乙酸	−15	72	1.489	1.285 0	8.55	13.7	2.26
2,2,2-三氟乙醇	−44	77	1.384	1.291 0	8.55	12.4	2.52
六甲基膦酰胺	7	235	1.027	1.458 8	30.0	47.7	5.54
丙酮	−95	56.2	0.789 9	1.358 8	20.7	16.2	2.85
四氯化碳	−23	76.54	1.594 0	1.460 1	2.24	25.8	0.00
四氢呋喃	−109	67	0.889 2	1.405 0	7.58	19.9	1.75
甲醇	−98	64.96	0.791 4	1.328 4	32.7	8.2	1.70
甲苯	−95	110.6	0.866 9	1.496 9	2.38	31.1	0.43
甲酰胺	3	211	1.133	1.447 5	111.0	10.6	3.37
异丙醇	−90	82	0.786	1.377 2	17.9	17.5	1.66
邻二氯苯	−17	181	1.306	1.551 4	9.93	35.9	2.27
环己烷	6.5	81	0.778	1.426 2	2.02	27.7	0.00
苯	5	80.1	0.878 7	1.501 1	2.27	26.2	0.00
硝基苯	6	210.8	1.203 7	1.556 2	34.82	32.7	4.02
硝基甲烷	−28	101	1.137	1.381 7	35.87	12.5	3.54
吡啶	−42	115.5	0.981 9	1.509 5	12.4	24.1	2.37
氯仿	−64	61.7	1.483 2	1.444 5	4.81	21	1.15
氯苯	−46	132	1.106	1.524 8	5.62	31.2	1.54
溴苯	−31	156	1.495	1.558 0	5.17	33.7	1.55

附录 3　常用有机溶剂的纯化

在有机化学实验中，经常使用各类溶剂作为反应介质或用来分离提纯粗产物。很多反应对试剂或溶剂的要求较高，即使微量的杂质或水分的存在，也会对反应的速率、产率和产品纯度带来一定影响，很多市售试剂在使用前常要进行一些处理后才能使用，现介绍几种实验室常用有机溶剂的纯化方法。

【乙醚】

沸点 34.51℃，折光率 1.352 6，相对密度 0.713 78。普通乙醚常含有 2% 乙醇和 0.5% 水。久藏的乙醚还常含有少量过氧化物。在干燥处理前必须先进行过氧化物的检验，以免发生爆炸。然后，用下述方法进行处理，制得纯化乙醚。

过氧化物的检验和除去：在洁净试管中加入少量乙醚和等体积的 2% 碘化钾溶液（若碘化钾溶液已被

空气氧化,可用亚硫酸钠稀溶液滴到黄色消失)和 1~2 滴淀粉溶液,加入几滴稀盐酸一起振摇,若使淀粉溶液呈紫色或蓝色,即证明有过氧化物存在。除去过氧化物可用新配制的硫酸亚铁稀溶液(配制方法是在 100 mL 水中加入 6 mL 浓硫酸,再加入 60 g 硫酸亚铁)。将一定体积的乙醚和相当于乙醚体积 1/5 的新配制硫酸亚铁溶液放在分液漏斗中洗涤数次,直至无过氧化物为止。

醇、水的检验和除去:乙醚中加入少许高锰酸钾粉末和一粒氢氧化钠。放置后,氢氧化钠表面附有棕色树脂,即证明有醇存在。水的存在用无水硫酸铜检验。先用无水氯化钙除去大部分水,再经金属钠干燥。其方法是:将 100 mL 乙醚放入干燥锥形瓶中,加入 20~25 g 无水氯化钙,瓶口用软木塞塞紧,放置一天以上,并间断摇动,然后蒸馏,收集 33~37℃ 的馏分。用压钠机将 1 g 金属钠直接压成钠丝放入盛乙醚的瓶中,用带有氯化钙干燥管的软木塞塞住,或在木塞中插一根末端拉成毛细管的玻璃管。这样既可防止潮气浸入,又可使产生的气体逸出。放置 24 h 以上,使乙醚中残留的少量水和乙醇转化为氢氧化钠和乙醇钠。若无气泡发生,同时钠的表面较好,即可储放备用;若放置后,钠丝表面已变黄变粗时,须再蒸一次,然后再压入钠丝。

【乙醇】

沸点 78.5℃,折光率 1.361 6,相对密度 0.789 3。制备无水乙醇的方法很多,根据对无水乙醇质量要求不同而选择不同的方法。若要求 98%~99% 的乙醇,可采用下列方法:

(1) 利用苯、水和乙醇形成低共沸混合物的性质。将苯加入乙醇中,进行分馏,在 64.9℃ 时蒸出苯、水、乙醇的三元恒沸混合物,多余的苯在 68.3℃ 与乙醇形成二元恒沸混合物被蒸出,最后蒸出乙醇。工业多采用此法。

(2) 用生石灰脱水。于 100 mL 95% 乙醇中加入新鲜的块状生石灰 20 g,加热回流 3~5 h,然后进行蒸馏。

若要 99% 以上的绝对无水乙醇,可采用下列方法:

(1) 用金属钠制取 在 250 mL 圆底烧瓶中,放置 100 mL 99% 乙醇和 2 g 金属钠,加入几粒沸石,加热回流 0.5 h 后,再加入 4 g 邻苯二甲酸二乙酯,再回流 10 min。然后按收集无水乙醇的要求进行蒸馏。产品储于带有磨口塞或橡皮塞的容器中。金属钠虽能与乙醇中的水作用,产生氢气和氢氧化钠,但所生成的氢氧化钠会与乙醇发生平衡反应,因此单独使用金属钠不能完全除去乙醇中的水,须加入过量的高沸点酯,如邻苯二甲酸二乙酯与生成的氢氧化钠作用,抑制上述反应,从而达到进一步脱水的目的。

(2) 用金属镁制取 在 250 mL 干燥的圆底烧瓶中,加入 0.6 g 干燥纯净的镁丝和 10 mL 99.5% 的乙醇,安装回流冷凝管,冷凝管上口附加一支无水氯化钙干燥管。

在沸水浴上加热至微沸,移去热源,立刻加入几粒碘(注意此时不要振荡),可观察到随即在碘粒附近发生反应,若反应较慢,可稍加热,若不见反应发生,可补加几粒碘。当金属镁全部反应完毕后,再加入 100 mL 99.5% 乙醇和几粒沸石,水浴加热回流 1 h。改成蒸馏装置,补加沸石后,水浴加热蒸馏,收集 78.5℃ 馏分,贮存在试剂瓶中,用橡胶塞或磨口塞封口。此法制得的绝对乙醇,纯度可达 99.95%。

【丙酮】

沸点 56.2℃,折光率 1.358 8,相对密度 0.789 9,能与水、乙醇、乙醚互溶。市售丙酮中往往含有少量的水及甲醇、乙醛等还原性杂质,可采用下述两种方法提纯。

(1) 在 250 mL 圆底烧瓶中,加入 100 mL 丙酮和 0.5 g 高锰酸钾,安装回流冷凝管,水浴加热回流。若高锰酸钾紫色很快消失,则需补加少量高锰酸钾,继续回流,直到紫色不再消失为止。改成蒸馏装置,加入几粒沸石,水浴加热蒸出丙酮,用无水碳酸钾干燥 1 h。将干燥好的丙酮倾入 250 mL 圆底烧瓶中,水浴加热蒸馏(全部仪器均须干燥!),收集 55.0~56.5℃ 馏分。用此法纯化丙酮时,须注意丙酮中含还原性物质不能太多,否则会过多消耗高锰酸钾和丙酮,使处理时间增长。

(2) 将 100 mL 丙酮装入分液漏斗中,先加入 4 mL 10% 硝酸银溶液,再加入 3.5 mL 1 mol/L 氢氧化钠溶液,振摇 10 min,除去还原性杂质。过滤,滤液用无水硫酸钾或无水硫酸钙进行干燥。蒸馏收集 55~56.5℃ 馏分。此法比方法(1)要快,但硝酸银较贵,只宜做小量纯化用。

【乙酸乙酯】

沸点 77.1℃,折光率 1.372 3,相对密度 0.900 3。市售的乙酸乙酯含量一般为 95%~98%,常含有微量水、乙醇和乙酸。可采用下列两种方法进行纯化:

(1) 可先用等体积的 5% 碳酸钠溶液洗涤,再用饱和氯化钙溶液洗涤,酯层倒入干燥的锥形瓶中,加入适量无水碳酸钾干燥 1 h,然后蒸馏,收集 77.0~77.5℃ 馏分。

(2) 于 1 000 mL 乙酸乙酯中加入 100 mL 乙酸酐,10 滴浓硫酸,加热回流 4 h,除去乙醇和水等杂质,然后进行蒸馏。馏出液用 20~30 g 无水碳酸钾振荡干燥后,再蒸馏,最终产物沸点为 77℃,纯度可达 99% 以上。

【石油醚】

石油醚是石油分馏出来的低相对分子质量的多种烃类的混合物。其沸程为 30~150℃,收集的温度区间一般为 30℃ 左右。根据沸程范围不同可分为 30~60℃、60~90℃ 和 90~120℃ 等不同规格的石油醚。石油醚中常含有少量沸点与烷烃相近的不饱和烃,难以用蒸馏法进行分离,必要时可用浓硫酸和高锰酸钾将其除去,方法如下:

通常将石油醚用其体积十分之一的浓硫酸洗涤 2~3 次,再用 10% 硫酸与高锰酸钾配制的饱和溶液洗涤,直至水层中紫色不再消失为止。然后再用蒸馏水洗涤 2 次后,用无水氯化钙干燥 1 h,蒸馏,收集需要规格的馏分。若需绝对干燥的石油醚,可压入钠丝(与无水乙醚纯化相同)除水。

【氯仿】

沸点 61.7℃,折光率 1.445 9,相对密度 1.483 2。氯仿在空气和光作用下易氧化并分解产生光气(剧毒),故氯仿应保存在棕色瓶中,装满到瓶口加以封闭,以防止和空气接触。市场上供应的氯仿多用 1% 酒精做稳定剂,以消除氯仿分解为有毒的光气。氯仿中乙醇的检验可用碘仿反应;游离氯化氢的检验可用硝酸银的醇溶液。

除去乙醇的一种方法是将氯仿用一半体积的水洗涤 5~6 次后,将分出的氯仿用无水氯化钙干燥数小时后,再进行蒸馏,收集 60.5~61.5℃ 馏分。

另一种纯化方法:将氯仿与少量浓硫酸一起振荡 2~3 次。每 200 mL 氯仿用 10 mL 浓硫酸,分去酸层以后的氯仿用水洗涤,干燥,然后蒸馏。

【苯】

沸点 80.1℃,折光率 1.501 1,相对密度 0.878 65。普通苯常含有少量水和噻吩(沸点 84℃),与苯接近,不能用分馏或分步结晶等方法除去。

噻吩的检验:取 1 mL 苯加入 2 mL 溶有 2 mg α,β-吲哚醌的浓硫酸,振荡片刻,若酸层显黑绿色或蓝色,则说明有噻吩存在。

噻吩和水的除去:将苯装入分液漏斗中,加入相当于苯体积 15% 的浓硫酸,振摇使噻吩磺化,弃去酸液,再加入新的浓硫酸,重复操作几次,直到酸层呈现无色或淡黄色并检验无噻吩为止。分去酸层,将上述无噻吩的苯依次用水、10% 碳酸钠溶液、水洗至中性,再用氯化钙干燥,蒸馏,收集 79~81℃ 的馏分。若要高度干燥,最后用金属钠脱去微量的水得无水苯。

【四氢呋喃】

沸点 67℃(64.5℃),折光率 1.405 0,相对密度 0.889 2。四氢呋喃与水能混溶,并常含有少量水分及过氧化物。过氧化物可用酸化的碘化钾来检查(见"乙醚")。如要制得无水四氢呋喃,可用氢化铝锂在隔绝潮气下回流(通常 1 000 mL 约需 2~4 g 氢化铝锂)除去其中的水和过氧化物,然后常压下蒸馏,收集 66℃ 的馏分(蒸馏时不要蒸干,将剩余少量残液倒出)。精制后的液体应加入钠丝并应在氮气氛中保存。

【吡啶】

沸点 115.5℃,折光率 1.509 5,相对密度 0.981 9。分析纯的吡啶含有少量水分,可供一般实验用。如要制得无水吡啶,可将吡啶与粒状氢氧化钾(钠)一同回流,然后隔绝潮气蒸出备用。干燥的吡啶吸水性很强,保存时应将容器口用石蜡封好。

【甲醇】

沸点 64.7℃，折光率 1.328 8，相对密度 0.791 4。市售试剂级甲醇纯度能达 99.85％，含约 0.02％丙酮和 0.1％水。而工业甲醇中上述杂质的含量达 0.5％～1％。为了制得纯度达 99.9％以上的甲醇，可将甲醇用分馏柱分馏，收集 64℃的馏分，再用镁除水（见绝对乙醇的制备）。若含水量低于 0.1％，也可用 3A 或 4A 型分子筛干燥。甲醇有毒，处理时应防止吸入其蒸气。

【二甲亚砜】

沸点 189℃，熔点 18.5℃，折光率 1.478 3，相对密度 1.095 4。市售试剂级二甲基亚砜含水量约为 1％，通常先减压蒸馏，然后用 4A 型分子筛长期放置加以干燥。也可用氢化钙粉末搅拌 4～8 h，然后减压蒸馏，收集 64～65℃/533 Pa(4 mmHg)馏分。蒸馏时，温度不可高于 90℃，否则会发生歧化反应生成二甲砜和二甲硫醚。

【N,N-二甲基甲酰胺】

沸点 149～156℃，折光率 1.430 5，相对密度 0.948 7。无色液体，与多数有机溶剂和水可任意混合，对有机和无机化合物的溶解性能较好。市售的 N,N-二甲基甲酰胺含有少量水、胺和甲醛等杂质。

若有游离胺存在，可用 2,4-二硝基氟苯产生颜色来检查。在常压蒸馏时有些分解，产生二甲胺与一氧化碳。若有酸或碱存在时，分解加快，在加入固体氢氧化钾或氢氧化钠后，在室温放置数小时，即有部分分解。因此最好用硫酸钙、硫酸镁、氧化钡、硅胶或分子筛干燥，然后减压蒸馏，收集 76℃/4.79 kPa(36 mmHg)的馏分。如其中含水较多时，可加入十分之一体积的苯，在常压及 80℃以下蒸去水和苯，然后用硫酸镁或氧化钡干燥，再进行减压蒸馏。纯化后的 N,N-二甲基甲酰胺要避光贮存。

【乙腈】

沸点 81.6℃，折光率 1.346 04，相对密度 0.787 5。无色透明液体，有与醚相似的气味。乙腈中常含水、丙烯腈、醚、氨等杂质，甚至还有乙酸和氨等水解产物。在乙腈中加入五氧化二磷(0.5％～1％ W/V)，可以除去其中的大部分水。应避免加入过量的五氧化二磷，否则可能生成橙色聚合物。在蒸馏出的乙腈中加入少量的碳酸钾再蒸馏，可以除去痕量的五氧化二磷，最后用分馏柱分馏。

加入硅胶或 4A 分子筛并摇晃，也可以除去乙腈中的大部分水，然后使之与氢氧化钙一起搅拌，直至不再放出氢气为止，分馏，可以得到只含痕量水而不含乙酸的乙腈。乙腈还可以与二氯甲烷、苯和三氯乙烯一起恒沸蒸馏而干燥。

【苯胺】

无色油状液体，沸点 184.1℃，折光率 1.579 4，相对密度 1.021 73。

市售苯胺经氢氧化钾（钠）干燥。要除去含硫的杂质，可在少量氯化锌存在下，用氮气保护，水泵减压蒸馏，收集 77～78℃/2.00 kPa(15 mmHg)的馏分。

【苯甲醛】

沸点 179℃，折光率 1.546 3，相对密度 1.041 5，无色液体，具有类似苦杏仁的香味，曾称苦杏仁油。由于在空气中易氧化成苯甲酸，使用前需经蒸馏。

【二氯甲烷】

沸点 40℃，折光率 1.424 6，相对密度 1.325 5。使用二氯甲烷比氯仿安全，因此常来代替氯仿作为比水重的萃取剂。普通的二氯甲烷一般都能直接做萃取剂用。其主要杂质是醛类。先用浓硫酸洗至酸层不变色，水洗除去残留的酸，再用 5％～10％氢氧化钠或碳酸钠溶液洗涤 2 次，接着用水洗涤至中性，然后用无水氯化钙干燥，蒸馏收集 40～41℃的馏分，保存于棕色瓶中避光保存。

【二硫化碳】

沸点 46.25℃，折光率 1.631 9，相对密度 1.263 2。二硫化碳为有毒化合物，能使血液和神经组织中毒，具有高度的挥发性和易燃性，因此，使用时应避免与其蒸气接触。

对二硫化碳纯度要求不高的实验，在二硫化碳中加入少量无水氯化钙干燥几小时，干燥后滤去干燥剂，在水浴 55～65℃下加热蒸馏、收集。如需要制备较纯的二硫化碳，在试剂级的二硫化碳中加入 0.5％

高锰酸钾水溶液洗涤 3 次。除去硫化氢,再用汞不断振荡以除去硫。最后用 2.5％硫酸汞溶液洗涤,除去所有的硫化氢(洗至没有恶臭为止),再经氯化钙干燥,蒸馏收集。

【冰醋酸】

沸点 117℃,熔点 16～17℃,折光率 1.371 6,相对密度 1.049 2。将市售乙酸在 4℃下缓慢结晶,并在冷却下迅速过滤,压干。少量的水可用五氧化二磷加热回流干燥几小时除去。冰醋酸对皮肤有腐蚀作用,触及皮肤或溅到眼睛时,要用大量水冲洗。

【醋酸酐】

沸点 138.6℃,折光率 1.390 1,相对密度 1.082 0,无色透明液体,有刺鼻辛辣的嗅味。通常是加入无水醋酸钠(20 g/L)回流并蒸馏进行提纯。

【亚硫酰氯】

沸点:78.8℃,相对密度 1.64。淡黄色至红色、发烟液体,有强烈刺激气味。

工业品常含有氯化钡、一氯化硫、二氯化硫,一般经蒸馏纯化,但经常仍有黄色。需要更高纯度的试剂时,可用喹啉和亚麻油一次重蒸纯化,但处理手续麻烦,收率低,剩余残渣难以洗净。使用硫磺处理,操作较为方便,效果较好。搅拌下将硫磺(20 g/L)加到亚硫酰氯中,加热回流 4.5 h,用分馏柱分馏,得无色纯品。

【过氧化二苯甲酰】

熔点 104～106℃。过氧化二苯甲酰是一种危险物质,很容易爆炸。商业产品很便宜,一般含水 25％。在实验中少量的过氧化二苯甲酰可在强碱存在的条件下由苯甲酰氯和过氧化氢反应制备。

在通风橱中,向浸没于冰浴中的 600 mL 烧杯中加入 50 mL(0.175 mol)12％的过氧化氢,同时装上机械搅拌,将 30 mL 4 mol/L 的氢氧化钠溶液和 30 g(25 mL,0.214 mol)新蒸馏的苯甲酰氯(有催泪性,注意防护)分别装入两个滴液漏斗,将漏斗颈浸没于烧杯中,搅拌下同时滴入烧杯中。滴加过程中要注意溶液保持弱碱性,温度不超过 5～8℃。全部加完后,继续搅拌半小时,此时不再有苯甲酰氯的气味,抽滤絮状沉淀,用少量冷水洗涤,然后放在滤纸上风干,得到 12 g 纯度为 46％的过氧化二苯甲酰。可溶于一体积的氯仿,再加入两体积的甲醇析出沉淀的方法来提纯。在热的氯仿中过氧化二苯甲酰不能重结晶,因为会产生非常剧烈的爆炸。过氧化二苯甲酰在 160℃时熔化并分解,与所有的有机过氧化物一样,过氧化二苯甲酰应在防护屏后小心处理,而且应使用角勺或聚乙烯勺处理。

确定过氧化二苯甲酰含量(含有其他有机过氧化物)的方法:准确称取 0.5 g 过氧化二苯甲酰,溶于装有 15 mL 氯仿的 350 mL 锥形瓶中,冷却到 -5℃,加入 25 mL 0.1 mol/L 的甲醇-甲醇钠溶液,冷却,振荡 5 min。在 -5℃时,剧烈搅拌,依次加入 100 mL 冰水、5 mL 10％的硫酸和 2 g 溶于 20 mL 10％硫酸的碘化钾,然后用 0.10 mol/L 的标准亚硫酸钠滴定析出的碘。

【福尔马林】

福尔马林是含 37％～40％甲醛的水溶液(每毫升含甲醛 0.37～0.40 g),加入 12％的甲醇作稳定剂。当需要干燥的气态甲醛时,可通过多聚甲醛在 180～200℃解聚得到。

【水合肼】

沸点 119℃,相对密度 1.03。肼是一种致癌物,在使用时要采取相应的预防措施。常用含 60％肼的水溶液。如果需要更高浓度的肼,可用下面方法浓缩:将 150 g(144 mL)60％肼的水溶液和 230 mL 二甲苯置于 500 mL 的圆底烧瓶中,氮气保护下进行分馏,所有的二甲苯全部蒸出,同时带出 85 mL 水,对剩余物进行蒸馏,得到约 50 g 90％～95％肼的水溶液。

用 100％的水合肼(95％的水合肼与 20％质量的 KOH 混合,放置过夜,再过滤出沉淀)与相同质量的 NaOH 颗粒一起加热回流 2 h,然后在缓慢的氮气流中蒸馏,收集 114～116℃的馏分,可制得无水肼。在空气中蒸馏肼会发生爆炸。

【四氯化碳】

沸点 76.5℃,相对密度 1.594 0,折光率 1.460 3。四氯化碳不溶于水,但溶于有机溶剂。不易燃,能溶解油脂类物质,使用时避免吸入蒸气,皮肤接触后用大量水冲洗。否则都可导致中毒。

普通四氯化碳中含二硫化碳4%。纯化时,将100 mL四氯化碳加入6 g氢氧化钠溶于6 mL水和10 mL乙醇的溶液中,在50～60℃剧烈振摇30 min,然后水洗,再重复操作一次(氢氧化钾的量减半)。分出四氯化碳,先用水洗,再用少量浓硫酸洗至无色,然后再水洗,最后用氯化钙干燥,过滤,蒸馏收集76.7℃的馏分。四氯化碳中残余的乙醇可以用氯化钙除掉。四氯化碳不能用金属钠干燥,否则会有爆炸危险。

【N-溴代丁二酰亚胺】

熔点175～178℃,相对密度2.098。

将丁二酰亚胺溶于稍过量的冷的氢氧化钠溶液中(大约为3 mol/L),剧烈搅拌下快速加入溶于同体积四氯化碳的1 mol的溴(小心),溶液析出白色晶体,过滤收集,用冷水洗涤,可用十倍量的热水或冰醋酸进行重结晶。

附录4　常用有机试剂的配制

【卢卡斯(Lucas)试剂】

将34 g无水氯化锌在蒸发皿中强热熔融,稍冷后放在干燥器中冷至室温。取出捣碎,溶于23 mL浓盐酸中。配制时须加以搅动,并把容器放在冰水浴中冷却,以防氯化氢逸出。此试剂一般是临用时配制。

【硝酸铈铵溶液】

取100 g硝酸铈铵加250 mL 2 mol/L硝酸,加热使之溶解并冷却。

【2,4-二硝基苯肼溶液】

Ⅰ.在15 mL浓硫酸中,溶解3 g 2,4-二硝基苯肼。另在70 mL 95%乙醇里加20 mL水,然后把硫酸苯肼倒入稀乙醇溶液中,搅动混合均匀即成橙红色溶液(若有沉淀应过滤)。

Ⅱ.将1.2 g 2,4-二硝基苯肼溶于50 mL 30%高氯酸中,配好后贮存于棕色瓶中,不易变质。

Ⅰ法配制的试剂,2,4-二硝基苯肼浓度较大,反应时沉淀多便于观察。Ⅱ法配制的试剂由于高氯酸盐在水中溶解度很大,因此便于检验水中醛且较稳定,长期贮存不易变质。

【饱和亚硫酸氢钠溶液】

取100 mL 40%亚硫酸氢钠溶液,加入25 mL不含醛的无水乙醇,将少量结晶过滤,得澄清溶液。此溶液不稳定,易被氧化或分解,配制好后密封放置,但不宜太久,最好是用时新配。

【托伦(Tollens)试剂】

Ⅰ.取0.5 mL 10%硝酸银溶液于一支洁净的试管里,滴加氨水,开始溶液中出现棕色沉淀,再继续滴加氨水,边滴边摇动试管,滴到沉淀刚好溶解为止,得澄清的硝酸银氨水溶液,即托伦试剂。

Ⅱ.取一支洁净试管,加入4 mL 5%硝酸银,滴加5%氢氧化钠2滴,产生沉淀,然后滴加5%氨水,边摇振边滴加,直到沉淀消失为止,即得托伦试剂。

注意:配制Tollens试剂时,氨的量不宜多,否则会影响试剂的灵敏度。Ⅰ法配制的Tollens试剂较Ⅱ法的碱性弱,在进行糖类实验时,用Ⅰ法配制的试剂较好。

【斐林(Fehling)试剂】

斐林试剂由斐林试剂A和斐林试剂B组成,使用时将两者等体积混合,其配制方法分别是:斐林A:将3.5 g五水合硫酸铜溶于100 mL的水中即得淡蓝色的斐林A试剂。斐林B:将17 g无结晶水的酒石酸钾钠溶于20 mL热水中,然后加入含有5 g氢氧化钠的水溶液20 mL,稀释至100 mL即得无色清亮的斐林B试剂。

【班尼迪克(Benedict)试剂】

把4.3 g研细的硫酸铜溶于25 mL热水中,待冷却后用水稀释至40 mL。另把43 g柠檬酸钠及25 g无水碳酸钠(若用有结晶水的碳酸钠,则取量应按比例计算)溶于150 mL水中,加热溶解,待溶液冷却后,再加入上面所配的硫酸铜溶液,加水稀释至 250 mL,将试剂贮存于试剂瓶中,瓶口用橡皮塞塞紧。

【希夫(Schiff)试剂】

在 100 mL 热水中溶解 0.2 g 品红盐酸盐,放置冷却后,加入 2 g 亚硫酸氢钠和 2 mL 浓盐酸,再用蒸馏水稀释至 200 mL。或先配制 10 mL 二氧化硫的饱和水溶液,冷却后加入 0.2 g 品红盐酸盐,溶解后放置数小时使溶液变成无色或淡黄色,用蒸馏水稀释至 200 mL。

此外,也可将 0.5 g 品红盐酸盐溶于 100 mL 热水中,冷却后用二氧化硫气体饱和至粉红色消失,加入 0.5 g 活性炭,振荡过滤,再用蒸馏水稀释至 500 mL。

本试剂所用的品红是假洋红(Para-rosaniline 或 Para-Fuchsin),此物与洋红(Rosaniline 或 Fuchsin)不同。希夫试剂应密封贮存在暗冷处,倘若受热、见光、露置空气中过久,试剂中的二氧化硫易失,结果又显桃红色。遇此情况,应再通入二氧化硫,使颜色消失后使用。但应指出,试剂中过量的二氧化硫愈少,反应就愈灵敏。

【铬酸试剂】

将 20 g 三氧化铬(CrO_3)加到 20 mL 浓硫酸中,搅拌成均匀糊状,然后糊状物用 60 mL 蒸馏水小心稀释至浆状液,搅拌,直至形成透明的橘红色溶液。

【氯化亚铜氨溶液】

在一支洁净的大试管中加入 1 g 氯化亚铜,再加入 1~2 mL 浓氨水和 10 mL 水,用力摇振试管后,静置片刻,再倾出溶液,并投入 1 块铜片(或一根铜丝)贮存备用。

【硝酸银-乙醇试液】

取硝酸银 4 g,加 10 mL 水溶解后,再加入乙醇稀释成 100 mL 即得。本溶液应置玻璃瓶内,在暗处保存。

【谢里瓦诺夫(Seliwanoff)试剂】

将 0.05 g 间苯二酚溶于 50 mL 浓盐酸中,再用蒸馏水稀释至 100 mL。

【茚三酮溶液】

将 1 g 茚三酮溶于 50 mL 水中。配制后应在两天内用完,放置过久,易变质失灵。

【莫利许(Molish)试剂】

将 2 g α-萘酚溶于 20 mL 95% 乙醇中,再用 95% 乙醇稀释至 100 mL,贮存于棕色瓶中,用前配制。

【苯肼试剂】

将 5 g 盐酸苯肼溶于 160 mL 水中,必要时可加微热助溶,如果溶液呈深色,加活性炭脱色,过滤后加 9 g 醋酸钠晶体或用相同量的无水醋酸钠,搅拌使之溶解,贮存于棕色瓶中备用。

【淀粉-碘化钾试纸】

取 3 g 可溶性淀粉,加入 25 mL 水,搅匀,倾入 225 mL 沸水中,再加入 1 g 碘化钾及 1 g 结晶硫酸钠,用水稀释到 500 mL,将滤纸片(条)浸渍,取出晾干,密封备用。

【蛋白质溶液】

取新鲜鸡蛋清 50 mL,加蒸馏水至 100 mL,搅拌溶解。如果浑浊,加入 5% 氢氧化钠至刚清亮为止。

【Millon 试剂】

将 2 g 金属汞溶于 3 mL 浓硝酸中,用水稀释至 100 mL,放置过夜,过滤即得。

【1% 淀粉溶液】

将 1 g 可溶性淀粉溶于 5 mL 冷蒸馏水中,用力搅成稀浆状,然后倒入 94 mL 沸水中,即得近于透明的胶体溶液,放冷使用。

【α-萘酚试剂】

取 2 g α-萘酚溶于 20 mL 95% 乙醇中,并用 95% 乙醇稀释至 100 mL,贮存在棕色瓶中。一般应在使用前配置。

【酚酞试剂】

将 0.1 g 酚酞溶于 500 mL 95％乙醇中,得到无色的酚酞乙醇溶液,本试剂在室温时变色范围 pH 为 8.2～10。

【碘-碘化钾溶液】

Ⅰ. 将 20 g 碘化钾溶于 100 mL 蒸馏水中,然后加入 10 g 研细的碘粉,搅拌使其全溶,呈深红色溶液。

Ⅱ. 将 1 g 碘化钾溶于 100 mL 蒸馏水中,然后加入 0.5 g 碘,加热溶解即得红色清亮溶液。

附录 5　部分共沸混合物的性质

附表 5－1　与水形成的二元共沸物

溶剂	沸点 (℃)	共沸点 (℃)	含水量 (％)	溶剂	沸点 (℃)	共沸点 (℃)	含水量 (％)
氯仿	61.7	56.1	2.8	甲苯	110.5	84.1	19.6
四氯化碳	76.5	66.0	4.0	正丙醇	97.2	87.7	28.8
苯	80.1	69.2	8.8	异丁醇	108.4	89.9	33.2
丙烯腈	78.0	70.0	13.0	二甲苯	137	92.0	37.5
二氯乙烷	83.7	72.0	19.5	正丁醇	117.8	92.4	37.5
乙腈	81.6	76.0	16.0	吡啶	115.5	94.0	42
乙醇	78.5	78.1	4.4	异戊醇	131.0	95.1	49.6
乙酸乙酯	77.1	70.4	8.2	正戊醇	138.3	95.4	44.7
异丙醇	82.4	80.4	12.1	氯乙醇	129.0	97.8	59.0
乙醚	34.6	34	1.0	二硫化碳	46	44	2.0
甲酸	100.8	107	22.5	苯甲酸乙酯	212	99.4	84

附表 5－2　常见有机溶剂间的共沸混合物

共沸混合物	组分的沸点(℃)	共沸物的组成(质量)(％)	共沸物的沸点(℃)
乙醇-乙酸乙酯	78.5,77.1	30∶70	72.0
乙醇-苯	78.5,80.1	32∶68	68.2
乙醇-氯仿	78.5,61.7	7∶93	59.4
乙醇-四氯化碳	78.5,76.5	16∶84	64.9
乙酸乙酯-四氯化碳	78.0,76.5	43∶57	74.8
甲醇-四氯化碳	64.7,76.5	21∶79	55.7
甲醇-苯	64.7,80.1	39∶61	58.3
氯仿-丙酮	61.7,56.2	80∶20	65.5
甲苯-乙酸	101.5,118	72∶28	105.4
乙醇-苯-水	78.5,80.1,100	19∶74∶7	64.9

附录6 常见易燃、易爆、有毒化学药品

有机化学实验工作,常常会用到一些易燃、易爆和有毒化学药品,了解和掌握危险化学药品的一些知识,树立安全第一的思想,严格执行操作规程,才能有效地避免事故发生,保证实验顺利进行。

1. 易燃易爆化学药品

在实验室,除一些可燃性气体与空气或氧气混合易发生爆炸外,绝大多数有机化合物都具有可燃性,若使用或保管不当,极易引起火灾或爆炸事故。闪点,又称闪燃点,是液体物质容易燃烧程度的指标之一。美国国立防火协会(NFPA)根据闪点对易燃化学品进行了分类,见附表6-1。一些易燃性化学品的闪点和混合气体的爆炸范围见附表6-2,供参考。

附表 6-1 按液体闪点分类的相对易燃性

级 别	闪点(℃)	说 明
0	815 以上	非燃烧性
1	93.4 以上	可燃烧性
2	37.8~93.4	中等可燃性
3	22.8~37.8	高度易燃性
4	22.8 以下	极端易燃性

附表 6-2 一些常用易燃性化学药品的易燃性

化学物质	闪点(℃)	爆炸极限(%)
一氧化碳		12.5 ~ 75
氢气		4.1 ~ 75
硫化氢		4.3 ~ 45.4
氨		15.7 ~ 27.4
甲烷		5.0 ~ 15
甲醇	12	6.0 ~ 36.5
乙醇	12	3.3 ~ 19
乙炔		3 ~ 82
乙醚	−45	1.85~ 48
环氧乙烷	−18	3 ~ 100
四氢呋喃	−14	2 ~ 11.8
苯	−11	1.4 ~ 8.0
甲苯	4.4	1.4 ~ 6.7
二氯乙烷	13	6.2 ~ 15.9
丙酮	−18	3 ~ 13
醋酸	43	4 ~ 16
醋酸乙酯	−4.4	2.18~ 9
石油醚	−57	1 ~ 6

气体经压缩成为压缩气体或液化气体而储存于钢瓶中。此类化学品不论其本身性质如何,都具有受热膨胀的特性。若内部压力大于容器所能承受耐压限度时,或撞击使容器受损时,即有可能引起爆炸燃烧的危险。其中除了氖、氩、氦、氮是不燃气体外,氰化氢、液氯、液氨为剧毒气体,乙炔、氢等为易燃气体,氧

气是助燃气体。

有些固体属易燃物品:红磷、三硫化二磷、萘、镁、铝粉等,黄磷为自燃固体,金属钠、钾遇水即爆炸。

氧化剂都具有强氧化性能,除部分有机氧化剂外,其本身虽不燃烧,但在一定条件下,如受摩擦、振动、撞击、高热或遇酸碱的物质,或在接触易燃物、有机物、还原剂和性质有抵触的物品时,即能分解,发生燃烧和爆炸。无机氧化剂包括碱金属及碱土金属的氯酸盐及高氯酸盐(如氯酸钾、氯酸钠、高氯酸钾、高氯酸钠),过氧化物(如过氧化氢、过氧化钠),碱金属及碱土金属的硝酸盐(如硝酸钾、硝酸钠),重铬酸盐(如重铬酸铵、重铬酸钾、重铬酸钠)和亚硝酸盐(亚硝酸钾、亚硝酸钠)。有机氧化剂主要是有机的过氧化物,如过氧化二苯甲酰、过氧乙酸等。

极易爆炸的有机物多为含氮有机化合物,如硝基及亚硝基化合物、重氮及叠氮化合物,此外乙炔金属盐也易爆炸。

2. 腐蚀性化学药品

此类化学品具有强烈的腐蚀性,可对皮肤、黏膜等造成急性损害,发生灼伤。按临床表现分为体表(皮肤)化学灼伤、呼吸道化学灼伤、消化道化学灼伤、眼化学灼伤。常见的致伤物有酸(如硫酸、硝酸、盐酸、磷酸、甲酸、冰醋酸、氯乙酸等)、碱(如烧碱、甲醇钠等)、酚类、黄磷等。某些化学物质在致伤的同时可经皮肤黏膜吸收引起中毒,如黄磷灼伤、酚灼伤、氯乙酸灼伤、溴灼伤、硫酸二甲酯灼伤等。

眼损害分为接触性和中毒性两类。接触性眼损害主要是指酸、碱及其他腐蚀性毒物引起的眼灼伤。眼部的化学灼伤救治不及时可造成终生失明。引起中毒性眼病最主要的毒物为甲醇和三硝基甲苯,甲醇急性中毒者的眼部表现有视觉模糊、眼球压痛、畏光、视力减退、视野缩小等症状;严重中毒时可导致复视、双目失明。慢性三硝基甲苯中毒的主要临床表现之一为中毒性白内障,即眼晶状体发生混浊,混浊一旦出现,停止接触不会自行消退,晶状体全部混浊时可导致失明。

3. 毒害化学品

一些化学品毒害性非常强烈,少量侵入人体、畜体内或触及皮肤时即可造成局部刺激或中毒,甚至死亡。通常用半数致死量 LD_{50} 和 LC_{50} 来表示化学品毒性相对大小,相对急性毒性标准见附表 6-3。

附表 6-3　相对急性毒性标准

级别	LD_{50} (mg/kg) 大鼠经口	LD_{50} (×10^{-6}) 大鼠吸入	LD_{50} (mg/kg) 兔经皮	说明
0	5 000 以上	10 000 以上	2 800 以上	无明显毒害
1	500～5 000	1 000～10 000	340～2 800	低毒
2	50～500	100～1 000	43～340	中等毒害
3	1～50	10～100	5～43	高度毒害
4	1 以下	10 以下	5 以下	剧毒

(1) 剧毒品

六氯苯、羰基铁、氰化钠、氢氟酸、氯化氰、氰化氢、氰化钾、氯化汞、砷酸汞、汞蒸气、砷化氢、光气、氟光气、磷化氢、三氧化二砷、有机磷化物、有机氟化物、有机硼化物、铍及其化合物、丙烯腈和乙腈等。

(2) 高毒品

氟化钠、对二氯苯、甲基丙烯腈、丙酮氰醇、二氯乙烷、三氯乙烷、偶氮二异丁腈、黄磷、三氯氧磷、五氯化磷、三氯化磷、五氧化二磷、三氧化铷、三氯甲烷、溴甲烷、二乙烯酮、氧化亚氮、铊化合物、四乙基铅、四乙基锡、三氯化锑、溴水、氯气、五氧化二钒、二氧化锰、二氯硅烷、三氯甲硅烷、苯胺、硫化氢、硼烷、氯化氢、氟乙酸、丙烯醛、乙烯酮、溴乙酸乙酯、氯乙酸乙酯、有机氰化物、芳香胺、硒和硒化合物、草酸和草酸盐等。

(3) 中毒品

苯、四氯化碳、三氯硝基甲烷、三硝基甲苯、硫酸、砷化镓、丙烯酰胺、环氧乙烷、环氧氯丙烷、烯丙醇、二氯丙醇、糖醛、三氟化硼、四氯化硅、硫酸镉、氯化镉、硝酸、甲醛、甲醇、肼(联氨)、二硫化碳、甲苯、二甲苯、一氧化碳、一氧化氮、硝基苯等芳香族硝基化合物。

(4) 低毒品

三氯化铝、钼酸胺、间苯二胺、正丁醇、叔丁醇、乙二醇、丙烯酸、甲基丙烯酸、顺丁二酸酐、二甲基甲酰胺、己内酰胺、亚铁氰化钾、铁氰化钾、氨及氢氧化胺、四氯化锡、氯化锗、对氯苯胺、三硝基甲苯、对硝基氯苯、二苯甲烷、苯乙烯、二乙烯苯、邻苯二甲酸、四氢呋喃、吡啶、三苯基膦、烷基铝、苯酚、三硝基苯酚、对苯二酚、丁二烯、异戊二烯、氢氧化钾、盐酸、乙醚、丙酮等。

4. 致癌物

黄曲霉素 B_1、亚硝酸盐和 3,4-苯并芘已是人们所熟知的致癌物。国际癌症研究机构(IARC)1994 年公布了对人肯定有致癌性的 63 种物质或环境。致癌物质有苯、钛及其化合物、镉及其化合物、六价铬化合物、镍及其化合物、环氧乙烷、砷及其化合物、α-萘胺、4-氨基联苯、联苯胺等芳胺及其衍生物、N-亚硝基化合物、煤焦油、沥青、石棉、碘甲烷、硫酸二甲酯、重氮甲烷、对甲基苯磺酸甲酯、氯甲醚等烷基化试剂;致癌环境有煤的气化、焦炭生产等场所。我国 1987 年颁布的职业病名单中规定石棉致肺癌、间皮癌;联苯胺致膀胱癌;苯致白血病;氯甲醚致肺癌;砷致肺癌、皮肤癌;氯乙烯致肝血管肉瘤;焦炉工人肺癌和铬酸盐制造工人肺癌为法定的职业性肿瘤。

附录7　有机化合物波谱图

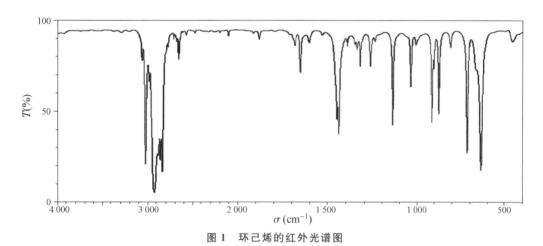

图 1　环己烯的红外光谱图

图 2(a)　反-1,2-二苯乙烯的红外光谱图

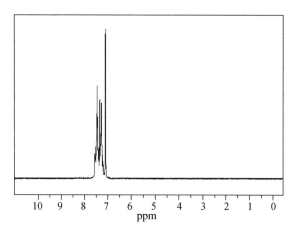

图 2(b)　反-1,2-二苯乙烯的核磁共振氢谱图(¹H NMR)

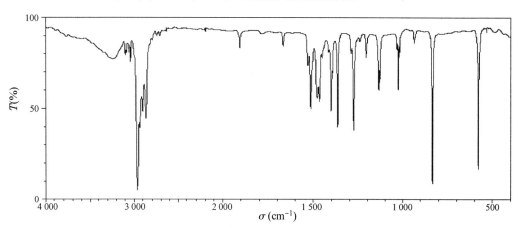

图 3(a)　对二叔丁基苯的红外光谱图

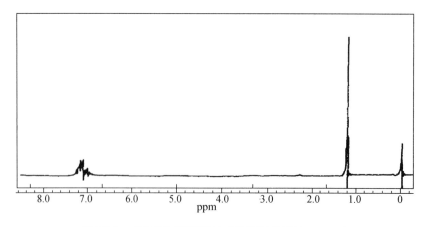

图 3(b)　对二叔丁基苯的核磁共振氢谱图(¹H NMR)

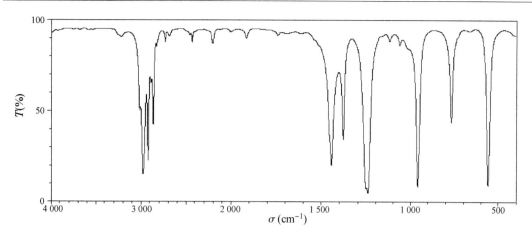

图 4　溴乙烷的红外光谱图

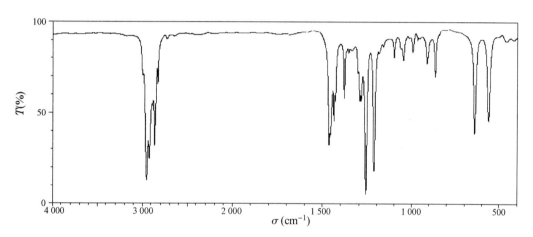

图 5　1-溴丁烷的红外光谱图

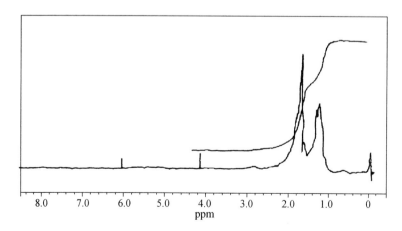

图 6　7,7-二氯二环[4.1.0]庚烷的核磁共振氢谱图(^{1}H NMR)

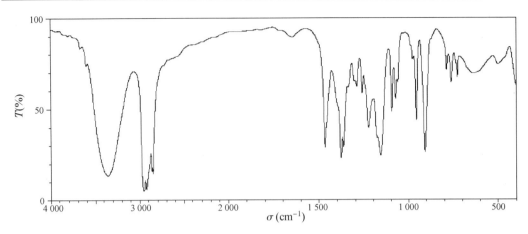

图 7(a)　2 –甲基– 2 –己醇的红外光谱图(液膜法)

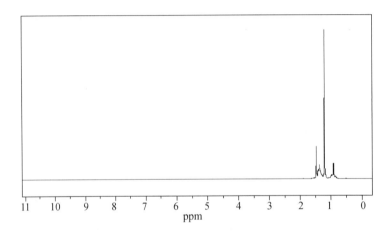

图 7(b)　2 –甲基– 2 –己醇的核磁共振氢谱图(^{1}H NMR)

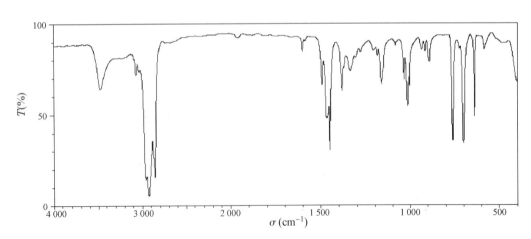

图 8　三苯甲醇的红外光谱图

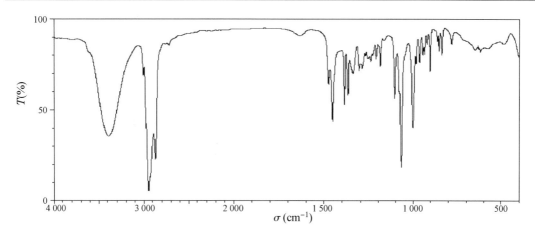

图 9(a) 异冰片的红外光谱图

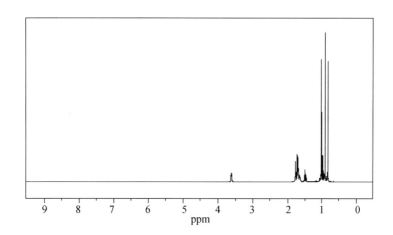

图 9(b) 异冰片的核磁共振氢谱图(^{1}H NMR)

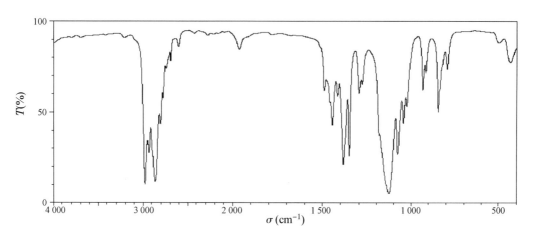

图 10(a) 乙醚的红外光谱图

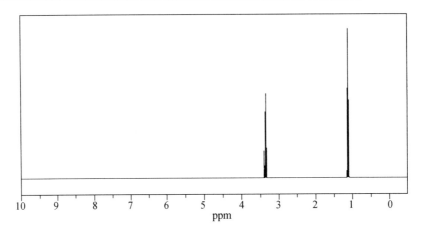

图 10(b)　乙醚的核磁共振氢谱图(¹H NMR)

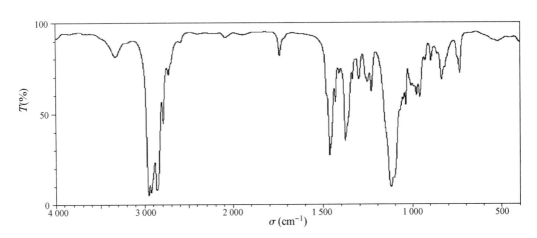

图 11(a)　正丁醚的红外光谱图

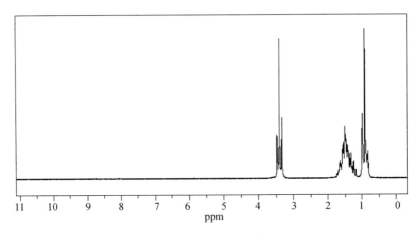

图 11(b)　正丁醚的核磁共振氢谱图(¹H NMR)

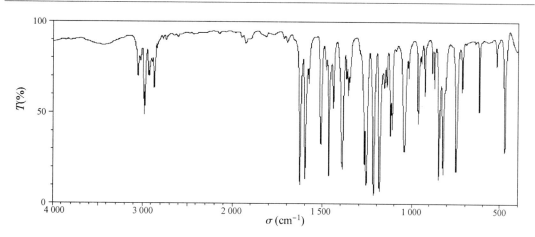

图 12(a)　β-萘乙醚的红外光谱图

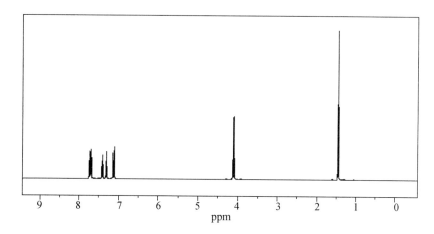

图 12(b)　β-萘乙醚的核磁共振氢谱图(^{1}H NMR)

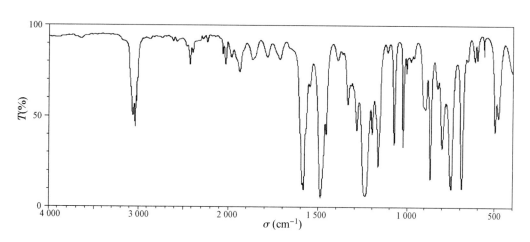

图 13(a)　二苯醚的红外光谱图

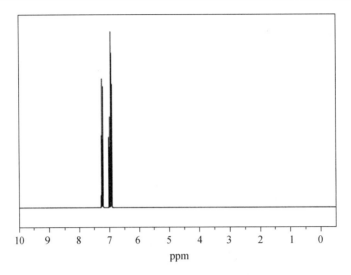

图 13(b)　二苯醚的核磁共振氢谱图(^{1}H NMR)

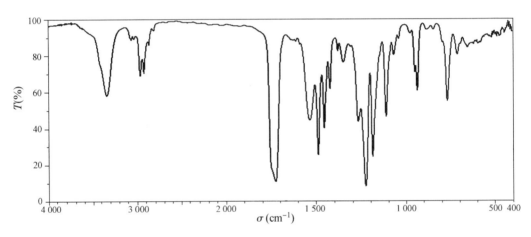

图 14(a)　1,1′-联-2-萘酚的红外光谱图

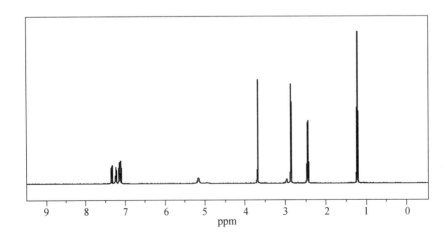

图 14(b)　1,1′-联-2-萘酚的核磁共振氢谱图(^{1}H NMR)

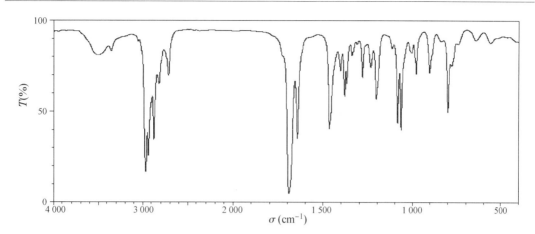

图 15　2-乙基-2-己烯醛的红外光谱图(液膜法)

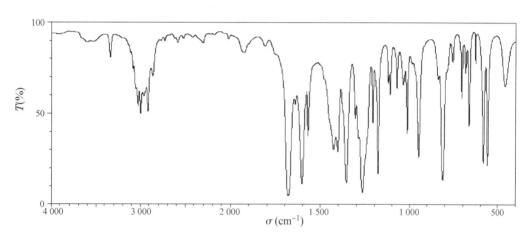

图 16(a)　对甲基苯乙酮的红外光谱图

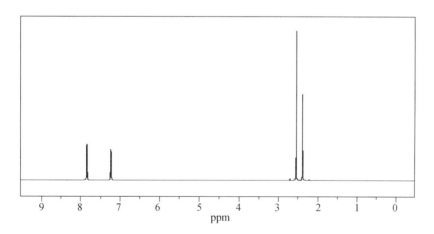

图 16(b)　对甲基苯乙酮的核磁共振氢谱图(^{1}H NMR)

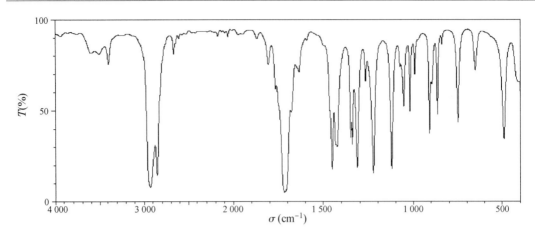

图 17(a)　环己酮的红外光谱图

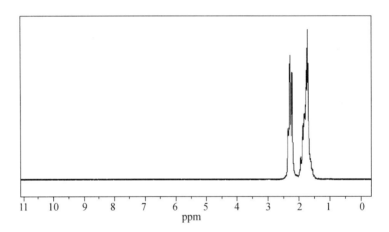

图 17(b)　环己酮的核磁共振氢谱图(^{1}H NMR)

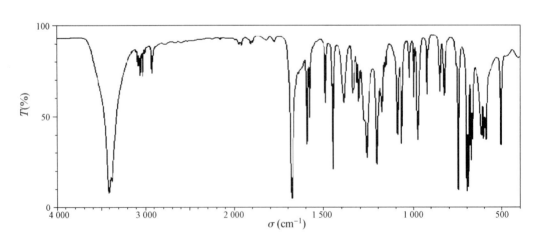

图 18(a)　二苯羟乙酮的红外光谱图

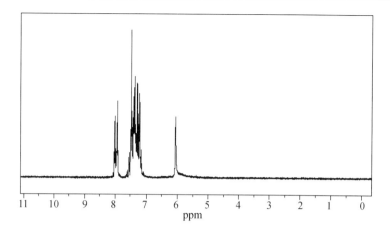

图 18(b)　二苯羟乙酮的核磁共振氢谱图(¹H NMR)

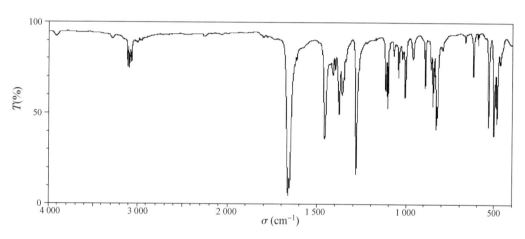

图 19(a)　乙酰二茂铁的红外光谱图

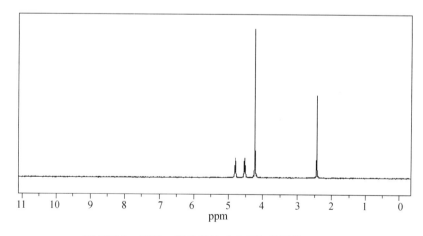

图 19(b)　乙酰二茂铁的核磁共振氢谱图(¹H NMR)

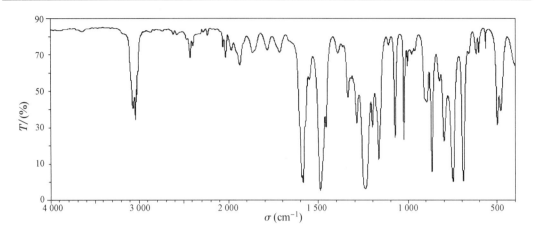

图 20(a)　肉桂酸的红外光谱图

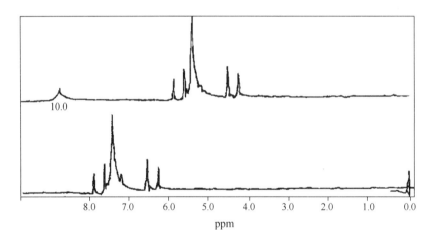

图 20(b)　肉桂酸的核磁共振氢谱图(^{1}H NMR)

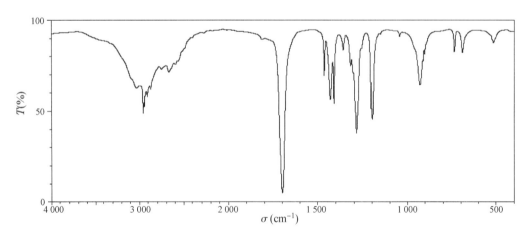

图 21　己二酸的红外光谱图

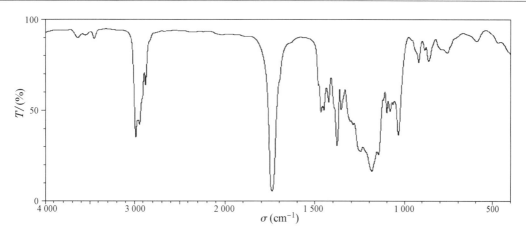

图 22　己二酸二乙酯的红外光谱图

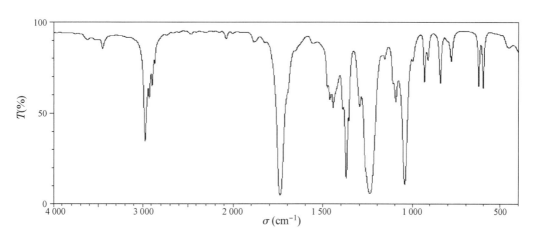

图 23　乙酸乙酯的红外光谱图

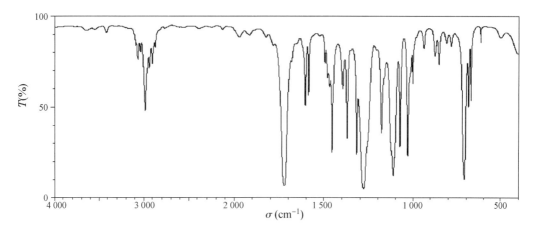

图 24(a)　苯甲酸乙酯的红外光谱图

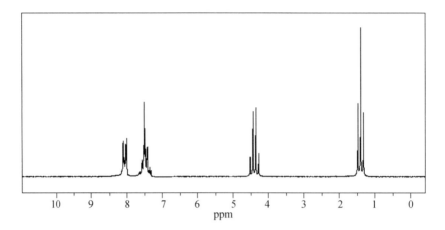

图 24(b)　苯甲酸乙酯的核磁共振氢谱图(¹H NMR)

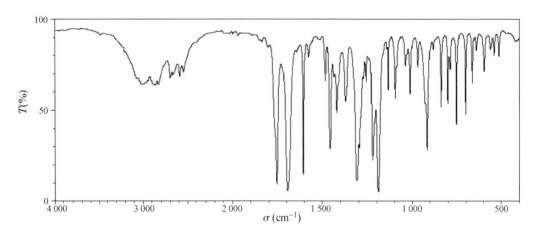

图 25(a)　乙酰水杨酸的红外光谱图

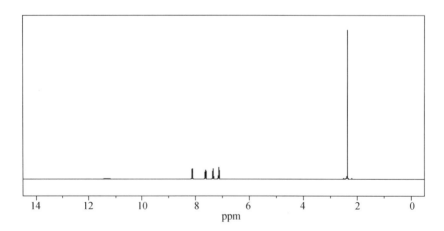

图 25(b)　乙酰水杨酸的核磁共振氢谱图(¹H NMR)

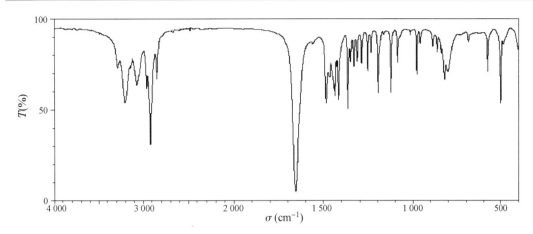

图 26(a) 己内酰胺的红外光谱图

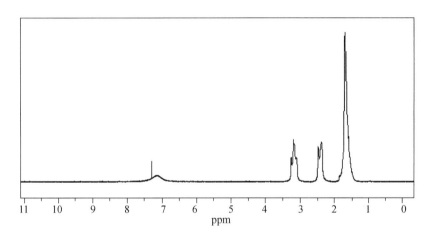

图 26(b) 己内酰胺的核磁共振氢谱图(¹H NMR)

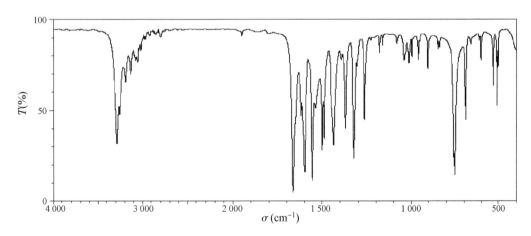

图 27 乙酰苯胺的红外光谱图

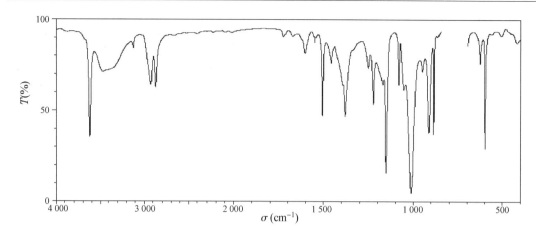

图 28(a)　呋喃甲醇的红外光谱图

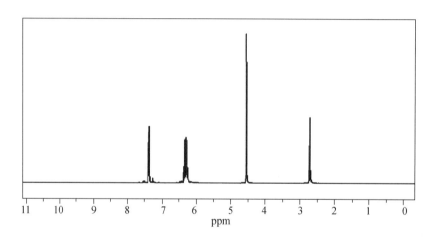

图 28(b)　呋喃甲醇的核磁共振氢谱图(^{1}H NMR)

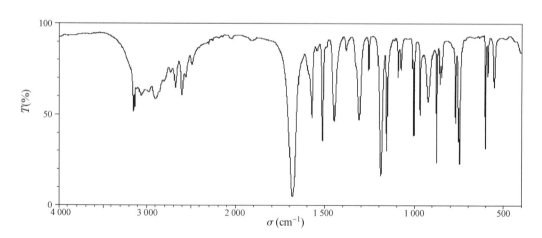

图 29(a)　呋喃甲酸的红外光谱图

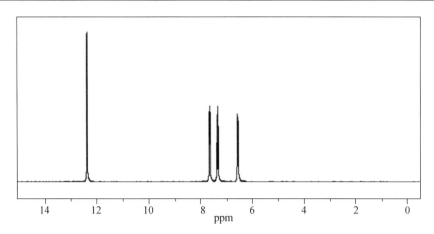

图 29(b)　呋喃甲酸的核磁共振氢谱图(¹H NMR)

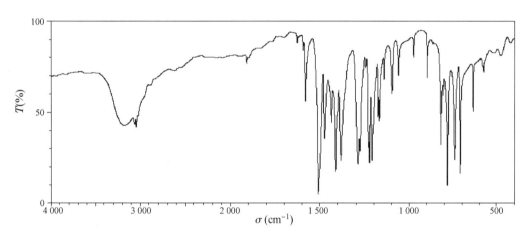

图 30(a)　8-羟基喹啉的红外光谱图

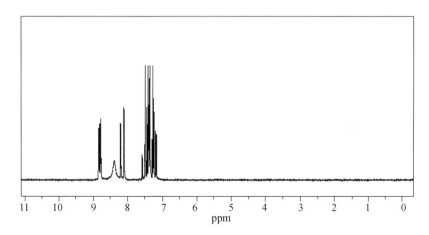

图 30(b)　8-羟基喹啉的核磁共振氢谱图(¹H NMR)

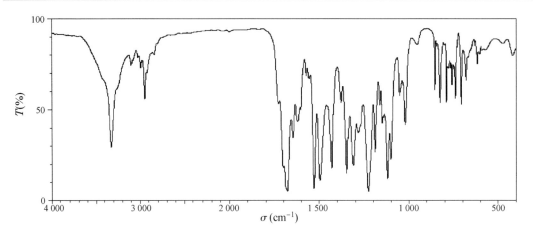

图 31(a)　硝苯地平的红外光谱图

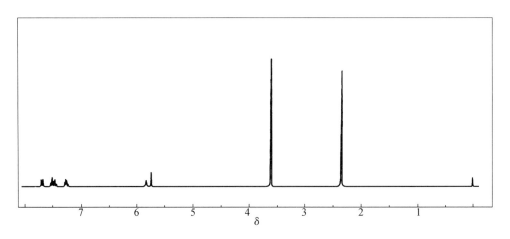

图 31(b)　硝苯地平的核磁共振氢谱图(^{1}H NMR)

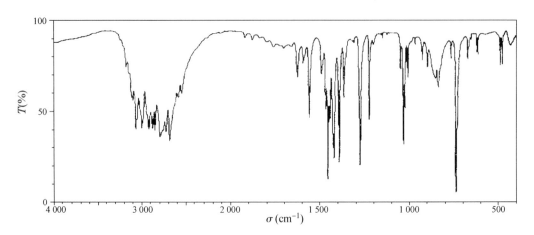

图 32(a)　2-甲基苯并咪唑的红外光谱图

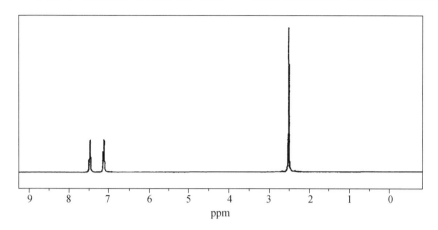

图 32(b)　2-甲基苯并咪唑的核磁共振氢谱图(^{1}H NMR)

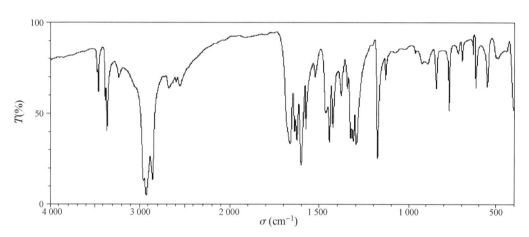

图 33(a)　对氨基苯甲酸的红外光谱

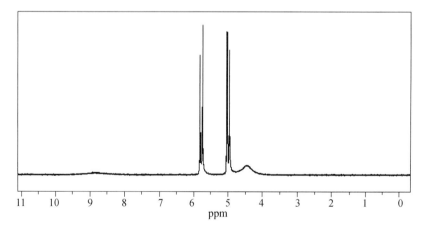

图 33(b)　对氨基苯甲酸的核磁共振氢谱图(^{1}H NMR)

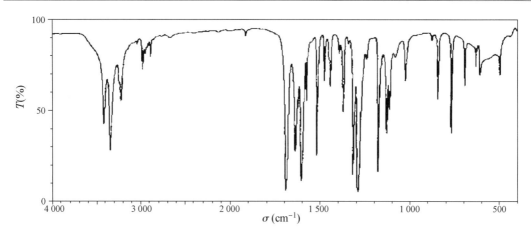

图 34(a)   对氨基苯甲酸乙酯的红外光谱图

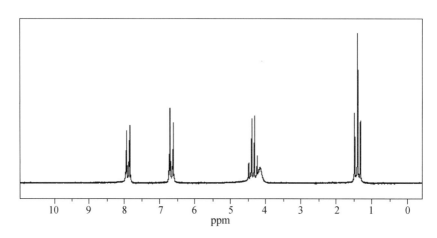

图 34(b)   对氨基苯甲酸乙酯的核磁共振氢谱图(^{1}H NMR)

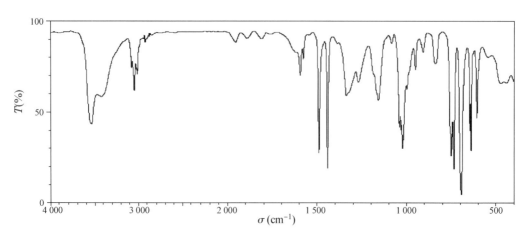

图 35(a)   苯频哪醇的红外光谱图

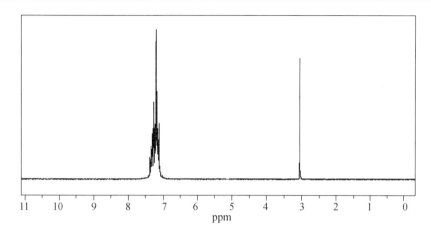

图 35(b)　苯频哪醇的核磁共振氢谱图(^{1}H NMR)

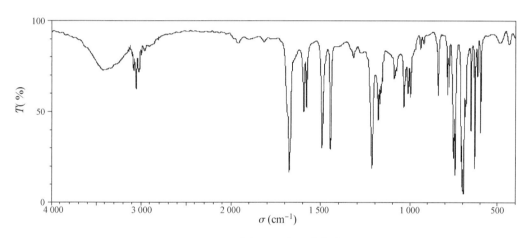

图 36(a)　苯频哪酮的红外光谱图

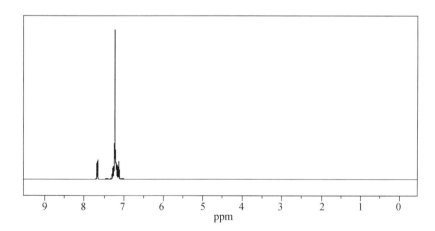

图 36(b)　苯频哪酮的核磁共振氢谱图(^{1}H NMR)

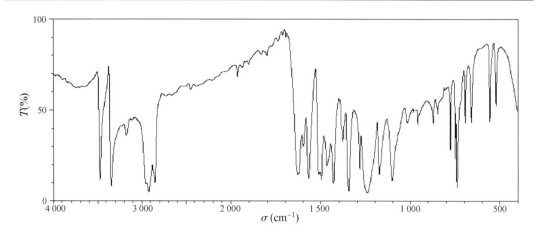

图 37(a)　邻硝基苯胺的红外光谱图

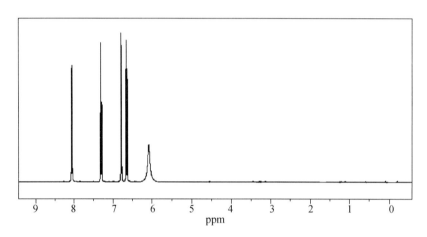

图 37(b)　邻硝基苯胺的核磁共振氢谱图(¹H NMR)

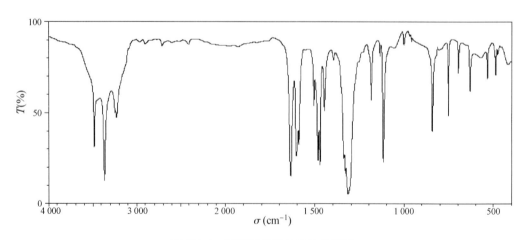

图 38(a)　对硝基苯胺的红外光谱图

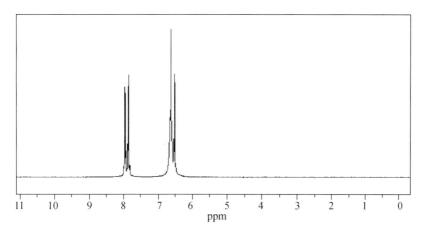

图 38(b)　对硝基苯胺的核磁共振氢谱图(^{1}H NMR)

参考文献

[1] 曾昭琼. 有机化学实验. 第 3 版. 北京：高等教育出版社，2000.

[2] 丁长江. 有机化学实验. 北京：科学出版社，2006.

[3] 高占先. 有机化学实验. 第 4 版. 北京：高等教育出版社，2004.

[4] 关烨第. 有机化学实验. 北京：北京大学出版社，2002.

[5] 胡智华，朱长文，徐秉如，谭涌霞. 医用有机化学实验(下册). 南京：东南大学出版社，1991.

[6] 兰州大学，复旦大学化学系有机化学教研室. 有机化学实验. 第 2 版. 北京：高等教育出版社，1994.

[7] 李妙葵，贾瑜，高翔，李志铭. 大学有机化学实验. 上海：复旦大学出版社，2006.

[8] 李吉海，刘金庭. 基础化学实验(Ⅱ). 有机化学实验. 第 2 版. 北京：化学工业出版社，2007.

[9] 李霁良. 微型半微型有机化学实验. 北京：高等教育出版社，2003.

[10] 周宁怀，王德琳. 微型有机化学实验. 北京：科学出版社，1999.

[11] 李兆陇，阴金香，林天舒. 有机化学实验. 北京：清华大学出版社，2001.

[12] 刘宝殿. 化学合成实验. 北京：高等教育出版社，2005.

[13] 刘湘，刘士荣. 有机化学实验. 北京：化学工业出版社，2007.

[14] 龙盛京. 有机化学实验教程. 北京：高等教育出版社，2007.

[15] 马军营. 有机化学实验. 北京：化学工业出版社，2007.

[16] 麦禄根. 有机合成实验. 北京：高等教育出版社，2002.

[17] 任玉杰. 绿色有机化学实验. 北京：化学工业出版社，2008.

[18] 王洋. 推荐一个有机化学基础实验：BINOL 的合成与拆分. 大学化学，2002，17：42～44.

[19] 苏州大学有机化学教研室. 有机化学演示实验. 北京：高等教育出版社，1992.

[20] 王福来. 有机化学实验. 武汉：武汉大学出版社，2001.

[21] 王清廉，沈凤嘉. 有机化学实验. 第 2 版. 北京：高等教育出版社，1994.

[22] 王兴涌. 有机化学实验. 北京：科学出版社，2004.

[23] 徐家宁，张锁秦，张寒琦. 基础化学实验(中册). 有机化学实验. 北京：高等教育出版社，2006.

[24] 叶彦春，章军，郭燕文. 有机化学实验. 北京：北京理工大学出版社，2007.

[25] 张毓凡，曹玉蓉，冯宵等. 有机化学实验. 天津：南开大学出版社，1999.

[26] 单尚，强根荣，金红卫. 新编基础化学实验(Ⅱ). 有机化学实验. 北京：化学工业出版社，2007.

[27] 周建峰. 有机化学实验. 上海：华东理工大学出版社，2002.

[28] 周宁怀，王德琳. 微型有机化学实验. 北京：科学出版社，1999.

[29] 朱文洲，许建和，俞俊棠. 面包酵母催化乙酰乙酸乙酯的不对称还原反应. 华东理工大学学报，2000，26：154～156.

[30] 朱霞石. 大学化学实验. 南京：南京大学出版社，2006.

[31] Harwood L M，Moody C J，Percy，J M．Experimental Organic Chemistry. 2nd Ed．Blackwell Science Ltd，1998.

[32] Xu H，Chen Y. An efficient and practical synthesis of mandelic acid by combination of complex phase transfer catalyst and ultrasonic irradiation，Ultrason，Sonoch，2008，15：930～932.